U0170776

失控与自控

（GERD GIGERENZER）
[德] 格尔德·吉仁泽
著

何文忠 朱含汐 汤雨晨
译

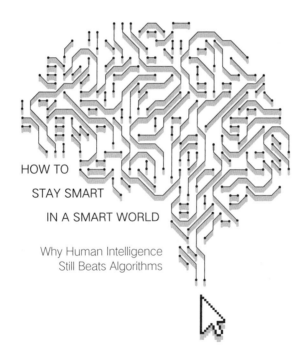

HOW TO

STAY SMART

IN A SMART WORLD

Why Human Intelligence
Still Beats Algorithms

中信出版集团 | 北京

图书在版编目（CIP）数据

失控与自控 /（德）格尔德·吉仁泽著；何文忠，
朱含汐，汤雨晨译 . -- 北京：中信出版社，2024.1
书名原文：How to stay smart in a smart world:
why human intelligence still beats algorithms
ISBN 978-7-5217-5456-8

Ⅰ.①失… Ⅱ.①格…②何…③朱…④汤… Ⅲ.
①人工智能 Ⅳ.① TP18

中国国家版本馆 CIP 数据核字（2023）第 058591 号

失控与自控
著者：　　［德］格尔德·吉仁泽
译者：　　何文忠　朱含汐　汤雨晨
出版发行：中信出版集团股份有限公司
　　　　　（北京市朝阳区东三环北路 27 号嘉铭中心　邮编　100020）
承印者：　北京通州皇家印刷厂

开本：880mm×1230mm　1/32　　印张：12　　　　字数：250 千字
版次：2024 年 1 月第 1 版　　　印次：2024 年 1 月第 1 次印刷
京权图字：01-2022-3064　　　　书号：ISBN 978-7-5217-5456-8
　　　　　　　　　　　　定价：69.00 元

献给智慧女神雅典娜

目　录

前　言

"爸爸，你小时候没有电子计算机，怎么上网啊？"

——一个来自波士顿的七岁孩子

"如果机器人什么都做，那我们该怎么办？"

——一个来自北京的五岁孩子，李开复《AI 新世界》(*Superpowers*)

想象一下，有一个智能助理什么都做得比你好：不管你说什么，它都能准确理解；不管你决定做什么，它都能准确执行；你制订明年的计划后，它会提出一个更好的建议；甚至某些时候，你可能会放弃自己做出的决定而听从它的建议。现在是人工智能在管理你的财务、填写你的信息、选择你的感情伴侣，并建议你最好什么时候生孩子。包裹会被自动送到你家门口，甚至其中有些物品你都不知道正是自己所需要的。社区工作者可能会主动来访，因为数字助手预测你的孩子有罹患严重抑郁症的风险。当你还在为支持哪个政治候选人而苦恼的时候，数字助手已经洞悉并帮你投好了票……科技公司掌控你的生活只是时间问题，忠实的助手会变成一个卓越的超级智能。我们的孙辈将像一群羊一样，满含敬畏地对他们的新主人或是欢呼雀跃，或是瑟瑟发抖。

近年来，我曾在许多热门的人工智能论坛上发言，人们对复杂算法的无条件信任一次次让我震惊。无论是什么主题的活动，科技公司的代表都向听众保证，机器会更准确、更快速、更经济地完成任务，更重要的是，用软件代替人工很可能会让世界变得更美好。同样，听说谷歌比我们更了解自己，人工智能几乎可以完美预测我们的行为，或者很快就能做到这一点。在向广告商、保险公司或零售商提供服务时，科技公司就宣称它们具备这种能力。我们也倾向于相信这一点。即使是那些认为机器会带来世界末日的流行作家以及科技行业最直言不讳的批评者，也认为人工智能几乎无所不知，他们将人工智能称为邪恶的监控资本主义，对人类自由和尊严将被践踏感到深深的恐惧。[1] 正是这种信念让许多人担心脸书（Facebook，现更名为 Meta）是一个可怕的奥威尔式监控机器。数据泄露和剑桥分析丑闻则将这种担忧放大，让人害怕，让人敬畏。要么出于信任，要么出于恐惧，但故事情节却保持不变。情节是这样的：

人工智能在国际象棋和围棋比赛中击败了最优秀的人类。

计算能力每两年翻一番。

因此，机器很快就会在各方面比人类做得更好。

我们将此种论调称为"人工智能战胜人类"。它预测机器超级智能即将到来。这一论调的两个前提是正确的，但结论却是错误的。

因为对于某些类型的问题，计算能力还有很长的路要走，但对于其他问题却没有。迄今为止，人工智能还只是在具有固定规则、定义明确的游戏中获得了胜利，例如国际象棋和围棋，在相对不变的条件下人脸和语音识别也取得了成功。当环境稳定时，人工智能可以超越人类。如果未来和过去一样，那么海量数据将大有用处。然而，如果发生意外，大数据（都是过去的数据）可能会误导我们对未来的看法。大数据算法并没有预测出 2008 年的金融危机，但却预测出希拉里·克林顿在 2016 年能够获得压倒性胜利。

事实上，我们面临的许多问题并不是定义明确的游戏，而是充满了不确定性，比如寻找真爱、预测谁会犯罪，或者在不可预见的紧急情况下如何做出反应。在这些问题上，计算能力再强，数据量再大，帮助也是有限的。人类是不确定性的主要来源。想象一下，如果国王可以一时兴起违反规则，而王后可以在放火后跺脚离开以示抗议，那么国际象棋将会变得多么困难。在涉及人的情况下，信任复杂算法会对确定性产生错觉，从而成为灾难的根源。

复杂算法在情况稳定时可能会成功，但在不确定的情况下则比较难成功，这体现了本书的主题：

> 保持聪慧意味着了解数字技术的潜力和风险，以及在充满算法的世界中保持主导地位。

我写这本书是为了帮助你了解数字技术的潜力，比如人工智能，但更重要的是帮助你了解这些技术的局限性和风险。随着数字技术逐渐普及，并成为主导，我想为你提供掌控自己生活的策略和方法，不让自己被人工智能打败。

当软件替我们做出决定时，我们是否应该完全听从于它？当然不应该。保持聪慧并不意味着完全信任技术，也不意味着完全不信任技术，对此充满焦虑。相反，这本书旨在帮助读者了解人工智能可以做什么，揭示有关营销炒作和技术宗教信仰的幻想问题。同时，本书还讨论了如何让人类控制设备，而不是被设备远程控制。

保持聪慧与单纯使用技术的数字技能不是一回事。世界各地的教育项目都试图通过给教室安装平板电脑和智能白板，并教孩子使用这些设备来提高数字技能。但这些项目很少教孩子如何理解数字技术带来的风险。结果，令人震惊的是，多数数字原住民（自幼就熟悉信息技术的人）无法将隐藏广告与真实新闻区分开来，而且常被网站的外观所吸引。例如，一项针对3 446名数字原住民的研究表明，96%的人不知道如何查验网站和帖子的可信度。[2]

智能世界不仅仅是在我们的生活中增添智能电视、在线约会和其他花哨噱头，而是一个被数字技术改变的世界。当智能世界的大门首次打开时，许多人将其描绘为一个人人都了解真实信息的天堂，最终将终结无知、谎言和腐败，能公开有关气候变化、恐怖主义、逃税、剥削穷人和侵犯人类尊严的事实，能揭露不道德的政客和贪婪的行政人员，使他们被迫辞职，能防止政府监控公众和侵犯公众隐私。虽然天堂也被污染了，但在某种程度上，这个梦想已经成为现实。然而，真正的巨大变化却是社会变革。世界不会简单地变得更好或更坏，我们对好与坏的看法正在发生变化。例如，不久前，人们非常关注隐私，会走上街头抗议政府和公司监控个人行为并掌握个人数据。各种活动家、年轻的自由主义者和主流组织对 1987 年的德国人口普查进行了抗议，担心计算机可以将他们的答案去匿名化，愤怒的人们在柏林墙上贴了数千份空白问卷。在 2001 年澳大利亚人口普查中，超过 70 000 人宣布其宗教为"绝地武士"（取自电影《星球大战》）。2011 年，英国公民抗议政府侵犯他们的隐私，如宗教信仰。[3] 今天，智能家居每周 7 天每天 24 小时全天候记录我们所做的一切，包括我们在卧室里的活动，甚至孩子的智能玩偶也记录了它所"听"到的每一个秘密，面对这种情况我们却只能耸耸肩。人们对隐私和尊严的感受在随着技术的进步而变化，"隐私"和"尊严"这两个词可能会成为历史。曾经，互联网的梦想是自由；现在，对许多人来说，自由意味着不受约束的互联网。

自古以来，人类创造了许多惊人的新技术，但人类并不总能明智地使用这些技术。为了获得数字技术的诸多好处，我们需要洞察力和勇气，以在智能世界中保持聪慧。不要再任由机器摆布，是时候睁大眼睛并实现自我掌控了。

掌握主动权

如果你不是一个不顾一切的人，那么你可能偶尔会担心自己的安全。你认为未来 10 年更可能发生哪种灾难？

- 你会被恐怖分子杀死。
- 你将被开车时玩手机的司机撞死。

如果你选择恐怖袭击，那么你就是大多数人。自 "9·11" 事件以来，北美和欧洲的调查表明，许多人认为恐怖主义是对他们生活的最大威胁之一。对某些人来说，没有什么比这更令人恐惧的了。同时，大多数人承认曾在开车时发短信，而且对此并不是很在意。2020 年之前的 10 年中，美国平均每年有 36 人死于恐怖分子、宗教激进组织、右翼分子等组织的活动中，[4] 而同一时期，每年有 3 000 多人因司机开车时分心而丧生，这些司机通常是边开车边忙于用手机发短信、阅读或看视频。[5] 这个数字相当于 "9·11" 袭击的死亡总人数。

大多数美国人更害怕恐怖主义而不是枪支弹药，尽管他们更可能死于家里玩枪的孩子之手，而不是被恐怖分子枪杀。除非你住在阿富汗或尼日利亚，否则你更有可能被分心的司机杀死，而这个司机极有可能就是你自己。原因不难理解。20 岁的司机使用手机时，应激反应时间会减慢到与没有使用手机的 70 岁司机一样。[6] 这就是所谓的即时大脑老化。

为什么人们开车时会发短信？也许你认为这些人不知道这有多危险。然而，在一项调查中发现大多数人都清楚地知道这个行为十分危险。[7]问题不在于缺乏认识，而是缺乏自控。一名学生解释说："当收到短信时，无论如何我都要查看。"

自从平台引入通知、点赞和其他心理手段诱使用户盯着网站而不是周围环境后，自控就变得更加困难了。然而，人们如果在开车的时候，能抑制住查看手机的冲动，就可以避免诸如此类的危险。这不仅仅针对年轻人。一位伤心欲绝的妈妈说："当你爱的人开车时，不要给他发短信。"她在重症监护室里见到了伤势严重的女儿，女儿脸上伤痕累累，还失去了一只眼睛，而这都是因为她给女儿发了一条"愚蠢的短信"。[8]智能手机是一项了不起的技术，但它需要聪慧的人来明智地使用。在这里，掌控技术的能力可以保护你和你所爱之人的生命安全。

大规模监控是问题，而不是解决方案

我们害怕恐怖袭击，而不害怕开车时盯着智能手机的司机，部分原因可能是媒体关注更多的是恐怖主义而非分心驾驶。同样，政客们也更关注恐怖主义。为保护其公民，世界各地的政府都在尝试使用人脸识别监控系统。在实验室对签证、工作申请照片或其他光线充足情况下拍摄且头部保持在特定位置的照片进行面部识别测试时，这些人脸识别系统表现得非常出色。但这个系统在现实世界中准确性如何？有一项测试就是在我家附近进行的。

2016 年 12 月 19 日晚，一名 24 岁的恐怖分子劫持了一辆重型卡车，冲入繁华的柏林圣诞市场，那里挤满了享受香肠和热酒的游客和当地人，事件造成 12 人死亡，49 人受伤。次年，德国内政部在柏林火车站安装了人脸识别系统，以测试其识别嫌疑人的准确度。为期一年的实验结束后，德国内政部在其新闻稿中自豪地宣布了两个令人兴奋的数据：识别率为 80%，即每 10 名嫌疑人中，系统识别正确的有 8 名，识别错误的有 2 名；误报率为 0.1%，即每 1 000 名无辜路人中只有一名被误认为是嫌疑人。内政部部长称赞该系统取得了令人瞩目的成功，并得出结论：在全国范围内实施监控是可行且可取的。

新闻发布后便引发了激烈的争论。一部分人相信更全面的监控会使社会更安全，而另一部分人则担心监控设备最终会成为乔治·奥威尔著名小说《1984》中的"电幕"（telescreens）。然而，他们都理所当然地默认了政府宣称的系统识别率。[9] 与其在情绪化的辩论中站队，不如思考一下，若广泛部署这种面部识别系统，会发生什么？每天约有 1 200 万人通过德国的火车站，除了数百名通缉嫌疑人，大都是正常工作或外出游玩的人。0.1% 的误报率意味着每天有近 12 000 名路人会被误认为嫌疑人。他们会被强制拦截，搜查是否携带武器或毒品，并被管制或拘留，直到其身份得到证实。[10] 本就紧张的警力资源将被用于审查这些无辜的公民，而不是有效预防犯罪。换言之，这样的系统实际上是以安全为代价的。最终，人们将建立一个侵犯个人自由且扰乱社会和经济生活的监控系统。

人脸识别可以提供有价值的服务，但必须用于特定的任务：个人身份识别而不是大规模筛查。在地铁站发生犯罪或汽车闯红灯后，录像可以帮助识别肇事者。在这种情况下，我们知道这个人犯了罪。然而，在车站对每个人进行筛查时，他们中的大多数并不是嫌疑人，与大规模医疗筛查一样，这会导致大量误报。人脸识别在某些任务中表现相对更好，比如，人脸解锁手机时，手机会执行一项名为"验证"的任务。不像在地铁里逃跑的肇事者，你得直视摄像头，将其靠近脸部，保持完全静止。试图解锁你手机的人几乎总是你自己。这种情况创造了一个相对稳定的世界：你和你的手机。这很少发生错误。

要讨论人脸识别系统的优缺点，需要区分以下三种情况：多对多、一对多和一对一。在大规模筛查时，许多人与数据库中的其他人进行比较；在身份识别时，一个人与其他人进行比较；在身份验证时，一个人与另一个人进行比较。如前所述，不确定性越小，系统的性能就越好，因此相比大规模筛选，身份识别时系统性能更优。回想一下，在 2021 年 1 月对美国国会大厦的袭击中，如果面部识别系统能迅速识别出一些强行进入大楼的人会怎么样。一般的观点是，人工智能没有好坏之分，只是对某些任务有用，对其他任务没那么有用。

最后，此分析与民众对隐私的担忧相符。公众最关心的是政府的大规模监控，而不是对肇事者的识别和身份验证。而大规模监控正是人脸识别系统最不可靠的地方。了解这一关键差异有助于保护一些国家所重视的个人自由。

我没有什么可隐藏的

这句话在社交媒体公司的讨论中越来越流行，这些公司收集了它们可以获得的所有个人数据。你可能会听到那些喜欢用个人数据而非金钱来支付购物的用户这样说。这句话适用于我们这些过着平静生活、没有严重的健康问题、从未树立潜在敌人、不会就政府剥夺的公民权利发表意见的人。然而，问题不在于是否隐瞒信息或免费自由地发布可爱小猫的照片。科技公司不在乎你是否有什么需要隐瞒的，相反，因为你不为它们的服务买单，所以它们不得不使用心理学技巧，让你将尽可能多的时间花在它们的应用程序上。你不是客户，客户是付钱给科技公司以吸引你注意力的广告商。我们中的许多人已经沉迷于智能手机，为这个新床伴而减少了睡眠，甚至没有时间做其他事情，并且热切地等待新的"点赞"为我们再次注入多巴胺。贾·托伦蒂诺在《纽约客》中提到了她与手机的斗争："我随身携带手机，就好像它是个氧气罐。做早餐时我盯着它，倒垃圾时也盯着它，这破坏了我在家办公最看重的东西——控制力和相对平静。"[11] 一些人在网上看到陌生人对自己外表或智慧的恶评后感觉受到了伤害；还有一些人则再次沦为极端主义者，成为假新闻和仇恨言论的牺牲品。

世界上有一类人不太担心自己受到数字技术的影响，而另一类人则像托伦蒂诺一样相信数字技术会让他们上瘾，就像强迫性赌徒无法将注意力从赌博上转移开来一样。然而，技术，特别是社交媒体，是可以在不占用人们正常生活时间的情况下存在的。让我们中的一些人上瘾的不是社交媒体本身，而是基于个性化广告的商业模式。对用户的伤害就来自这一"原罪"。

免费咖啡馆

想象一下，有家咖啡馆通过提供免费咖啡淘汰了镇上的所有竞争对手，你别无选择，只能去这家咖啡馆见朋友。当你享受与朋友聊天的时候，桌子和墙壁上的窃听器及摄像头会密切监控你们的对话，并记录你与谁坐在一起。咖啡馆里还挤满了推销人员，他们在为你的咖啡付费的同时不停打断你，为你提供个性化产品和服务。这家咖啡馆的顾客实际上是这些销售人员，而不是你和你的朋友。这基本上就是脸书等平台的运作方式。[12]

如果社交媒体平台基于实体咖啡馆或电视、广播和其他服务的商业模式，那么这些平台可以采用更加健康的方式运行，作为客户，你为你想要的便利设施付费。事实上，1998年，年轻的谷歌创始人谢尔盖·布林和拉里·佩奇就批评了基于广告的搜索引擎，因为这些搜索引擎偏向于广告商的需求，而非消费者的需求。[13]然而在风险投资家的施压下，他们很快就屈服了，并建立了迄今为止最成功的个性化广告模式。在这种商业模式中，你的注意力就是正在销售的产品，实际客户则是在网站上投放广告的公司。人们看到广告的次数越多，广告商支付的费用就越多，这导致社交媒体营销人员一次又一次地进行实验，以最大限度地延长你在其网站上花费的时间。开车时想要拿起手机的冲动就是一个典型的例子。简而言之，商业模式的精髓就是尽可能地利用用户的时间，吸引用户的注意力。

为了服务广告商，科技公司每时每刻都会收集你在哪里、你在做什么、你在看什么的数据。根据你的习惯，它们会为你画像。广告商投放广告时，会把最新款的产品或昂贵的口红推送给最有可能点击它的人。每当用户点击广告或广告每展示一次，广告商都会向科技公司付费。因此，为了提升你点击或看到广告的概率，它们会想尽办法让你更长时间地留在页面上。通过点赞、通知和其他心理学技巧，使你日夜依赖智能手机。因此，网站出售的不是你的数据，而是你的注意力、时间和睡眠。

如果谷歌和脸书有按服务收费的模式，那么上述这些都不是必需的。工程师和心理学家的大军正在开展如何让你沉迷于智能手机的实验，并进行着更有用的技术创新。社交媒体公司仍需收集特定数据以改善推荐功能，进而满足你的个性化需求，但它们将不再有动力收集其他多余的个人数据，例如可能表明你患有抑郁症、癌症或者怀孕的数据。收集这些数据背后的主要动机——个性化广告——将会消失。在已经实施按服务收费的公司中，奈飞公司就是一个很好的例子。[14] 从用户角度来看，按服务收费的一个小缺点是我们每个月都必须支付几美元才能使用社交媒体。然而，对于社交媒体公司来说，更有利可图的"用数据付费"模式的最大优势在于，几乎所有位于阶梯顶端的使用者现在都是地球上最富有和最有权势的人。

保持技术领先

何谓保持技术领先？以下例子给我们留下了深刻印象。抵制开车时发短信的诱惑，需要掌控一项技术。人脸识别系统的可能性和局限性表明，该技术在相对稳定的情况下表现出色，例如解锁手机，或用于将护照照片与另一张你的照片进行比较的边境管制。但在现实世界中筛查人脸时，人工智能误报率仍然很高，而大量无辜的人被拦截和搜查可能会引发巨大的问题。最后，社交媒体引发的问题，如时间损失、睡眠不足、注意力不集中和成瘾，并不是社交媒体本身的错，而是公司"用你的数据付费"这一商业模式导致的。为了从根源上消除这些严重的问题，我们需要进行新的隐私设置或让政府对在线内容进行规制，例如改变基本的商业模式，以及政府以更大的政治魄力来保护人民利益。

人们可能会认为，帮助每个人了解数字技术的潜力和风险是全球教育系统和政府的首要目标。事实上并非如此，经济合作与发展组织（OECD）2017 年发布的"G20 数字化转型的关键问题"和欧盟委员会 2020 年发布的"人工智能白皮书"甚至都没有提及此事，[15] 而是侧重于其他重要问题，包括创建创新中心、建设数字基础设施、适度立法以及增强人们对人工智能的信任。结果，大多数数字社会原住民没有做好从虚假消息中辨别事实、从隐藏广告中辨别新闻的准备。

然而，解决这些问题不仅需要基础设施和监管，还需要花时间进行反思和认真研究。仔细想想，拨打服务热线时，你是否需要等待很长时间？之所以这样，可能是因为预测算法根据你的地址信息，评估你是低价值客户。你是否注意到，谷歌搜索中的第一个结果对你来说并不是最有用的？因为它可能是广告商为之付费最多的广告。[16] 你是否知道，你心爱的智能电视可能会在客厅或卧室记录你的私人对话？[17]

如果这些对你来说都不算新鲜事，那么你可能会惊讶地发现对大多数人来说都一样。很少有人知道算法会确定他们的等待时间或分析智能电视记录的内容，以使隐藏的第三方受益。研究报告称，大约50%的成人用户不知道标记的热门搜索条目是广告，而不是最相关或最受欢迎的搜索结果。[18]这些广告实际上是有标记的，但多年来，它们看起来更像是自然搜索结果，即非广告。自2013年起，谷歌的广告不再使用特殊的背景色以突出显示，而是引入了一个黄色的小"广告"图标；2020年以来，黄色也已被移除，"广告"一词仅以黑色显示，融入自然搜索结果。广告商为广告的每次点击向谷歌付费，人们认为"第一个结果是最相关的"这种观念是错误的，因为那仅对谷歌的业务有利。

如前所述，许多高管和政界人士对大数据和数字化有极大的热情。但热情不等于理解，其实许多过分热心的拥护者似乎并不知道他们在说什么。针对80家大型上市公司400多名高管的研究发现，92%的高管在数字化方面没有公认的或记录在案的经验。[19]同样，当马克·扎克伯格不得不就脸书最新的隐私争议向美国参议院和众议院的政客作证时，最令人震惊的真相并不是他事先准备好的证词。美国政客似乎对社交媒体公司不透明的运作方式知之甚少。[20]我在德国联邦司法和消费者保护部消费者事务咨询委员会任职时，研究了信用评估公司的秘密算法是如何受到数据保护当局的监督的，当局应当确保算法在衡量信誉时的可靠性，不能因为性别、种族或其他个人特征而产生偏颇。然而，当最大的信用评估公司提交其算法时，当局承认缺乏必要的信息技术和统计专业知识来对其进行评估。到最后，信用评估公司甚至需要自己花钱邀请撰写评估报告的专家。[21] 在智能世界中，无知似乎成了规则，而非例外。我们需要在当下迅速改变这一点，而不是在遥远的将来。

技术专制

专制／家长制（来自拉丁词 pater，"父亲"）是指，一个特定的群体有权像对待孩子一样对待其他人，而后者不得不服从于该群体的权威。从历史上看，统治集团仿佛是被上帝选中的，是贵族，拥有秘密的知识或耀眼的财富。这对专制的存在做出了合理的解释。那些在其权威之下的人被认为是低等人，比如女性、有色人种、穷人或未受过教育的人群等。20 世纪，在绝大多数人终于有机会学习阅读和写作，政府最终授予男性和女性言论与行动自由以及投票权之后，专制作风才逐渐退却。在这场革命中，坚定的支持者或锒铛入狱或献出生命，才使得包括我们在内的下一代能够自己掌握命运。然而，在 21 世纪，科技公司建立了一种新的专制，无论我们是否同意，这些公司都正在使用机器来预测和操纵我们的行为。倡导者甚至宣布新的上帝，即一种被称为"通用人工智能"（AGI）的全知超级智能即将出现，据说它在脑力的各个方面都超过了人类。在它到来之前，我们应该听从其倡导者的意见。[22]

技术解决主义认为每个社会问题都是一个"错误"，需要通过算法来"修复"。技术专制是其自然结果，需要通过算法进行治理。它不需要兜售超级智能，相反，它希望我们接受公司和政府的行为，让它们每时每刻记录我们在哪里、我们在做什么以及与谁在一起，并相信这些记录将使世界变得更美好。

正如谷歌前总裁埃里克·施密特解释的那样："我们的目标是让谷歌用户能够提出诸如'我明天应该做什么'和'我应该从事什么工作'之类的问题。"[23] 不少广受欢迎的作家通过讲述充其量是符合事实的故事来激起我们对技术专制的敬畏。[24] 更令人惊讶的是，即使是一些有影响力的研究人员也认为人工智能没有对我们进行限制，他们认为人脑只是一台劣等计算机，我们应该尽可能用算法代替人脑。[25] 人工智能会告诉我们该做什么，我们应该倾听并遵循。我们只需要稍微等待，人工智能就能变得更聪明。奇怪的是，这绝不是说人们也需要变得更聪明。

我写这本书是为了让读者对人工智能可以做什么，以及它如何影响我们有一个现实的认识。我们不需要更多的技术专制，在过去几个世纪里，我们已经承受了太多。但我们也不必害怕技术，在每一项突破性技术出现时都陷入恐慌。火车刚出现时，医生警告说乘客会死于窒息；[26] 收音机被广泛使用时，人们担心听得太多会伤害孩子，因为孩子需要的是休息，而不是爵士乐。[27] 数字世界需要的不是恐惧或炒作，而是消息灵通、理性批判的公民，他们要将生活掌握在自己手中。

这本书不是对人工智能或其子领域（如机器学习和大数据分析）的学术介绍。相反，它是关于人类与人工智能的关系：关于信任、欺骗、理解、成瘾以及个人和社会转型的探讨。它是为普通读者写的，作为应对智能世界挑战的指南，其中参考了我自己的研究，包括马克斯·普朗克人类发展研究所对不确定性下的决策的研究，这个话题一直让我着迷。在写作过程中，我并不掩饰个人对自由和尊严的看法，但我尽可能呈现客观证据，让读者自己做出判断。我坚信，只要继续保持活跃，并利用在复杂进化过程中发展起来的大脑，人类就不会像人们常说的那样愚蠢和无能。我写这本书的原因是，"人工智能将击败人类"这一论断日益活跃，我们被动地按照政府或机器的条件"优化"我们的生活，这些危险与日俱增。跟我以前的书《直觉思维》《风险认知》一样，这本新书是一种充满激情的呼吁，以弘扬来之不易的个人自由和民主活力。

在今天和不久的将来，我们都面临着专制和民主两种制度的冲突，这与冷战没有什么区别。然而，与那个时代不同，当核技术在两种力量之间保持不稳定的平衡时，数字技术很容易将天平倾向专制系统。我无法兼顾与数字化领域相关的方方面面，但我会利用一些主题来解释可以更广泛应用的普遍原则，例如第二章中讨论的稳定世界原则和得克萨斯神枪手谬误，以及第四章讨论的适应人工智能原理和俄罗斯坦克谬误。你可能已经注意到，我使用的是广义的"人工智能"，包括人类智能所有类型的算法，但我会在必要时进行区分。

在每种文化中，我们都需要谈论我们和我们的孩子希望生活的未来世界是什么样的。答案不是唯一的，但有一句话适用于所有愿景，即尽管有了技术创新（或者说正因为技术创新），但我们却比以往任何时候都需要更多地使用大脑。

让我们从我们最关心的问题开始，从简单到每个人都能理解的秘密算法开始，寻找真爱。

第一部分

人类智能与人工智能

问题不在于机器越来越智能，
而在于人类越来越愚笨。
——阿斯特拉·泰勒

第一章

点击一下鼠标就能找到真爱?

一个人去爱另一个人：这也许是我们最艰难、最重大、最终极的任务，是最后的测试与验证，别的工作都不过是为此而做的准备。

——莱内·马利亚·里尔克，《给青年诗人的信》（*Letters to a Young Poet*）

约会只是为了让其他人知道你在约会，人们一直在发帖，比如上传接吻照片。

——一个来自新泽西州的 13 岁女孩索菲娅，《美国女孩》（*American Girls*）

披头士告诉我们，金钱买不来爱情。但是算法可以吗？几百美元就可以购买全球在线约会网站六个月的高级会员资格。这些网站宣称其秘密爱情算法或许能让你找到完美的约会对象。每年有数百万希望寻找真爱的客户，无论老少，都在使用在线约会网站或手机约会应用程序，而且这一数字还在增加。[1]尽管线上约会如此受欢迎，许多人却不知道帮自己寻找真爱的幕后推手其实是算法。[2]

人工智能为你找到真爱

网页上，一位迷人的长发飘飘的年轻女子在向你微笑，坐在她旁边的是一个英俊的青年，他留着才修剪3天的胡子，两人看起来都很幸福。紧挨着他们的是最大的在线约会网站之一"帕氏交友网"（Parship）的名字。伦敦、巴黎、柏林、墨西哥城、维也纳和阿姆斯特丹的数百万单身人士都通过其服务寻找真爱和幸福。[3] 像精英单身网（EliteSingles）、奥丘比特（OkCupid）等恋爱网站一样，帕氏交友网是一个正经的机构，专为单身人士寻求终身伴侣。它吸引了那些渴望约会的人。与Tinder等类似约会应用程序（用户只看到外观和地点）不同，帕氏交友网使用基于个性和兴趣的匹配算法。其网站和海报上醒目地印着相同的标语：

每11分钟，就有一个单身人士坠入爱河。

这笔交易似乎很划算：注册，支付费用，等待11分钟！只需点击一下鼠标即可得到幸福。数以百万计的人在该网站注册，希望马上坠入爱河。

先停一下。每11分钟，就有一个单身人士坠入爱河。如果该网站只有100个客户，那确实不错。但帕氏交友网拥有数百万客户。仔细想想，如果每11分钟就有一个单身人士坠入爱河，那么每小时约有6人，也就是说每天有144人——假设单身人士全天活跃在网站上，在一整年中，有 52 560 名客户遇到真爱。这意味着，如果该网站有 100 万名客户，那么一年内只有大约 5% 的单身人士坠入爱河。因此，经过 10 年的寻找，大约有一半的客户可以按预期找到真爱。如果网站付费客户超过 100 万人，那么预计等待时间会更长。换句话说，你很有可能得一直寻找（并支付会费）直到年老，到那时，确实是金钱买来了爱情。这个简单的调查揭示了一个发人深省的真相：打动人心的口号背后那个匹配算法成功了。

现在我们知道了"每 11 分钟"的意思。那么标语的第二部分"单身人士坠入爱河"呢？毕竟，两个人需要相爱才能成为一对。事实证明，每 11 分钟就有一位高级会员退出，退出的原因是其点击了"坠入爱河"按钮。究竟是不是找到真爱了？真爱是在网上还是在线下找到的？还是说这只是停止支付服务费用的一个借口？我们不得而知。

客户评价与粗略计算一致。在对包括帕氏交友网在内的 5 个德国在线约会网站进行的 1 500 次评估中，没有一个网站得到平均好评。仅有 7.7% 的人表示他们成功找到了真爱，其余的人或已经退出或仍在寻找。[4]

针对纽约、多伦多或首尔受过高等教育的单身人士的调查也得到了类似结果。例如，EliteSingles 宣称 2018 年每月有 381 000 名新会员加入，每月有超过 1 000 名单身人士通过其找到爱情。[5] 这些数字听起来非常震撼——这么多幸福的人！但问题仍然存在，你找到爱情的实际机会是多少？如果数字准确，那这相当于每月 381 个单身人士中有 1 人找到爱情，或者说每年 30 人中有 1 人找到爱情，也就是 3%~4% 的概率。这个数字在帕氏交友网估计的 5% 的范围内。这是基于在线服务本身提供的数字的粗略估计。为确保准确，我调查了另一个在线约会网站。Jdate（针对犹太单身人士）报告称，它在全球拥有数十万名会员，并且"每周都有数百名用户邂逅他们的灵魂伴侣"。[6]我们把这两组数字放在一起，结果是每周 1 000 名单身人士中大约有 1 人找到爱情，也就是每年 1 000 人中有大约 52 名找到爱情，即每年大约有 5% 的机会。这种漫长的等待时间与该网站宣传的一个"成功故事"非常吻合，即瑞恩的案例。他花了 15 年的时间浏览和点击头像，最终通过该网站找到了他的灵魂伴侣。[7]

爱情算法可以提供三种服务：相识、交流和找到真爱。"相识"使客户能够结识在其他情况下不太可能结识的潜在伴侣。这对那些被社会孤立的人、内心孤独的人，或不符合当前社会规范的人特别有帮助，例如残疾人或严格的宗教信仰者。另一种服务是在见面之前通过计算机进行交流。总之，"相识"和"交流"是在线约会的真正壮举。但是，正如我们刚刚看到的那样，当找到真爱的机会很小时，增加访问量也会带来不利影响。相比一次糟糕的约会，你可能会感觉经历 22 次约会和选择更糟。回顾对在线约会的研究，我们可以得出结论："约会网站声称数学算法有效，即它们匹配的约会结果优于其他配对方法，但并没有令人信服的证据。"[8]

为了验证这些结果，我联系了一些知名的在线约会机构。尽管没有被科学标准方法证明是可靠和有效的，但 eHarmony、

perfectMatch.com 和 Chemistry.com 等约会机构都声称拥有强大的"科学"算法，[9] 当我询问它们付费客户的实际数量、成功率以及如何确定是否成功时，它们友好但坚定地拒绝回答这些问题。[10]

最后，我们跳出在线约会机构来看一看。通过社交网络、聊天室、约会机构或其他方式在网上认识的情侣，分手的概率是否更低？他们是否比在线下认识的人更满意他们的关系？一项针对 19 000 多名已婚美国居民的经典研究发现，与线下认识的人相比，在线相识的夫妇婚变概率更小，并且对婚姻的满意度略高。值得注意的是，那些通过婚恋算法在网上约会的人并不比在其他网站上认识的人更满意。[11] 另外，美国最近的研究报告称，在网上认识的夫妻的分手率（婚姻和非婚姻关系）较高，而德国和瑞士的经典研究报告称，无论是线上相识还是线下相识，夫妻对他们关系的满意度都没有差异。[12] 虽然这些研究结果不一致，但很多报告称，在同性伴侣中，线上相识的比例更高。而且在线约会可以将教育、种族和民族背景不同的人聚集在一起，这是线下约会很难做到的。[13] 然而，这一比例更高的原因似乎主要是网上认识的夫妇更年轻。

因此，在线寻爱是否能比线下寻爱带来更多的满足和稳定，目前尚无定论。总而言之，除非你在幸运的 5% 之列，否则不妨把时间和金钱花在下班后与同事会面、参加派对、旅行、遛狗或参与当地的在线社区活动上，散发你的个人魅力——这可能就是通往幸福的捷径。丘比特之箭可能会击中意想不到的人。

爱情算法是如何工作的

爱情算法是绝密，就像信用评估、预测监管和页面排名的算法一样，是专有的。每个机构使用的算法都不同，所以很难确切知道它们是如何运作的。我们知道基本过程，这是算法的最简版本之一。在正规的约会网站上，客户会填写一份关于价值观、兴趣和个性的问卷，里面可能包含 100 多个问题。算法会将答案转换为客户资料。[14] 为简单起见，我们对比了两位用户关于三个特征的回答（图 1.1）。亚当想要孩子，喜欢成为关注的焦点，不喜欢做饭。夏娃也想要孩子，不喜欢成为关注的焦点，也不喜欢做饭。

特征	亚当	夏娃
是否想要孩子	是	是
是否想成为关注焦点	是	否
是否喜欢做饭	否	否

图 1.1　两名用户对于三个特征回答的对照。

计算亚当和夏娃匹配度的第一个原则是相似性。在是否想要孩子这一问题上，相似性至关重要。最简单的算法是只统计双方一致的项数，即 2/3。但只看相似性是行不通的，不仅相似性重要，互补性也很重要。这也是计算亚当和夏娃匹配度的第二个原则。例如，亚当渴望成为关注的焦点，他可能不会对一个同样渴望成为焦点的人感兴趣，因为他们有可能永远为谁更应成为众人瞩目的焦点而战。也就是说,兴趣互补的伴侣,即不喜欢成为关注焦点的人更适合亚当。同样,两人都讨厌烹饪,在这一点上相似,但可能也不是最佳匹配。为了解客户是想要一个相似的另一半还是一个互补的另一半,一些机构会在调查中询问他们对伴侣的期望。

最后,还有第三个原则:重要性。并非所有特征都同等重要。一些约会机构会自己估计重要性,还有一些机构则要求客户明确某个特征对他们的重要程度:不相关、有点重要等。然而,该算法需要输入数字,而不是口头回答。OkCupid 是少数几个算法透明的约会应用程序之一,设定不相关 =0,有点重要 =1,比较重要 =10,非常重要 =50,必要 =250。[15] 现在我们可以整合三个原则,确定夏娃对亚当的满意程度(图 1.2)。

特征	亚当对理想伴侣的期待	夏娃	对亚当的重要性	分数
是否想要孩子	是	是	10	10/10
是否想成为关注焦点	否	否	50	50/50
是否喜欢做饭	是	否	1	0/1
				得分:60/61

图 1.2 亚当的观点。亚当对夏娃有多满意?答案是 60 分(满分 61 分),即 98%,这非常好。

在前两个属性上,夏娃符合亚当对理想伴侣的要求。因为这两项对他的重要性分别是 10 和 50,所以结果是 60 分(满分 60 分)。夏娃不喜欢做饭这一点对亚当来说并不重要,所以她在第三个属性中得到 0 分(满分 1 分)。总体而言,夏娃在

61 分中得到 60 分，约占 98%。

　　同样，该算法也计算了亚当对夏娃的满意度（图 1.3）。亚当想要孩子，夏娃对理想伴侣的期望也是如此。因为孩子对夏娃来说是必要的，所以这种相似性会产生 250 分（满分 250 分）。然而，其他两个属性却不匹配。该算法总共计算出 250 分（满分 310 分），即 81%。最后，算法通过取平均分来计算亚当和夏娃之间的总匹配度，在我们的示例中为 89.5%。[16]

特征	夏娃对理想伴侣的期待	亚当	对夏娃的重要性	分数
是否想要孩子	是	是	250	250/250
是否想成为关注焦点	否	是	50	0/50
是否喜欢做饭	是	否	10	0/10
				得分：250/310

图 1.3　夏娃的观点。夏娃对亚当有多满意？答案是 250 分（满分 310 分），即 81%，这不太好。

　　现实的匹配方法比这更复杂，但基本逻辑不变。特征比较多，比如年龄和收入等都是可以量化的。相似性往往取决于爱好和价值观，而互补性通常取决于受教育程度和年龄，特别是对于异性恋夫妇来说。在波士顿、芝加哥、纽约和西雅图订阅约会服务的女性喜欢受教育程度更高的男性，而且越高越好。但这些城市的男性不想要受教育程度太高的女性。平均而言，他们更喜欢拥有本科学历的女性，高于该水平、拥有硕士或博士学位的女性对他们的吸引力较小。同样，一般来说，女性的魅力在 18 岁时达到顶峰，而男性的魅力在 50 岁左右达到顶峰。[17] 在对 OkCupid 客户的调查中也发现了这种惊人的差异。女人觉得和自己年龄差不多（相差两三岁）的男人最有吸引力。然而，不管自己的年龄多大，普通男人总是喜欢 20 岁出头的女人。[18] 这些男人永远不会长大。他们大多持进化心理学的基本观点：男性倾向于被暗示生育能力高的特点所吸引，例如年轻和光滑的皮肤，而女性往往对男人养家糊口的能力更感兴趣，比如财富和良好的教育背景。

总而言之，理解匹配算法的基础知识并不难，即使它们被视为绝密。通常，算法会将输入数字转换为输出数字，例如将客户资料转换为匹配概率。

客户资料不是客户本人

如果爱情算法可以利用个人资料、相似性、互补性和重要性进行评分，那么为什么他们不能很快找到理想的生活伴侣呢？理解这四个原则有助于对这些算法能做什么和不能做什么有一个现实的理解。让我们从客户的个人资料开始。在真实的会面中，"数据" 丰富而复杂：一个微笑、一个手势、一个人眼中的幽默、语气、另一个人提问的方式、语言的感染力。然后是触觉和气味，这对气场相投至关重要，尤其是对女性而言。[19] 相比之下，个人资料不是基于真实互动，而是基于初始调查中给出的回答。资料不是人，是自我介绍，不一定能体现真实利益和价值观。即使在个人资料中使用了 "个性特征"，算法也会从自我报告中推断出这些特征。例如，当一些网站询问你是否适用于 "性感" "朴实" 等属性，以及你的 "理性" "固执" "自私"

程度如何时，你打算如何回答？在渴望完美约会时，很少有人是真实而坦率的。当被问及兴趣时，你会承认自己是一个没有特长的电视迷吗？或者你会承认你是一流舞者吗？这可能会吓倒大多数候选人。因此，自我报告的兴趣和个性对预测浪漫爱情来说作用不大，[20] 从闪电式约会中也可以得知同样的结果。[21] 人们说出的喜好往往与他们做出的实际选择并不匹配。[22]

现在来看看相似性和互补性原则。有一种说法是物以类聚，而另一种说法是异性相吸。不管真相如何，爱情算法只能通过查看人们的个人资料而不是他们的实际行为来比较相似性和互补性。事实证明，这是一个致命弱点。回顾 313 项关于该主题的实验和实地研究，我们发现了一些惊人的结果：在彼此不认识的情况下，个人资料（态度和个性特征）的相似性越高，人们彼此间的吸引力也越高，反之亦然。然而，在几分钟或几小时的短暂互动之后，这种吸引力会在人们见面后逐渐消失。[23] 这意味着相似的个人资料确实会激发最初的吸引力，但似乎与真正的恋爱无关。这也可以解释为什么人们认为匹配率高的伴侣比较有吸引力，以及为什么单凭匹配率无法帮助人们找到真爱。事实上，一项针对澳大利亚、德国和英国的 23 000多名已婚人士的研究发现，伴侣对他们关系的满意程度与他们的性格特征相似度几乎没有关系。[24] 相反，一个人的性格——比如随和、认真和情绪稳定——与他们对一段关系的满意度有关。有些人无论伴侣多么合适，都会被他们搞砸。eHarmony等在线约会网站已经认识到了这一点，并开始拒绝那些看起来情绪不稳定的客户。[25]

最后，我们需要考虑重要性原则。你可能想知道为什么OkCupid会使用1到250的数字。如前文所述，根本原因是算法需要用数字来计算匹配率。与其他算法一样，爱情算法会将输入的数字转换为输出数字。约会服务商要么像OkCupid那样直观地给客户的重要性陈述配上数字，要么尝试利用数据进行估计。对于后者，约会服务商需要可靠数据来证明哪些资料组合会带来持久爱情。我不知道是否有约会服务商费心跟进客户，并系统收集这些统计数据。固定的数字还体现出对客户的重要性评估是稳定的。然而，在一段关系中，有些判断很可能会发生变化，例如在伴侣学会欣赏对方的兴趣爱好和价值观之前，他们认为这不重要。因此，我们仍然不确定这些数字是否能反映真正的重要性。

总而言之，约会平台的一大贡献是为用户提供结识不同人的机会，而不是找到真爱。人们只有真正见面，才有可能找到真爱。个人资料中的自我介绍，以及从这些资料中计算出的相似性、互补性和重要性原则是匹配算法的基础，但不一定是成功关系的主要组成部分。这可以解释为什么爱情算法经常失败。正如下一章将会提到的另一个更普遍的原因：与国际象棋不同，寻找真爱是一场充满不确定性的游戏，而这正是算法面临的最大问题。

求偶要适应软件

为了加快获得最佳伴侣的速度，我们很容易将算法视为

"中立"的工具，然而它们并不是。随着算法越来越多地出现在我们的生活中，即使运行得不好，它们也有能力影响我们的价值观。这种能力也延伸到了求偶行为上。例如，现在人们几乎不去相亲，而是在社交媒体上寻找另一半。与其他技术一样，算法会改变我们的行为，并最终改变我们的想法。软件起码可以将求偶行为变成无须太多承诺的最佳搜索问题。

一直在寻找更好的人

正如故事讲的那样，一位年轻女子找到了她梦寐以求的男人，他们一起躺在床上。男人去洗手间，在他离开一分钟后，女子下意识地伸手去拿手机，打开 Tinder 浏览其他男人。女子虽然对自己的行为感到惊讶，但却无法解释。她就是停不下来。这样的故事说明了软件是如何接管和控制人们的行为的。

轻而易举就能认识许多伴侣，这会将快乐的"满足者"变成不安的"优化者"。"令人满意"是决策理论中的一个术语，在约会中指选择一个令人满意的伴侣。为此，你需要制定一个理想的标准（愿望水平），选择第一个达到标准的伴侣，之后停止寻找。停止寻找是建立愉快的长期关系的先决条件。相比之下，优化意味着寻找绝对最佳的伴侣。由于海里有很多鱼，加上我们不知道可能出现什么其他选择，所以优化会导致幻想破灭，让人形成一种"总是在寻找更好的人"的思想。即使偶然发现了最佳伴侣（如果存在这样的人），优化者也不会意识到这一点，还是会继续公开或秘密地寻找更好的人。不限制每天可见候选人数量的约会网站会提醒人们注意这种行为。相比之下，满足者会立即取消在线约会服务并认真地开始一段恋爱关系。

然而，"客户留在网站的时间越长越好"这一点符合约会网站的利益。如果每个人都在 11 分钟内找到真爱并退出，网站就几乎没有利润了。这就是许多机构往往只强调自己提供了认识新朋友的机会，而不是寻找到真爱的原因。能够接触大量的潜在伴侣是让用户继续使用该应用程序的一种方式，就像超市提供 100 种芥末和果酱来吸引客户寻找和购买一样。因此，许多用户将他们的约会资料设计得像购物网站上的商品海报一样精美，并通过滑动屏幕来挑选对象。在他们的世界里，真爱意味着不停地寻找最好的那个人。

优化你的个人资料，而不是你自己

本章的开篇，我引用了来自新泽西州的 13 岁女孩索菲娅对约会的看法。许多像索菲娅一样的女孩为了脱颖而出，会在社交媒体上花费大量时间，之后又在网络色情市场上维护自拍照和自己的声誉。"我觉得我被洗脑了，我想要点赞。"她解释道。[26] 自我展示当然不是什么新鲜事，但数字媒体提供了便捷的工具来修图。心理学家罗伯特·爱泼斯坦讲述了他和一个在网上认识的女人约会的故事。[27] 两人最终见面喝咖啡时，他发现这位女士与她发布的照片完全不同。这位女士从事营销工作，认为发布吸引"顾客"的照片是一种很好的策略。后来，爱泼斯坦注意到她用另一个女人的照片替换了自己的照片。

广告靠带有欺骗性的外观来吸引眼球。在这些人的在线资料中，他们谎报年龄、婚姻状况、收入、身高和体重。康奈尔大学的研究人员进行了一项测评，对照他们本人及其在线资料来检验这些数字。结果表明，平均而言，人们比公开的身高矮一英寸[*]，重五磅[**]。[28]而且人越矮越重，差异就越大。一项针对波士顿和圣迭戈5 000多名在线约会服务订阅者的研究发现，20多岁的女性公布的体重一般比这一年龄段女性的平均体重轻5磅，比30多岁的女性轻17磅，比40多岁的女性轻19磅。[29]但在男性中没有发现这种体重差异。女性还更喜欢将年龄设为29岁、35岁和44岁。[30]相比之下，男性倾向于夸大收入。这是有原因的，当男性声称收入为250 000美元而不是低于50 000美元时，回复的女性人数是正常的3倍。男人也会对婚姻状况撒谎：很可能1/8的男性客户是已婚状态。[31]负责测评的研究人员使用确凿的事实证明了其中的水分。但在调查中被问及这一问题时，超过一半的美国客户会公开承认他们在约会资料上撒谎，这一数字高于英国。[32]

一些在线约会服务商似乎也在使用诡计。它们公布的客户数量远多于实际，并坚持认为这些客户都非常满意。[33]但是，当被问及实际客户数量时，这些机构会声称需要高度保密。

女性机器人

是否曾有心烦意乱的索马里寡妇联系你，希望将她的数百万美元遗产转移到你的银行账户中？如果你回复她，她就可

---

* 1英寸约为2.5厘米。——译者注

** 1磅约为0.45千克。——译者注

能会很快回复并要求你汇款，以支付1 000万美元的关税和其他税款。你有没有收到过一封电子邮件，说你幸运地中了25万美元的海外彩票？大家可能觉得没有人会因为这种骗局而上当，然而总有一些人抱有幻想，最终上当受骗。正如一位英国受害者解释的那样："这么多钱可以帮助你实现梦想，你不希望它们溜走。"[34] 寻找潜在受害者曾经是一个试错操作，但脸书背后的人工智能工具让这件事变得更容易了。正如它们对每个广告商所做的那样，脸书的机器学习算法有助于识别那些最有可能点击欺诈广告的用户。此类骗局背后的公司在投放虚假广告后，平均每家向脸书支付44 000美元的广告费，并从受害者那里获得79 000美元的回报。[35] 仅在英国，每年就有大约100万成年人成为大规模营销骗局的受害者，总共损失约35亿英镑。[36]

浪漫骗局

尽管如此，大多数人还是抵制住了这些诱惑，因为这些信息是不请自来的，并且是来自陌生人的。为了寻找更多受害者，国际犯罪集团会在约会网站上寻找目标，因为这些网站旨在让客户认识陌生人。它们设置了虚假的用户资料，并对照片进行编辑，这些照片通常盗取自具有特殊身份的人，最好是军官、工程师和有魅力的模特。然后骗子开始在网上向受害者示爱，建立恋爱关系，并要求他们从约会网站联系转为通过即时消息或电子邮件联系，以开展私人交往。在引诱阶段，许多受害者会坠入爱河。[37] 几周或几个月后，当犯罪分子获得受害者的信任和爱之后，就开始要点小钱，之后会越要越多。该团伙中的其他犯罪分子会伪装成医生，告知受害者他们的爱人已被紧急送往医院，需要支付治疗费用。当受害者识别骗局或没有钱时，游戏就会结束。根据联邦调查局的数据，每个受害者平均损失 14 000 美元。[38] 现在，网上约会骗局已司空见惯，只不过许多受害者都不好意思公开。我们可以用一些简单方法识别骗局。如果你的线上爱人开始要钱，无论出于何种原因，你都应该好好想一想。如果你搜索此人的照片，发现该照片出现在其他名字下，你就该知道他／她是骗子。可以让你免受伤害、让你的钱包不被掏空的最简单方法是：永远不要向你在网上结识且不了解的人汇款。

除了经济损失，受害者还会失去爱情。对大多数人来说，失恋更令人难过。正如一名受害者所述："我和这个人谈了这么久，却在某天起床后被告知这是一场骗局，我怎么能忘掉以往呢？我的意思是感受不会变。"许多人在得知他们成为骗局的牺牲品时感到尴尬和震惊："好吧，你被精神强奸了。因为他们已经挖空了你的大脑和其他的一切。"或者："天啊，我怎么这么愚蠢！"[39]

这些骗子的高科技版本是机器人。机器人是智能的软件代理人，无须人工干预即可做出决策。与帮助人类用户的善意机器人（例如维基百科上的编辑机器人和网络爬虫）不同，邪恶机器人旨在利用我们。以加拿大在线约会服务网站阿什莉·麦迪逊为例，这是一个以"人生短暂，偷情无限！"为口号的婚外情网站。如你所想，该网站缺少女性客户。它的商业模式是男性客户必须付费才能与女性发起对话。黑客在窃取了该网站的所有客户数据（包括电子邮件、姓名、地址和性幻想）后，发现该网站"雇用"了 70 000 多个"女性"机器人，向渴望婚外恋的男性发送了超过 2 000 万条虚假信息。[40] 黑客发出威胁，如果阿什莉·麦迪逊不立即关闭其服务，就泄露这些数据。该网站拒绝后，黑客泄露了 3 200 万名客户的个人数据，其中包括支付了 19 美元删除费用的客户，这是又一项虚假服务。"这会破坏我的婚姻。"一名使用该网站多年的欺骗妻子的肯塔基州男子说。[41] 其他收到虚假伴侣资料的人也对自己被曝光感到愤怒。大约 1 200 个电子邮件地址以 .sa 结尾，表明这些客户来自沙特阿拉伯。对他们来说，出轨意味着可能要面临刑罚。

你引起了他的注意

这个悲伤故事中最出人意料的部分是，约会网站本身就是在利用骗子引诱客户。在美国，联邦贸易委员会（FTC）起诉在线服务商 Match 利用虚假爱情广告欺骗数十万消费者。[42] Match 拥有 Match.com、Tinder、OkCupid、PlentyofFish 等约会网站。

假设你正在寻找"真爱"。大多数在线网站免费提供创建个人资料的服务，此外还提供付费订阅的选项。尽管你可能只是注册浏览一下某网站，因为它是免费的，但令你惊讶的是，你的个人资料很快就引起了人们的注意，约会服务商会说有人对你感兴趣（图 1.4），因为你没有订阅，所以你无法回复。它会说服你订阅，以便给那个人回信。但为时已晚，因为个人资料现在"不可用"。哦不，你等得太久了，你应该一开始就直接订阅的，现在你很可能已经错过了"真爱"。

图 1.4 "你引起了他的注意。"将消息发给在约会网站上免费提供个人资料的人，以吸引他们进行订阅。只有付费，这些用户才能回复对他们感兴趣的人。联邦贸易委员会起诉了拥有 Match.com、Tinder、PlentyofFish 和其他约会网站的约会服务商 Match，因为尽管 Match 知道这些联系人中有许多是骗子，并将他们的账户标记为欺诈，但还是转发了这些对话，虽然只转发给非订阅客户，以促使他们订阅。资料来源：FTC，"FTC Sues Owner of Online Dating Service"。

但别担心，事情不是你想的那样。数百万感兴趣的"眼睛"是骗子，他们希望你成为其恋爱骗局的受害者。根据联邦贸易委员会的说法，约会服务网站很清楚这些人是骗子，而且已将他们的账户标记为欺诈账户，但仍然转发了他们的消息，以使网站的非付费客户好奇并订阅网站服务。约会服务商通过这种方式欺骗自己的客户并从中获利。这个策略奏效了。联邦贸易委员会报告称，两年多来，大约 50 万名好奇的客户在收到诸如"你引起了他的注意"之类的欺诈信息后 24 小时内会付费订阅。那些收到"无法操作"的回复的人实际上是幸运的。Match确实试图阻止用户与骗子联系，但仅限于订阅用户。对于非订阅用户，他们将骗子作为诱饵。这或许可以解释长期困扰客户的一个问题：为什么对他们感兴趣的通知在他们订阅的那一刻起就逐渐减少了？

包办婚姻上线

在当代西方社会，约会是两个人之间的事，婚姻通常是最后一步，但在其他文化中并不一定如此。在传统的印度文化中，这个顺序由父母决定。首先是婚姻，其次是性生活，最后是爱情。

班加罗尔印度管理学院的花园景观为学习提供了田园诗般的环境。学院的格言是"让研究具有启发性"。有一年冬天，我在研究所教授"决策"时，助理教授桑杰找到了我，给我讲了他寻找真爱的故事。在传统的印度体制中，准新娘或准新郎的家人会为他们寻找合适的对象。在数字时代，婚恋广告通常被放置在婚恋网站的"想要"部分，这与西方没有什么不同，只不过这是家庭而非个人在做广告。广告通常会提到青年男女的年龄和身高，以及以下信息：职业和薪水、伴侣的预期薪水、父亲的职业、他们的种姓以及是否需要嫁妆。从网站的回复中可知，每个家庭可以选择三到六个意向伴侣。然后，父母挑选其中一名，安排双方在餐馆见面。年轻人初次见面时，可以在父母在场的情况下交谈。回家后，家长会问孩子是否接受对方为终身伴侣。如果两个年轻人都接受，双方就会准备婚礼；如果其中一方拒绝，另一方则对列表中的下一位候选人重复此过程。

桑杰不喜欢这个程序，但并不是人们认为的他想以西方的方式来恋爱结婚，想要更多的选择，相反，他根本不想做任何选择。他请父母为他做决定，他相信他们的经验，只是希望他们能为他选择一个有魅力的可爱妻子。我问他为什么不多见几个女人，他说他不想因为拒绝某个女人而伤害她的感情。这是一个了不起的言论，与在网上随便一滑就拒绝备选者的态度完全不同。桑杰娶了他父母选中的女人，他们俩都告诉我，他们从此坠入爱河，在一起幸福生活了很多年。在 Tinder 的世界中，它把有机会结识陌生人当作一笔财富。在桑杰的世界里，结识陌生人意味着拒绝和伤害别人的感情。

大多数西方人无法想象如何相信自己父母的经验，甚至觉得这不可理喻。但正如桑杰和印度管理学院的其他研究人员礼貌地指出的那样，为什么美国人和欧洲人会认为在迪斯科舞厅随机寻找伴侣是合理的？因为在那里他们几乎听不见对方在说什么，而且彼此都喝了太多的酒。未来会是包办婚姻还是自由婚姻，还是会有第三种选择？人们越发相信人工智能无所不能，这很可能会终结前两种方式。

终极便利：让人工智能安排我们的婚姻

我们梦想有一辆自动驾驶汽车，因为据称它们比人类司机更安全。为什么没有自主的配对算法？支持二者的论点是相似的。几乎所有致命的车祸都是由人为失误造成的：酒后驾车、吸毒、疲劳驾驶或因手机而分心。自动驾驶汽车将保护人们免受自己失误造成的伤害。同样，在美国，1/2 的初婚和 2/3 的二婚以离婚告终，导致人们后悔结婚，还给孩子带来了情感问题。为什么不设计一种算法"放在驾驶座上"，避免人们做出错误的决定呢？一个自主的人工智能会在人们迷失方向前为其匹配到合适的人。

一位人工智能哲学家建议："只要可行，我们就应该听从超级智能的意见。"[43] 在这种理性选择的愿景中，你信任算法而非自己和家人，并让它来为你选择婚恋伴侣。极端的情况是，一个自主的人工智能将在没有任何人为干预的情况下为你安排婚姻。你所要做的就是准时出现在你被告知的结婚地点。

这样的人工智能存在于科幻小说中，但科幻小说是存在的。英国电视连续剧《黑镜》中的"绞死 DJ"一集用智能手机的黑色显示屏，将我们投射到一个未来世界。在这个世界里，婚恋关系不再由个人决定，爱情算法会将人们配对，每个人都毫不犹豫地遵循算法的选择。此外，每段关系都有一个截止日期，恋人关系在到期后要按规定分开。分开后，该算法会将每个人与新的伴侣配对，直到下一个到期日。

既然我们已经知道，算法可以比人类更好地预测性格，[44]那么不跟随人工智能岂不是很愚蠢？对一些人来说，遵循算法的选择可能是最便捷的：不需要调情，不可能被拒绝，也不会受到感情伤害。一切都经过优化，不会将时间和金钱浪费在找伴侣上，无论是通过自己还是通过约会机构。对我这样的人来说，这个愿景最终却是浪漫的噩梦。《黑镜》中的每个人都相信并服从于人工智能的匹配，而主人公是一对重新掌握自己生活的夫妇。他们坠入了爱河，决定违背算法的意愿生活在一起，但这对浪漫的情侣在这个世界中无疑属于异类。

第二章

人工智能最擅长什么：稳定世界原则

如果有人能成功设计出一台国际象棋机器，那可以说是深入了人类智力活动的核心。

——艾伦·纽厄尔、J. C. 肖和赫伯特·西蒙，《国际象棋程序》（*Chess-Playing Programs*）

想象一下，如果电子有感觉，那么物理学会有多困难。

——理查德·费曼[1]

为什么人工智能下棋能够获胜，却不能给我们找到最佳伴侣呢？毕竟，二者有相似的目标：为每个动作或每个候选者配分，然后选择最好的那一个。深蓝等国际象棋算法为它可以预见的数十亿个可能的位置配分，就像爱情算法为数百万潜在伴侣配分一样。这个方法非常适合国际象棋，那么为什么不能适用于其他场景呢？

赫伯特·A. 西蒙是人工智能的创始人之一，也是迄今唯

——一位同时获得诺贝尔经济学奖和图灵奖的人。其中，图灵奖被称为"计算领域的诺贝尔奖"。西蒙坚信，一旦机器能够击败最优秀的棋手，它就已经触碰到了人类智能的核心。1965年他预测，20年内机器将会完成人类可以完成的任何工作。[2]不言而喻，下国际象棋是人类智能应用的顶峰，西蒙等早期人工智能拥护者和人工智能的批评者都认同这一点。例如，1979年，哲学家休伯特·德雷福斯在他广为人知的《计算机不能做什么》一书中给西蒙的热情浇冷水时，也仍然将学会国际象棋看作通用智能的核心，只是指出计算机无法战胜人类。[3]

最终，深蓝在1997年击败了国际象棋世界冠军加里·卡斯帕罗夫，人工智能似乎在获得类人智能的道路上又前进了一大步。似乎如果有更强的计算能力和更多的数据，便可以让人工智能在各个方面都比我们聪明。现在计算能力不再是稀缺资源。根据摩尔定律，计算能力——集成电路中晶体管的数量——每两年左右翻一番。这种指数级的增长对于人工智能在国际象棋和围棋中的胜利确实至关重要。西蒙将人工智能的胜利与机器将实现人类智能等同起来，这是本书前言中所说的人工智能将战胜人类这一论点的基础。继西蒙之后，通俗作家认为，我们很快就会研发出一种令人敬畏的超级智能，它将在我们所知和所做的任何事上都超越我们。

我非常欣赏西蒙的研究，但在这里他忽略了一个很多人都会忽略的基本问题。

稳定世界原则

国际象棋等游戏与寻找伴侣等问题之间存在着至关重要的区别。国际象棋中的每个位置都可以由一个棋子形象表示，该形象指定了从兵卒到国王的每个棋子的位置。弈棋机不需要推断其真实位置在哪里，因为棋子形象就代表了位置，不存在不确定的情况。但在许多其他情况下，例如在线约会，不确定性随处可见。尽管每个人都有个人资料，但正如我们所知，个人资料都是不真实的。人们喜欢编辑自己的个人资料，但是，即使他们小心翼翼地编辑，个人资料也无法覆盖人类丰富形象的方方面面。

这种观点更广泛地体现在稳定世界原则上：[4]

> 复杂算法在有大量可用数据，而且数据明确稳定的情况下运作最好。人类智能已经发展到可以处理不确定性，而与大数据或小数据是否可用无关。

国际象棋和围棋规则明确，并且现在和未来都稳定不变。规则的性质决定了其中不存在任何不确定性，未来也不会发生意外的变化。相反，在婚恋伴侣之间，行为规则需要协商且可以被违反。

稳定世界原则也适用于预测未来。要成功预测未来，需要良好的理论、可靠的数据和稳定的环境。2004年8月，美国国家航空航天局发射了一枚信使号探测器，该探测器于 2011 年 3 月进入水星轨道，恰好位于美国国家航空航天局六年多前预测的位置。这一令人难以置信的壮举之所以成为可能，是因为有良好的行星运动理论支持，还有高度可靠的天文数据，而且水星的运动随着时间的推移保持稳定，不会大幅度受人类行为影响。因此，人工智能擅长处理这种稳定的情况，例如使用人脸识别解锁手机，选择到达目的地的最佳路线，对会计工作中的大数据进行分类和分析。

但科技公司经常试图在没有良好理论、可靠数据或稳定环境的情况下预测人类行为。如果你申请工作，算法可能会先进行筛选，然后建议邀请你参加面试。如果你被捕，法官可能会利用风险评估工具来计算你在开庭前再次犯罪的概率，然后决定是应该保释还是监禁你。如果你得了癌症，医院可能会依靠大数据算法为你设计治疗方案。如果你是一名社会工作者，你可能会被派往算法认为的社区中风险最高的家庭。这些情况都没有良好的理论、可靠的数据或稳定的环境支持，因此，神奇的人工智能如同空中楼阁般可望而不可即。

我所做的区分与经济学家弗兰克·奈特最早提出的风险和不确定性相对应。在轮盘赌等风险情况下，我们能提前知道所有可能的结果（数字 0 到 36），以及它们所带来的后果和出现的概率。相反，在不确定的情况下，我们无法知道所有可能的结果或其后果。在雇用员工、预测选举、预测流感或新型冠状病毒的感染率方面就是如此。金融专家使用术语"极端不确定性"和"黑天鹅"来描绘未知且会有意外发生的世界。[5] 奈特认为，在这些情况下，只靠计算是不够的。我们需要判断力、智慧、直觉和做出决定的勇气。许多情况下风险和不确定性同时存在，这意味着机器计算和人类智能都可以发挥作用。

稳定世界原则表明，随着计算能力的提高，对于稳定情况下的问题，机器用不了多久就会比人类解决得更好。例如，一款程序可能会在任何有明确规则的游戏中战胜人类。然而，对于不稳定的情况，就不能一概而论了。如果未来与过去不同，那么总是收集和分析过去的大数据可能会导致错误的结论。基于这种观点，我们可以更好地了解以大数据为基础的复杂算法在哪些方面可能成功，以及在哪些方面人类是不可或缺的。

人工智能的成功

在智力竞赛节目《危险边缘》中，肯·詹宁斯承认他败给了由 IBM（国际商业机器公司）在 2011 年研发的超级计算机沃森。他说："欢迎我们的新计算机霸主。"[6]新霸主是一台一间屋子大小、配备了空调系统的 20 吨重的设备。沃森以 IBM 创始人托马斯·约翰·沃森的名字命名。它包含一个深度问答（DeepQA）算法，该算法曾接受节目中的数千个问答训练，以了解哪个答案与哪个问题可以匹配。毫无疑问，沃森在游戏节目中的表现令人印象深刻。

迄今为止，人工智能对战人类专家的胜利都发生在规则明确的游戏中，例如跳棋、西洋双陆棋和拼字游戏。《危险边缘》有严格的游戏规则，但要想让沃森获胜，这些规则还必须经过调整，排除某些类型的问题。[7] 2017 年 5 月，计算机程序阿尔法围棋战胜了当时世界排名第一的围棋选手柯洁。该比赛吸引了 2.8 亿名中国观众。在中国，围棋冠军的地位相当于摇滚明星。[8] 与国际象棋一样，围棋是一种定义明确的游戏，具有固定的规则，玩家是无法协商的。2017 年 12 月，阿尔法围棋的衍生品阿尔法元（AlphaZero）诞生，并击败了它的前身。二者都使用深度神经网络，其算法不是由人类设计，而是由机器学习的。阿尔法围棋需要从人类围棋大师的比赛中学习，而阿尔法元只需要知道游戏规则，无须任何进一步的人工输入。它仅仅利用计算能力与自己进行数百万场比赛，就能通过反复试验学习如何取胜。

阿尔法元还击败了国际象棋和将棋（日本国际象棋）中最优秀的人类棋手。然而，如果你认为阿尔法元无所不能，那就大错特错了。它仅适用于只有两名玩家，且规则明确不变的游戏。它不适用于驾驶汽车、教育孩子、寻找真爱、接管世界或其他充满不确定性的实际问题。[9] 同样，谷歌搜索引擎中的推荐算法是高度专业化的，并不能下围棋。也就是说，阿尔法围棋和谷歌的搜索引擎几乎没有什么共同之处。

人工智能的另一个成功案例是人脸识别系统，它不仅被用于边境管控中验证身份和解锁手机，还被用于识别社交网络中朋友的照片、在自动取款机上验证身份，以及入住酒店。在一项实验中，人们在谷歌的自动人脸识别系统中输入了大量图片，并在强大的计算机网络上运行了 1 000 多个小时。在给出"确定两张照片是否为同一个人"的任务时，它的准确率为99.6%，这与人类完成此任务的水平一致。[10]如果你将人脸固定在边境管控的摄像头或智能手机前，则系统的验证效果最佳——在受控的身份验证任务中，将人脸与照片进行比较。正如前言中所指出的，人脸识别系统在大规模筛查中的表现要差得多——也就是说，在受控较少的情况下，将许多人与另一些人进行比较准确率不高。例如，2017年英格兰卡迪夫的警方在一场比赛中，对17万名球迷的面孔进行了筛查，该系统通过检索包含50万张图像的犯罪数据库，报告了2 470人次的匹配，其中2 297人次（93%）是误报。[11]同样，亚马逊的面部识别系统在将535名美国国会议员的照片与犯罪数据库进行比对时，称有28名匹配人员，但其实都是错误的。

最后一个例子：欺诈控制。若你为健康保险支付了过高的费用，原因之一可能是腐败的医生和药房共同实施了一种欺诈。他们是这样操作的，如果一种药物的价格为100美元，报销率为90%，那么药房会从保险公司拿回90美元；如果药房有医生开的药方，但实际上并没有卖过药，那么药房就可以赚取非法利润。例如，在葡萄牙，一位医生在一年内开出了32 000张昂贵药物的处方——每三分钟就有一张假处方。[12]处方上有已故患者的姓名或伪造已故医生的签名。这些医生和药房涉及的欺诈占该国所有公共支出欺诈的40%左右。为了制止这种情况，葡萄牙国家卫生服务局推出了一项电子处方计划，要求医生开出处方后通过短信或电子邮件将其发送给患者。葡萄牙国家卫生服务局称，该系统可以减少80%的欺诈行为。这表明，潜在的软件监测已明确用于改善卫生系统。

从不知疲倦地精确重复相同动作的工业机器人，到可以在大量文本中找到单词和短语的搜索引擎，人工智能超越人类智能的例子不胜枚举。总的来说，我认为，在定义越明确、越稳定的情况下，机器学习就越有可能超越人类。

人类行为进入该领域的那一刻，不确定性就出现了，预测也相应变得困难。如果没有明确定义，或情况不稳定，或二者兼而有之，人工智能可能会陷入困境。不仅是寻找合适伴侣，在预测下一次大型金融危机方面也是如此，就像我们预测不出2008年金融危机一样。

稳定、定义明确的问题和不稳定、定义不明确的问题之间的区别，让人想起美国国防部前部长唐纳德·拉姆斯菲尔德谈及的美国国家航空航天局术语中"已知的未知数"和"未知的未知数"之间的区别。然而，区别并不是一成不变的：大多数情况下二者兼而有之。例如，将一种语言翻译成另一种语言，不仅要受一套稳定的语法规则的约束，还涉及有歧义的术语、多义的短语、反讽和其他不确定的情况。

心理人工智能

1957年，赫伯特·西蒙预测，十年内计算机将击败世界象棋冠军。[13] 若忽略他所说的时间，这一预测是正确的，但这场胜利并没有像西蒙想象的那样发生。

对西蒙来说，人工智能意味着将人类专家解决问题的方法教给计算机。计算机是学生，人类是老师。研究人员提取专业棋手战略思维的启发式（经验法则），并将其编入计算机程序中，计算机可以更快且无错误地处理规则。我们将这种方式称为师生模式的"心理人工智能"。这就是人工智能的本义，其中的智能指被机器模仿的人类智能。西蒙和他的学生通过观察国际象棋大师的战术，并要求他们在下棋时说出自己的思路（有声思维）来提取规则。这个方法解决了一些问题，但并未成功击败国际象棋的世界冠军。

1997 年 IBM 的深蓝程序击败了卡斯帕罗夫，但该程序并非基于人类智能和机器智能是同一枚硬币的两面这一理念。相反，它依靠强大的计算能力每秒检索 2 亿个位置。机器做了如下计算：如果我走 A，他走 B，然后我走 C，他走 D，依此类推，我会在哪里结束？相比之下，卡斯帕罗夫每秒可能只能评估三个位置。当被问及有多少工作是专门训练人工智能模仿人类思维时，深蓝的程序员之一乔·霍恩不屑一顾地回答道："无论如何，这不是一个人工智能项目。我们通过绝对的计算速度下棋，我们只是在可能性中转换，而且只选择一条线路。"[14]

西蒙试图建造一台具有人类形象的机器，IBM 没有这样做，谷歌在构建阿尔法元时也没有这样做。它们的工程师依靠的是人工智能的另一个分支——机器学习，包括深度神经网络和其他算法设计机器，而不是试图模仿人类智能。机器学习人工智能中的"智能"与我们所知的"智能"无关，这就是为什么我们经常使用"自动决策"（ADM）这个术语。在国际象棋领域，心理人工智能被证明失败了，使用蛮力计算的机器学习却成功了。这一成功也被视为人们放弃了构建类似于人类智能的人工智能的梦想。人类智能和机器学习之间存在根本区别，单纯使用计算的国际象棋程序不知道它比玩家更聪明。事实上，它甚至不知道自己在下棋，它只是擅长下棋。纯计算能力是高速运算，而不是智能。

研发心理人工智能是个坏主意吗？绝对不是。虽然不像西蒙认为的那样，但它在国际象棋和其他定义明确的游戏中都有自己的位置。稳定世界原则为我们提供了不同的视角：心理人工智能可能会在不确定的情况下取得成功，例如预测未来。毕竟，人类发明了启发式算法来处理不确定情况，而心理人工智能旨在将这些启发式算法编入计算机程序中。

有趣的是，西蒙也是启发式算法的研究者之一，他最出名的观点是在不确定性下寻求最优解是毫无意义的，更有效的方法是寻找一个令人满意的答案。在研究中，我将他在心理人工智能方面的工作扩展到了广泛的具有不确定性的情况。

快速节俭决策树

在做决定时，专家通常比新手使用的信息更少，因为他们知道哪些信息是相关的，哪些是可以忽略的。如果某些线索（特征）比其他线索（特征）更重要，那么专家会首先考虑这些线索，并可能仅根据最重要的线索做出决定。我和我的研究团队将这些直觉感知编入简单的算法程序，因其使用的信息更少、速度更快，故称之为"快速节俭决策树"。

在武装冲突频发的国家，无辜的平民经常在军事检查站被误认为恐怖分子而受伤或死亡。主要问题来自检查站人员，他们必须快速判断出迎面驶来的车辆中的人是平民还是自杀式袭击者，但他们通常没有接受过与这些生死攸关的决定有关的任何培训。我的一些同事与武装部队教官一起设计了一种快速节俭决策树，可以帮助检查站人员做出更可靠的决策。[15] 树中的第一个问题是，迎面驶来的车辆中是否不止一个人（图 2.1，左侧）。如果是，则推断他们是没有敌意的平民（因为将多名自杀式袭击者分配到一辆车上会浪费稀缺资源）。如果答案为否，则下一个问题是车辆是否会减速或停在检查站。如果答案为否，则推断车上人是怀有敌意的。如果是，则第三个也是最后一个问题是，是否存在进一步的威胁线索（例如关于该地区一辆可疑的绿色本田思域的情报）。该树易于记忆和执行，可减少 60% 以上的平民伤亡。

还有一个尝试是识别破产银行。传统金融将赌注押在高度复杂的"风险价值"模型上，这些模型声称能以 99.9% 的准确率估计银行避免重大损失所需的资本。然而，这些模型并没有阻止全球 116 家大型银行（2006 年底资产超过 1 000 亿美元）中的 42 家在 2008 年金融危机中倒闭。部分问题在于这些模型对于具有高度不确定性的银行业来说过于复杂和脆弱——它们需要根据通常不可靠的数据来估计数百万个风险因素及其相关性。我和同事与英格兰银行的专家一起开发了一款快速节俭决策树，它在预测银行破产方面可以匹敌甚至优于复杂方法（图 2.1，右侧）。[16] 树的第一个问题是每家银行的财务杠杆率（大致为银行资本与其总资产的比率）是多少，并放在第一位，因为在区分倒闭的银行和幸存的银行方面，比率表现得最好。例如，在金融危机期间不得不接受瑞士当局救助的瑞银集团（UBS），其杠杆率仅为 1.7%，在这种情况下银行会立即收到简单算法发出的危险警告。瑞银集团本来满足树中的其他两个特征，但快速节俭决策树的逻辑是，每个问题都按照其重要性独立存在，并且不能用其他线索的正值来补偿负值。这类似于人体内各系统的功能：完美的肾脏无法弥补衰竭的心脏。

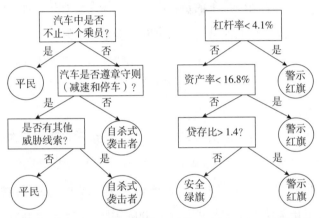

图 2.1　心理人工智能快速节俭决策树是心理人工智能的例子，它根据心理学原理来构建决策辅助。左侧：用于减少检查站平民伤亡的快速节俭决策树。右侧：用于识别陷入财务困境的银行的快速节俭决策树。一般来说，快速节俭决策树有少量线索（或问题），可以根据每条线索来做出决定。资料来源：Katsikopoulos et al., *Classification in the Wild*。

心理人工智能，例如快速节俭决策树，可以增强和完善人类决策。在每个案例中，专家的知识都可以转化为算法。与许多更复杂的算法不同，心理人工智能是公开透明的，情况发生变化时，允许用户理解和适应算法。在不确定的情况下，人类的判断力和透明度都是必不可少的。[17]就银行而言，没有空间估算数百万个风险的透明算法，可以帮助当局更容易发现银行何时试图操纵这些规则。

人工智能游戏

稳定世界原则有助于理解人工智能应用更擅长解决哪些问题。然而，为了评估它在现实世界中是否也能成功，我们还需了解更多内容。大部分人工智能是商业化或军事化的，而非科学的人工智能。商业组织的目标可能与其产品的正式用途相冲突。即使在稳定的环境中，在产品可以为社会造福的情况下，人工智能也可能被操纵以服务于隐藏的利益。问题不在于技术，而在于技术背后的人是谁。抛开效果不谈，人工智能有三种吸引客户的方式：如何利用潜在有用的人工智能应用程序获利，如何使平庸的算法令人印象深刻，以及在给人投资更有效的情况下，如何推销无效的技术解决方案。

电子健康记录是如何被玩弄的

病历包含患者病史的所有相关信息，例如检查、诊断和治疗结果。过去，这些机密文件保存在纸上。但使用纸张记录带来的问题是，病人去看新的医生时，新医生很难在有限时间内了解病人的病史，而且许多检查都是不必要的重复检查，这会增加医疗成本并占用医生与患者交流的宝贵时间。此外，如果新医生不了解患者的相关病史，则可能会在无意中对患者进行有害治疗。为了避免这种情况，电子健康记录，也称为电子病历，有望成为医生快速获取所需信息的有效工具。这些电子病历含有记录和存储信息（包括图像）的算法，医生可以快速访问这些信息，除非文件长达数百页。基础人工智能程序的理想任务是保存记录并使其易于获取，包括以（理想的）可靠方式整理过去的数据。

2003 年，在一次各国首脑会议上，英国首相托尼·布莱尔向美国总统乔治·布什吹嘘英国数十亿美元的新投资项目"互联健康"，旨在连接整个英国的医疗保健系统。回到华盛顿后，布什也敦促实施了一个类似计划：将健康记录电子化。[18]兰德公司的研究人员估计，若实施此计划，则美国医疗保健系统每年可以节省 810 亿美元。[19]于是美国凭借 300 亿美元的联邦激励计划和行业的爆炸式增长，超过了英国的投资。最终，我们可能会考虑"投资数据库为患者买单"的案例。然而，当2013 年回顾这一投资时，兰德公司不再乐观。拥有电子病历系统的医院的账单增加了，成本不降反升，总支出从 2005 年的约 2 万亿美元增加到 2013 年的 2.8 万亿美元。[20]此外，兰德公司报告称，医疗保健的质量和效率也只是稍微好了一点。

为什么这么好的计划没有成功？因为系统被玩弄了。

先看节省成本的愿望。该计划希望通过便捷获取病历以减少不必要的重复检查。但事实上，医生在病历中输入数据后，软件会自动推荐新的治疗方案。安全起见，使用电子记录的医生得到提示后，最终进行了更多而不是更少的检查。[21]但是，几乎所有的提示都是误报。[22]科技公司正努力推销该软件，以增加利润和医疗费用。

再看便捷获取数据的愿望。根据该计划，电子病历可使医生和患者随时快速访问所有需要的健康信息。然而，大笔的资金回报导致了公司之间的竞争，医院和医生安装的系统是专有的，采用不兼容的格式和秘密算法，这些算法并不是为了与其他系统交流而设计的。[23] 因此，访问是受限的，而非通用的——就像苹果计算机的充电线无法用于你的个人计算机，甚至也无法用于你的上一代苹果计算机。相互竞争的软件公司利用政府补贴来增加自己的收益。它们的主要目标是建立品牌忠诚度，而不是保证患者安全。

再看改善患者健康的愿望。如前所述，尚无证据表明患者可以从他们的电子病历中受益。[24] 一些软件系统甚至会提示医生将诊断"升级"为更严重的病症，这会增加患者的费用和医院的利润，导致更多的检查和治疗。所有这一切都是以增加患者的焦虑为代价的，患者没有意识到，这些严重诊断可能是计费系统为了利益而做出的。并非所有医生都了解这些问题。原因之一是电子病历的供应商可以通过合同中的保密协议来使自己免于承担责任，这意味着发现软件缺陷的医生和诊所被禁止公开讨论这些问题。[25] 那些公开谈论过安全、伤亡等关于该软件问题的医生后来要求不公开他们的姓名，以免被起诉。[26]

可悲的是，电子病历是由软件公司开发的，目的是实现计费最大化，而不是照顾患者。医院和医生利用《经济和临床健康资讯科技法案》提供的政府补贴购买了电子系统，进而向国家医保收取更多的服务费用。然而，在关于电子病历的讨论中，人们主要围绕患者隐私和医生时间展开讨论，很少认识到这个问题。当成千上万的医生、健康管理人员和保险人员可以访问患者的个人档案时，我们确实应该关注隐私问题。例如诊所被黑客入侵，记录被盗，手术不得不被取消，诊所被勒索支付拿回记录的费用。最近，患者甚至也成为黑客的目标：芬兰心理治疗中心的数万名患者被勒索，威胁要在网上公布他们与治疗师的亲密谈话。[27]

另外，管理电子病历会减少医生与患者相处的时间。[28]然而，解决这些严重问题首先需要解决一个更根本的问题，即电子病历对患者的潜在好处会被主要由利益驱动的系统吞噬。有太多参与者追求的利益与患者的健康利益相冲突，如诊所、管理人员、游说者、大型制药公司和保险公司。这种利益无助于人工智能服务患者。为了收获数字健康的成果，我们需要把为患者服务放在首位的健康系统。[29]否则，数字医疗将成为权宜之计，甚至会激化问题。

得克萨斯神枪手谬误

电子病历可能对患者有益。数据是已知的，只允许访问。现在我们来考虑一种不确定的而非相对稳定的情况：预测离婚。稳定世界原则表明，在这种情况下算法的表现不太好。然而，有一种聪明的方法可以使这些预测看起来比实际更好。这个过程有时是一种谬论，即由无知造成的无意结果，也可能是一种为说服人而使用的伎俩。

预测离婚

假设你是新婚人士，你想知道你的婚姻是否会以离婚收场。有人可能会反对这一假设，因为很难提前知道一对夫妇是否会分手。然而，在一系列研究中，临床研究人员称他们发现了一种算法，可以预测一对夫妇在接下来的三年内是否会离婚，准确率约为90%。[30] 一项又一项的研究称该算法的准确率高达67%~95%。[31] 这些令人印象深刻的发现引起了媒体的广泛关注，世界各地的爱情实验室和婚恋机构都在宣传对于稳定关系和治疗的"科学预测"。[32] 与在线约会机构不同，这些临床研究中的算法是公开透明的，利用了诸如教育、幼儿数量、暴力、酗酒和药物滥用等特征。

谁会想到算法可以判断一对年轻夫妇是否会离婚呢？以后，你可以和伴侣开车去爱情实验室接受面谈，以便得知你们两个人是否有可能离婚。如果答案是肯定的，那么你不妨先联系律师，然后再浪费时间生活在一起。或者，更好的做法是，在结婚之前咨询爱情实验室。但是谈到婚姻，我们面对的并不是一个稳定的环境。一对夫妇是否在一起取决于很多因素，充满了不确定性。仅这一点就足以让人怀疑该算法的准确率。这些数字给人一种错觉，在很多社会科学的研究中都可以发现，而不仅仅是预测离婚。我会进一步做出解释。

神枪手

一名得克萨斯牛仔在远处用左轮手枪射击谷仓的墙壁。他自豪地展示了其惊人的命中率：弹孔集中在靶心周围。他是如何做到的？是因为多年的艰苦训练，还是因为神奇的左轮手枪？

都不是，而是因为他选择了更为容易的策略。事实上，神枪手所做的是先射击，然后在弹孔周围画出圆圈，这样靶心就在中间了（图2.2）。显然，与牛仔在射击前先绘制靶心的行为相比，此策略确保了更好的结果。如果计算所有"命中"目标的射击次数，那么弹孔和靶子的拟合概率是9/10，即90%的准确率。若按照正确的方式，即先在谷仓中心绘制目标，就会使命中次数少得多。你或许认为这个技巧是作弊。确实如此。这在科学上被称为数据拟合，本身并非不道德。但是，利用引人注目的结果来获利，显然具有欺骗性。

在我们的类比中，神枪手是算法，靶子是算法做出的预测，弹孔是数据。为了将目标移动到最佳位置，神枪手有两个自由度：在谷仓墙上向左或向右、向上或向下移动。通过这两个选项，他可以奇迹般地将任何可能的弹孔集中在靶心周围。这些自由度称为算法的自由参数。算法可以有两个以上的自由参数。例如，金融模型拥有很多自由参数，这给了它们巨大的灵活性——几乎可以事后解释任何事情。

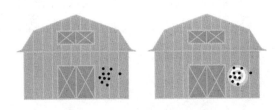

图2.2 先射击，后绘制靶子。得克萨斯神枪手首先射击（左），然后将靶子画在弹孔周围，使靶心位于中心（右）。如果不知道先得到弹孔（数据）后才将靶子安置在弹孔周围，那么人们确实会感慨神枪手枪法精准。

如果神枪手先把靶子画在谷仓上，然后巧妙地绕着靶心射击，那他确实值得钦佩。沿着这些思路，真正的预测发生在先做出预测，然后获得数据的时候。拟合和预测之间的区别是机器学习中每个学生的命脉，而且这无论对于哪个领域的科学家来说都应该是显而易见的。但在社会科学或商业企业中，算法通常仅仅适合匹配数据，并将结果作为预测出售。[33] 这是一条有用的原则：

时常检查算法的出色性能是通过预测还是仅仅通过拟合得到的。

让我们回过头来，将这一原则用于"预测"离婚的显著准确性。事实上，这些研究都没有真正预测到任何事情。作者总是知道哪些夫妻还在一起，哪些已经离婚，然后像得克萨斯神枪手一样，将他们的算法与数据相匹配。[34] 其实，他们做的可能是以下两步：选取一组夫妻并拟合（开发）算法，然后对一组新夫妻进行预测测试。

独立研究人员对包含 528 人的新小组进行了这项研究。[35] 当他们将算法拟合到数据中时，"预测"了同样高比例（65%）的离婚夫妇。当该算法在一组新夫妻身上进行测试时，算法并不知道是否有一段婚姻会以离婚告终，结果一切都改变了。该算法仅正确预测了 21% 的离婚者。[36] 这才是这一算法真正的准确率。

还有一个问题：21% 有多好？比盲目猜测好吗？在所研究的夫妻中，16% 的人在结婚后的三到六年就离婚了。这意味着，如果你只简单地预测每对夫妇都会离婚，那么你的准确率就已达到16%。这就是基准。因此，任何称职的算法都必须预测得比这要好。在我们长期的研究中，该算法表现尚可，但不是非常好。算法的真实表现比随机预测高出5个百分点，其他都是空话。

小心得克萨斯神枪手谬误。即使在离婚算法的研究中使用了"预测"一词，该词也可能被错误使用。为了找出答案，首先检查算法是否在一个样本数据上进行了训练，然后在另一个样本上测试，这个过程被称为"交叉验证"。许多神经科学家、心理学家、社会学家、经济学家和教育研究人员只是将他们的算法与数据相匹配，然后停下来报告大数据。[37] 你可能想知道为什么。一个原因是这会产生更多令人印象深刻的数字，报道这些数字会让不知道得克萨斯神枪手谬误的观众兴奋不已，并让他们相信算法的神奇力量。还有一种更仁慈但更令人担忧的解释——相当多的社会科学家似乎不明白，拟合并不是预测。这个困惑长期存在，在许多其他研究中都有记录。[38] 21世纪初，拟合数据不过是心理学的法则。[39] 但在今天，越来越多的社会科学家开始认识到做出真实预测的重要性。

金融诈骗是得克萨斯神枪手谬误的另一个例子。你可能听过这样的好消息："我们的历史回测显示，过去十年中，这种创新策略的投资回报平均高于市场5%。"历史回测是对投资策略的历史模拟。与离婚算法的情况一样，所有数据都是已知的，大量的投资策略与数据拟合；契合度最高的策略会被宣传为最佳投资策略——类似于得克萨斯神枪手的策略。这个问题已经多次被揭露，但金融界的很多人都是将自己的算法与数据拟合，而不是报告他们尝试了多少种算法。[40] 诚实不会产生引人注目的数字，客户可能更愿意投资竞争对手的算法。解决办法不是制定一套诚实准则，因为这会让那些诚实的企业破产。相反，应该让了解情况的公民来问一问其中是否涉及得克萨斯神枪手战略。

物理学家尼尔斯·玻尔喜欢说："预测很难，尤其是预测未来。"这句话归功于马克·吐温、约吉·贝拉和许多以机智著称的人。[41] 但实际上这是相当严肃的问题。正如我们看到的那样，所谓的预测可能与未来无关。事后诸葛亮很容易，但预测却很困难，尤其是预测恋爱和离婚。

登月

你可能看过 IBM 的广告，一个看上去有感知力的盒子与鲍勃·迪伦、塞蕾娜·威廉姆斯和其他名人互动。沃森的成功始于 2011 年，它在电视问答节目《危险边缘》中战胜了两名最强选手，赢得最终胜利。在这一惊人的成功之后，IBM 股价增加了 1 800 万美元。[42] IBM 首席执行官罗睿兰宣布，"下一个登月计划"将是医疗保健——不是因为沃森了解医疗保健，而是因为有了那笔大额资金。为了使沃森适应医疗保健，工作人员给它输入了大量医疗数据，例如患者的病历和治疗方案。虽然人们还不知道沃森是否真的能够像医生一样诊断和推荐治疗方案，但却对它抱有很大期望。罗睿兰宣布医学的"黄金时代"已经到来。在这个时代，人工智能"是真实的，是主流，它已经到来，它几乎可以改变医疗保健的一切"。[43] IBM 公关部门的宣传给人这样一种印象：沃森将彻底改变医疗保健，或者已经改变了。而沃森团队面临着迅速将其产品商业化的压力。[44] 第一个应用是肿瘤学。

沃森肿瘤解决方案在全球范围内销售，用于为癌症患者推荐治疗方案。从得州大学安德森癌症中心（美国广受尊敬的癌症中心之一）到印度的马尼帕尔医院，世界各地的诊所都购买了这些服务，并为每位患者支付了 200~1 000 美元的费用。然而，沃森的表现甚至达不到普通人类医生的水平，更不用说"登月"了。该项目的许多治疗建议被证明是不正确和不安全的，会危及患者的生命。[45] IBM 最终不再炒作，变得谦虚了。宣布沃森的医学知识处于医学一年级学生的水平。[46] 得州大学安德森癌症中心意识到该软件无法达到 IBM 营销部门宣称的那种水平，取消了合同。该癌症中心花费了 6 200 万美元，这使沃森成为有史以来收入最高的医学生。德国的主要诊所也解雇了沃森，因为它们意识到沃森的治疗建议更像是愚蠢的人工而不是智能。用医院和诊所结合的勒恩医学院的首席执行官的话来说，与沃森合作无异于"投资拉斯维加斯的表演"。[47] 其他 IBM 的合作伙伴也停止或缩减了与沃森肿瘤解决方案相关的项目。IBM 尚未发表任何科学论文说明该技术对医生和患者的影响程度。

这个故事的寓意与沃森或一般的人工智能无关。与人工智能科学家不同，这是关于激进的市场营销无法满足人们的期望，以及记者对营销炒作的不加批判。用艾伦人工智能研究所首席执行官、前计算科学教授奥伦·埃奇奥尼的话来说，"IBM 研发的沃森是人工智能领域的唐纳德·特朗普——没有可靠数据支持的古怪言论"。[48] 更客气地说，沃森只是一个计算机程序，可以成为日常医疗任务的助手，但不是广告中所说的杰出医生。

IBM 还声称，沃森可以作为间谍、法律和金融领域的通用情报工具并进行推销。天真的银行家购买沃森的服务是为了做出更好的投资决策。但是，如果沃森在预测股市方面真的特别出色，或者仅仅是做出明智的投资，IBM 就不应该陷入财务困境了。

让人们更聪明

为什么不投入更多的钱并继续尝试呢？这是一个合理的问题，但是过多的试验和错误会耗尽精力和资源，而这些精力和资源本可以更好地用于治疗癌症和挽救生命。罗伯特·温伯格是享誉世界的癌症生物学家，就职于麻省理工学院，他一直致力于寻找癌症的病因和治疗方法。然而，抗癌药物可能仅能延长患者几周或几个月的生命，并且还会大大降低其生命质量。此外，它们非常昂贵，世界上没有哪个国家可以负担得起所有公民在这方面的费用。2011 年，在阿姆斯特丹由荷兰皇家科学院和荷兰中央银行主办的会议上，温伯格发表了主题演讲，向癌症生物学家传达了一个令人震惊的信息。尽管一生都在研究癌症的生物学环境，但温伯格认为，今天在生物科学之外，抗击癌症的真正希望是：让儿童和青少年了解健康知识。理由如下：

- 大约一半的癌症源于行为习惯，尤其是吸烟、饮食不当和缺乏运动导致的肥胖。
- 这些行为习惯早在童年或青春期就已经养成了。
- 因此，我们需要尽早培养儿童和青少年的健康意识，以扼杀这些导致癌症的行为习惯。

我和温伯格联手在学校设计了一个实验项目，在这个项目中，年轻人不会被告知该做什么和不该做什么，而是了解健康风险是什么，以及他们将如何被广告和同龄人引诱，参与不健康的活动。该项目教授诸多技能，例如烹饪的乐趣、身体机能知识、健康活动知识、提问和通过实验寻找答案的基本科学态度，以及在哪里查找可靠信息的意识。这一项目拒绝强迫或助推，只是为年轻人提供了控制自己健康的工具。在阿姆斯特丹，我们在随后的两次预防癌症会议上介绍了这个风险素养项目。荷兰癌症协会的负责人在柏林与我会面，他告诉我，他有兴趣为荷兰一些地区的学校资助这个项目，这些地区的儿童肥胖率正在上升。

在关于降低癌症发病率的第三次会议上，这位荷兰癌症协会的负责人发表了讲话。我们原本期待听到他就预防癌症的计划发表演讲，但他却谈到了大数据治疗癌症的前景。我和温伯格简直不敢相信自己的耳朵。后来，我们和他谈过，但也无济于事。该协会的负责人已经被说服了，他不想落后于其他资助大数据研究的组织。旨在让年轻人了解健康知识的项目就此结束。所有的资金都流向了大数据行业。

第三章

机器影响我们对智能的看法

最深刻的技术是那些消失的技术。它们将自己融入日常生活的结构中，直到与日常生活融为一体。

——马克·韦瑟，《21世纪的计算机》(*The Computer for the Twenty-First Century*)

我相信，在20世纪末（到2000年），常规教育会发生根本性改变，人们说起机器能思考时，不会再遭到任何反驳。

——艾伦·图灵《计算机与智能》(*Computing Machinery and Intelligence*)

在深蓝和阿尔法围棋成为棋王后，许多人觉得人类不再是进化的王者。大量通俗作家开始谈论即将到来的超级智能、奇点以及将计算机与大脑融合成不朽的网络生物。最悲观的人宣布人类已经终结，我们最终将成为被机器人拴住的宠物，成为动物园里的展品，或者成为第一个使用智能自我毁灭的物种。这些狂热者和悲观者的言论都犯了同样的错误，即将计算能力与人类智能等同起来。

　　智能就是计算机所做的事，这种观点是如何产生的？人们可能期望这一观点基于确凿证据，但它实际上是基于类比。[1]新技术总是激发新的心理学理论。只要人们认识到类比的本质是什么，并且不将其与真实事物混淆，就没有错。同样，人类拟人化的倾向可能使许多人热衷于将人类智慧归因于非人类实体。

　　想想人类记忆的奇迹。人们可以学习诵读古印度《摩诃婆罗多》的万句台词，或凭记忆指挥整首交响曲。为了理解这是如何实现的，从蜡板到图书馆，人们使用了各种各样的类比。其中最有影响力的是新技术，这些技术使人觉得记忆就像硬盘、电话总机或全息图。这同样适用于我们对人类智慧奇迹的理解。虽然我们知道全息图或计算机是如何工作的，但我们对智能如何发挥作用的了解却很有限。因此，我们利用已知来了解未知。这确实有相似之处：计算机和人类神经系统都是电子的；人工神经网络有连接网络，大脑也有合成神经网络。但是每个类比都有其局限性。如果大脑是计算机，那么我们可以在几分之一秒内计算出 1 984 的平方根。如果计算机是大脑，那么它可以轻松地通过人机验证码来证明你不是算法，而且，它不仅能下棋，还能玩得很开心。

　　虽然大脑不是计算机，但这个类比是一个引人深思的故事。计算机本身受到了人类系统的启发。事实上，计算机在设计之初是以一种新的社会制度——劳动分工为蓝本的。

第一台计算机是社会体系

法国大革命摧毁了贵族社会，这些贵族曾经过着光鲜亮丽的生活，花费数百万美元举办奢华的宴会，根本不在乎重税缠身的农民会不会饿死。这次革命的一个副作用是试图使我们的测量系统更加合理：引入十进制来测量体重、身高和几乎所有东西（甚至将每天分为 10 个小时，每小时有 100 分钟，每分钟有 100 秒，但这太过分了）。新系统需要计算对数表和三角函数表，这放到以前是数学天才的难题。法国大革命也带来了新的计算方式。受亚当·斯密《国富论》的启发，工程师加斯帕德·德·普罗尼创建了具有三层分工的社会等级制度。最上层是几个著名的数学家，他们设计了公式；中间层是七八个接受过分析训练的人；最下层是七八十个没有技术的人，他们只是简单地把几百万个数字相加和相乘。[2] 以前从未有过这样的项目。

几年后，英国数学家查尔斯·巴贝奇（1791—1871）惊奇地发现，一群普通的工人竟然可以进行复杂的计算。此后，巴贝奇设想用机器代替工人，并着手制造他的第一台数字计算机，但他制造的这些东西并不实用。直到 20 世纪，能使用的计算器才被制造出来。我的观点是，计算机和智能概念是紧密交织在一起的。起初有一个新的社会工作组织，计算机是按照它的形象创造出来的。[3] 最初的计算机是人类。

计算如何脱离智能

由非技术工人和巴贝奇的机器组成的计算系统与人们根深蒂固的信念产生了冲突。17世纪和18世纪的启蒙运动时期，心算能力被认为是聪明才智的标志。在当时的心理学中，创新思维不断把各种想法拆解，重新排列成新的想法。思维被理解为一种组合演算，伟大的思想家都是计算能手。数学家卡尔·弗里德里希·高斯（1777—1855，图3.1）的故事可能尽人皆知。高斯出生于德国不伦瑞克的一个贫困家庭。9岁时，他的小学校长在课堂上提出了一个附加问题：

> 校长布特纳手里拿着一根鞭子，让学生们写下从1到100的所有数字，然后将它们相加。不多时，年幼的高斯在石板上写下了答案，用镇上的方言说道："答案是嘎个！"老师带着轻蔑但又有些同情的目光看着这个小混混，他居然厚着脸皮声称他算出了一个让全班都束手无策的问题的答案。高斯向老师解释了他的推导过程。100个数字组成50对（1+100、2+99等），每对数字加起来为101。因此，总和是50乘以101，即5050。值得称赞的是，这位老师意识到了高斯是个天才，感慨道："这个男孩留在这个学校什么都学不到。"于是布特纳想办法把高斯送到了更好的学校。[4]

在伟大数学家的颂词中，与惊人的心算有关的故事是最受欢迎的。但高斯在算术方面的才华是最好的故事之一。非技术工人和机器也可以完成计算，这慢慢地终结了对计算的美化。计算不再被认为是天才的标志。当计算从伟人的公司转移到非技术的劳动力公司时，人们的心理也发生了变化。曾经被认为是人类智慧之冠的计算下沉至机械层面。19世纪被称为智能的东西不再与计算有关。这一变化为20世纪的新浪漫主义奠定了基础，新浪漫主义宣称创造是一个神秘的过程，并对计算嗤之以鼻。即使在今天，高级政客和名人也可以通过吹嘘自己的数学成绩差来获得同情票。以设计迷你汽车而闻名的亚历克·伊西戈尼斯爵士曾评论说："所有富有创造力的人都讨厌数学。这是你能学到的最没有创意的学科。"[5]

图3.1　德国的10马克钞票上是卡尔·弗里德里希·高斯的头像，还包括他设计的正态分布公式。该钞票于1991年发行，一直流通至2002年引入欧元为止。正态分布公式是机器学习、经济学、心理学等领域中许多模型的基础。高斯是最后一位以出色的心算能力而闻名的数学家。在表明复杂的计算可以由非技术工人组成的社会体制甚至机器完成之后，心算能力不再被认为是天才的标志。

女性计算机

纵观历史（有时甚至在今天），失去声望的职业都会向女性敞开大门。计算被视为一项无意识的机械任务之后，就被委托给了女性。至 20 世纪下半叶，社会系统继续进行大规模计算。20 世纪 40 年代，在洛斯阿拉莫斯进行的制造原子弹的曼哈顿计划，尽管拥有所有可用的计算技术，进行重复计算，但还是依赖于"人类计算机"，这些人大多是低收入的女性。例如算出一个数字的立方，并将其传递给另一个人，后者将其合并到另一个计算中。[6]女性进行计算的事实反映了当时计算社会地位的转变。

女性最终在主要统计项目的计算部门任职，从天文台到保险办公室再到军事研究（图 3.2）。当计算机变得更加可靠，甚至不可或缺时，人们认为"人类计算机"更机械，而不是更智能。[7]计算器将数字相加，就像洗衣机清洗衣物和缝纫机缝纫一样——所有这些机器通常都是由女性操作的。没有人意识到这些机器体现了人工智能。

图 3.2　1943 年，美国国家航空航天局艾姆斯研究中心 16 英尺*风洞中的"人类计算机"正在处理数据。版权所有：© 美国国家航空航天局。

---

* 　1 英尺约为 0.3 米。——译者注

计算的低声望也解释了为什么计算机科学而非其他工程领域能成为一个对女性开放的领域。20世纪80年代初，美国计算机科学专业的毕业生中近40%是女性。然而，在那个年代，当个人计算机开始普及并且享有盛誉时，它们被销售给了喜欢玩游戏的男性，而父母可能会为男孩而不是女孩购买计算机。从那时起，计算机科学专业的女性人数就开始急剧下降，到2020年降至18%。[8] 将女性挤出这一领域的另一个因素可能是计算机科学从无足轻重的职业发展成为高薪职业。今天，科技公司的负责人非常富有，而且几乎都是男性。

智能变成计算

研究中心开始使用电子计算机时，计算便从智力活动降级为机械活动，发生了180度的转变。约翰·冯·诺依曼是他那个时代最伟大的数学家之一。在写于1956年的最后一部著作《西利曼演讲》（由于身患癌症过早死亡，诺依曼既无法完成也无法交付该部著作）中，诺依曼指出了神经系统和计算机的相似之处，也就是神经元和真空管的相似之处，同时也谨慎地强调了它们之间的区别。冯·诺依曼观察到的相似之处在硬件层面，而艾伦·图灵则将电池和二极管都是与电有关的观察结果称为"非常表面的相似性"。[9] 在他看来，重要的相似之处在于功能，而不是硬件。图灵问机器是否可以像人脑一样思考。他著名的"模仿游戏"，俗称图灵测试，旨在评估机器是否可以模仿人类。更进一步，他考虑到了计算机是否可以拥有自由意志，并考虑用教孩子的方式来教机器。请注意，图灵问计算机是否像人脑，而以赫伯特·西蒙为首的心理学家后来提出了相反的问题：人脑是否像计算机。

20世纪60年代和70年代，西蒙与计算机科学家和心理学家艾伦·纽厄尔都认为，人类智能类似于计算机程序。在他们看来，智能是由符号随时间变化的操作组成的，这被称为物理符号假说。[10] 在他们看来，这些符号由规则操作，随着时间的推移生成新的符号作为输出。举个例子，逻辑是一个包含符号的系统，例如"和""或"，其规则是逻辑演绎的规则。同样，国际象棋是一个系统，其中的符号是棋子，规则是合法的棋步。在数字计算机中，符号是定义内存的0和1，规则是更改内存的中央处理单元（CPU）的规则。根据西蒙的说法，所有这些符号系统都类似于人类的思维和大脑。[11] 这种观点启发了许多电影以机器人伪装成人类为主题，它们与我们一样思考，只是速度更快，情绪更少，如果有足够的计算能力，它们最终可能会变成超人。

1956年初，西蒙在一个研究生班上说，圣诞节期间，他和纽厄尔发明了一台思维机器，"从而解决了身心问题，解释了由物质组成的系统是如何具有精神属性的"。与法国大革命中的第一个大型社会计算系统一样，他们的第一个计算机程序"逻辑理论家"的原型也是人类：西蒙的妻子、孩子和研究生。[12] 同年，著名的达特茅斯人工智能大会公布了"人工智能"一词。该词由计算机科学家约翰·麦卡锡创造，他是言论自由的坚定支持者，曾发明"分时系统"，后来改名为"服务器"，现在叫"云计算"。

重要的是，西蒙意识到计算机不仅是一台计算器，而是可以操纵任何符号——从文本处理到视频编辑。事后看来，符号处理的想法显然具有革命性，很难理解为什么这种潜力在早期没有表现出来。例如，1952年，计算机领域的先驱、设计哈佛马克一号计算器的霍华德·艾肯回忆说："最初的想法是，如果在这个国家有六台大型计算机藏在研究实验室里，就能满足全国所有需求。"[13] 听到这则逸事，我们可能会莞尔一笑，然而最初设想的计算机以及后来的互联网，只是为了解决科学和工程领域的问题，仅此而已。

鉴于有关"智能即计算"的观点已经被质疑100多年了，西蒙怎么能说服其他人认同他的"认知即计算"的想法？西蒙第一次提出这个想法时，由于过于超前，并没有人在意。在那个阶段，计算机是大型机器，很难使用；让一个程序发挥作用可能需要数月时间。例如，在1965年和1966年，哈佛大学认知研究中心的PDP计算机（小型商用计算机）平均每周使用83个小时，其中56个小时用于调试和维护。这台计算机并不是智能的奇迹，而是稳定的挫折源，从该中心1966年的一份技术报告那令人绝望的标题就可以看出："编程，或者如何在拔掉电线的情况下占据对计算机的心理优势。"[14]

但在20世纪七八十年代，电子计算机的计算速度变得更快而且价格也相对便宜了，开始出现在心理学家和其他研究人员的办公桌上。直到计算机成为日常生活中不可或缺的工具后，心理学家才接受了将大脑视为计算机的观点。有了这些新的桌面工具，古老的启蒙运动在智能和计算之间的联系——正如高斯的故事所说明的那样——以一种新的形式复活了。智能的本质开始被视为计算，即计算机所做的事情。从那时起，心理学家就将认知称为计算。

"认知即计算"的想法不是基于新的证据，而是基于新的工具，并受到类比的启发。[15] 因此，计算机启发了关于人类智能的新理论，就像几个世纪前新的社会工作组织使机械计算机变得可以思考一样。凭借当今强大的计算能力，这一想法演变为"人工智能战胜人类"的论点，即超级人工智能很快将在各个方面与人类的智慧相匹敌，同时在速度和效率上超越人类大脑。我们看到的是旧的启蒙运动观点（智能即计算）的新版本。

与此同时，深度神经网络取得的突破让人们重新相信，人工智能可以涵盖所有的人类智慧，并创造出一个可以比肩甚至超越人类的超级智能。在接下来的章节中，我们将深入研究神经网络的"智能"，看看它与人类智慧到底有何不同，以至于这种恐惧（或希望）仍会出现在科幻小说中。让我们从一个实际的、平凡的自动化梦想开始。

第四章

自动驾驶汽车会成为现实吗？

我非常有信心，五级（自动驾驶汽车）或基本全自动的驾驶汽车必定会出现，而且我认为这将很快发生……我仍然有信心，我们将在今年实现五级自动驾驶的基本功能。

——埃隆·马斯克，特斯拉首席执行官，2020 年 7 月

自动驾驶汽车远没有它们需要的智能。安全功能——包括手动操作——必须是重中之重。

——美国参议员理查德·布卢门撒尔

2018 年 3 月，在一个黑暗的沙漠之夜，伊莱恩·赫茨伯格推着自行车穿过亚利桑那州坦佩市的一条四车道公路。赫茨伯格 49 岁，是一个背着包骑着自行车的流浪者。她在穿过三个车道后，被一辆优步自动驾驶汽车撞死了。

优步自动驾驶汽车承诺将很快在日常交通中实现安全驾驶，我们应该如何看待这个承诺呢？优步的汽车甚至不是自动

驾驶的,方向盘后面有人类司机。[1]在亚利桑那州撞上赫茨伯格的沃尔沃是一辆有备用司机的测试车,在事故发生的前19分钟一直处于自动驾驶模式。该车以每小时43英里[*]的速度行驶,汽车雷达在撞击前六秒检测到赫茨伯格。然而,人工智能的"感知模块"——使用摄像头和雷达构建的环境模型——迷惑了,首先将她归类为未知物体,后来又将她归类为车辆,最后将她归类为自行车。这些判断导致了不同的预测路径,在超过四秒钟的时间里,系统没有做出任何需要制动的推断。直到撞击前一秒,它才做出了推断。但由于优步的工程师禁用了制动技术,所以汽车无法停下来。

这是因为之前发生过的糟糕经历——自动驾驶汽车无缘无故刹车,然后被人类司机追尾。踩刹车是备用司机的任务。但她显然没有看路,而是正在低头看着手机上的流行歌曲比赛节目《美国好声音》(The Voice)。[2]视频片段显示,她在碰撞前一脸震惊地抬起头来。一辆所谓的自动驾驶汽车撞死了人,谁应该对此负责?坦佩市警察局局长归咎于无家可归的受害者。受害者死后的几天内,优步通过与受害者家属秘密达成庭外和解,避免了诉讼,后来还逃避了对其犯罪行为的指控,否则备用司机将面临过失杀人罪的指控。

不知情的赫茨伯格被动地参与了一项技术实验。在这个悲剧发生之前,加州监管机构很难让优步在真实交通中测试它们的汽车。亚利桑那州州长道格·杜西抓住机会,在推特

---

* 1英里约为1 609米。——译者注

上写道："亚利桑那州欢迎这种技术和创新！＃逃离加州！＃来亚利桑那做生意！"[3] 众所周知，这些自动驾驶汽车存在不安全因素。在撞死赫茨伯格之前，几乎每隔一天就有一辆自动驾驶汽车在路上发生碰撞事故。悲剧发生前五天，优步自动驾驶汽车部门的一名经理向公司高管发送了一封电子邮件，警告说他们的自动驾驶出租车中的人工智能很危险，而且备用司机没有经过正规培训。[4] 尽管如此，亚利桑那州和优步仍然继续进行这项实验。致命事故发生后，亚利桑那州州长很快改变主意，禁止了优步的实验。然而，俄亥俄州州长抓住了这个机会，将一家大型科技公司从硅谷吸引过来，并欢迎它到"狂野西部"进行不受监管的自动驾驶汽车测试。[5] 这个悲伤的故事最终演变为一场试探监管和安全底线的竞赛。

适应人工智能原则

自动驾驶汽车是一种无须人类作为后援，就可以在任何交通条件下行驶到任何地方的汽车。人们希望自动驾驶汽车能够更加便捷，同时大大减少交通事故。埃隆·马斯克等汽车制造商表示，这种愿景指日可待。[6] 然而，实际交通状况具有相当大的不确定性，如人类司机行为不稳定，经常不遵守交通规则；还有骑自行车的人、乱穿马路的人或出现在路上的动物；夜间驾驶时其他车辆刺眼的大灯；大雨和结冰等天气因素。鉴于这些不确定性，稳定世界原则对广泛流传的商业童话——自动驾驶汽车即将到来——提出了质疑。

人们对技术实际能提供什么和应该相信什么的混淆，始于对"自动驾驶""无人驾驶""自动驾驶汽车"等术语的误用。这种不精确性助长了不切实际的希望。让我们明确一下这些术语。汽车工程师协会（SAE）的分类系统区分了五个汽车驾驶自动化级别（图4.1）。一级系统存在已久，包括作为司机辅助工具的自适应巡航控制和车道保持系统。1986年，在德国的高速公路上，奔驰面包车是首批在公共道路上展示这些技能的车型之一。[7]二级技术结合了各种一级技术，可以自动完成更复杂的

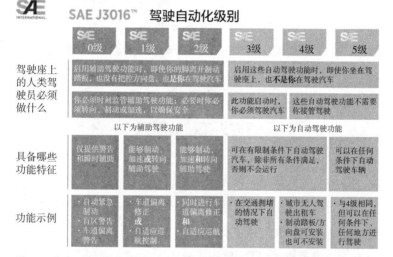

图4.1　汽车工程师协会定义的五个汽车驾驶自动化级别。自动驾驶汽车处于第五级。它被定义为不需要人力支持，能够在任何地方和任何交通条件下安全驾驶的汽车。目前的商用车停留在第二级。稳定世界原则表明，五级的安全驾驶非常难以实现，而四级可能通过将自动驾驶汽车限制在特定区域，并使我们的街道和城市适应人工智能来实现。资料来源：© 国际汽车工程师学会，来自 SAEJ3016™ 道路机动车辆驾驶自动化系统相关术语的分类和定义（修订版，2018年6月15日），https://www.sae.org/standards/content/j3016_201806/。

驾驶任务，如自动泊车等商用汽车的前沿技术。它要求司机将
手放在方向盘附近，并时刻保持注意力，以防意外发生。三级
系统是一项重大的技术飞跃，可以执行大多数驾驶任务，但仍
需要一个能接收系统警报，并在出现故障时做好控制准备的人
坐在驾驶座上。在以上三个级别中，司机都必须时刻保持警
惕，以防意外发生。

　　四级和五级技术的自动驾驶汽车可以在没有警觉司机的情
况下运行。四级技术的汽车能够在没有人类帮助的情况下完全
自动驾驶，但并非在任何地方和任何条件下都可以行驶，只能
在限制区域，如高速公路、机场、工厂或专门设计的城市。五
级技术是指自动驾驶汽车能够在所有驾驶条件下（天气、道路
和交通状况）安全驾驶，无须任何人力支持。[8]人们通常无法
区分这五个级别，所以产生了一种全自动驾驶汽车已经在路上
飞驰的错觉。

自动驾驶汽车需要稳定的环境

　　通过比较驾驶汽车与驾驶飞机，可以理解前者所涉及的不
确定性。航空业很久以前就引入了自动化，如今的大部分时间
里，算法操控着飞机飞行。事实上，新商用飞机大约一半的成
本都花在了软件验证和调试上。然而，大型商用飞机的软件还
不如自动驾驶汽车的软件复杂。[9]自动飞行系统可能需要处理
其附近的一架或几架其他飞机，但通常它们之间的距离很远，
因此有时间采取行动。自动驾驶汽车的软件则需要处理数十辆
汽车、自行车和行人，由于距离太近，需要它在几分之一秒内

做出生死攸关的决定。

稳定世界原则有一个重要的含义，即适应人工智能原则：

> 为了提高人工智能的性能，我们需要使物理环境更加稳定，人们的行为更可预测。

如果我们将决策交给算法，就必须改变我们的环境和行为。这可能包括使人类对于算法更透明，规范人类行为，甚至将人类排除在竞争环境之外。该原则应用到自动驾驶汽车上，给我们提供了几种可能发生的情况：

> 不会有自动驾驶汽车（五级自动化）。或者，进行一场根本性的变革，重新设计我们的城市和道路，以创造算法所需的稳定和可预测的环境（四级自动化），比如禁用人类司机的联网公路，以及禁用人类司机的城市。

换句话说，如果我们想要自动驾驶汽车，我们就必须适应它们的潜在要求。该技术不仅是一个支持系统，也需要我们调整自己的行为。这种行为转变以前就发生过。

1886年，卡尔·本茨发明了汽车，20世纪初，福特公司开始批量生产汽车。事实证明，从骑马时代到机动车时代的过渡时期是非常危险的。汽车必须在没有任何规定的情况下，与马车、自行车、行人和在路上玩耍的儿童共享交通空间。为了让汽车安全运行，人们需要铺设道路，设置严格的交通规则。

反之，人类行为也受到驾照、车牌、交通信号灯、交通标志以及在特定道路一侧行驶等规则的限制。这还不是第一次。早在1831年，巴黎警方就颁布了一项交通法令，规定马车、马匹、骡子和行人应保持右侧行驶，以减少城市的混乱。[10]人们牢牢遵循着这条规则，就像早先制定法令禁止人们将夜壶倒在窗外的街道上一样。干净的街道使交通畅通。由沥青或混凝土铺就的现代公路路面平整，是汽车行驶的理想环境，行人、自行车和动物禁入。新技术不只是为我们提供帮助，它们的影响更加深远。为了从新技术中最大限度地获益，我们必须做好准备去改变我们的行为和环境。

驾驶座上的神经网络

工程师如何制造出一个可以托付生命的电子司机？如前一章所述，有两种愿景。第一，人工智能心理学教会计算机按照人类的驾驶方式来驾驶，即复制人类的感知、判断和决策过程。这就是优秀的老式人工智能（GOFAI）的精神：研究人类如何解决问题，然后将人类行为转化为"生产规则"，并将这些规则编入计算机程序中。例如，"如果一个孩子在车前踏进街道，就立即刹车"。然而，这个想法在日常交通中注定要失败，因为它会让人工智能陷入太多规则中——包括那些告诉它如何区分正在奔跑的孩子和飘浮的塑料袋。记住成千上万条规则也不是人类学习驾驶的方式。事实上，我们在不间断地驾驶时所做的事情无法被精确地描述并进而固定下来作为算法的规则。因此，相关研究转向构建机器学习系统。第二，不是试图教机器像人类一样驾驶，而是通过使用算法，以最佳的方式解决特定问题，例如识别交通标志和移动的物体。机器解决这些问题的方式与人类解决问题的方式几乎没有关系，从搜索引擎和推荐系统中就可以清楚地知晓这一点。

自动化的重大突破，以及全自动驾驶汽车的巨大希望，来自一种名为"深度人工神经网络"的算法，但它与寻找真爱或评估信誉的算法存在根本区别。驱动汽车的计算机系统由三个模块组成。第一个是感知模块，由摄像头、普通雷达和激光雷达组成。其中，激光雷达是一种使用不可见光脉冲的雷达。摄像头可以识别交通标志、交通信号灯、车道标记和其他特征。普通雷达测量物体的速度，激光雷达测量周围环境的形状。这些信息用于构建汽车环境的模型。目标识别是自动驾驶汽车发展的关键一环。第二个是预测模块，预测"已识别"的目标接下来会做什么，例如附近的汽车和行人将向哪个方向移动，以及移动速度有多快。第三个是驾驶策略模块，依据这些预测来决定汽车应该加速、减速、向左或向右转向。在赫茨伯格的案例中，驾驶策略模块并没有决定放慢速度，因为感知和预测模块被搞糊涂了。

人工神经网络有时被描绘成只有计算机高手才能理解的神奇机器，但我们可以用一种非技术性的方法大致了解它的功能。这类似于用于交友匹配和信用评估的算法，它们由三个部分组成：输入、转换和输出。设想一个正在接受训练以识别校车的网络，输入的是图片，其中一些是校车。图片是数字化的，即一张图片被数码相机分割成数千或数百万像素。每个像素都根据三个颜色值进行分析：红色、绿色和蓝色。从人工网络的角度来看，图像只不过是一个巨大的数字表，每个数字指定一个像素的三种颜色中的一种。这张表被称为"输入层"。在最简单的情况下，"输出层"由两个数字组成：1表示校车，0表示所有其他对象。它与传统人工智能的最大区别在于输入转换为输出的方式。

与婚恋网站算法不同的是，输入不会通过（秘密）公式转换为输出。相反，输入层通过一系列隐藏层进行转换，这增加了网络的深度，因此得名"深度神经网络"。这种网络可能只有几个隐藏层，也可能有数百个隐藏层。网络中更深的一层可以帮助细化它的上一层。这种微调也称为"深度学习"。

深度神经网络可以通过三种方式"学习"：监督学习、无监督学习和强化学习。监督学习是最著名的，之所以这么命名，是因为在这个方式中存在一位"老师"只提供"是 / 否"的反馈，而不提供规则。它用于识别诸如校车和交通标志之类的目标。为了正确地学习，网络会得到数千甚至数百万张照片以及对它们的正确分类，然后学习一个函数，尽可能正确地匹配输入和输出。在推荐系统中，例如当亚马逊网站推荐购买书籍时，你就是在浏览时点击或点赞某些内容的老师。无监督学习是在没有反馈的情况下进行的。例如，网络搜索图片中的相似性并生成相似图片的集群。这种学习方式相当于在不了解天文学的情况下在夜间观察星星以寻找规律。强化学习常应用在诸如围棋之类的任务中，网络不是在每走一步后都能获得反馈，而是仅在游戏结束时才获得反馈。在这种情况下，网络所知道的只是游戏的规则和目标，它必须找到自己的路径才能移动到下一个位置。阿尔法元的惊人表现归功于强化学习，但它也可能出人意料地发现一条捷径。为玩俄罗斯方块而开发的算法只是学会了暂停游戏以避免失败。[11]

理解深度神经网络的一般逻辑相对容易，但要理解网络究竟"看到"了什么却困难得多。这就是它与人工智能心理学之间的一个主要区别：后者的规则是透明的——至少对设计者来说是透明的。然而，即使是构建网络的工程师也很难弄清楚在深度神经网络的隐藏层中发生了什么。你可能听说过谷歌的图像分类系统将一对深色皮肤的夫妇识别为"大猩猩"的尴尬故事。虽然工程师们立即做出了回应，但不像你想象的那样。他们没有直面问题的核心，而是默默地删除了"大猩猩""黑猩猩""猿"的类别。从那以后，猿类的图片不再被归类。[12] 深度神经网络已经变得过于复杂，以至于难以理解和纠正。

相比之下，传统的计算机视觉依赖于形状和颜色等个体特征。对于像校车这样的目标，它很难给出一个准确定义的规则。规则更适合识别手写数字，其中，特征可能包括较低的圆形笔画（如 5 和 6），以及较高的圆形笔画（如 2 和 3）。在深度神经网络中，我们很难判断各层中的独立单元是提取单个特征，还是在集体行动中协同工作。[13] 我们所知道的是，"人工神经网络的功能类似于传统的计算机视觉或人类视觉，只是速度更快"这一观点已被证明是错误的。下文提到的神经网络所犯的惊人错误将证实这一点，这些错误与人类的直觉相悖。

深度神经网络并不是什么新鲜事。自20世纪五六十年代，人工网络就已为人所知了。一些统计学家抱怨说，不懂统计学的工程师重新发明了已经存在的统计工具，并用一种令人误解的新术语来掩盖，例如"人工智能"。[14] 他们抱怨的理由并不充分；几项技术的创新确实激发了神经网络的复兴，包括数字计算机运算能力显著进步、有效训练方法不断开发、大数据集可供利用，以及最初为视频游戏开发的图形处理单元日益强大。尽管如此，大多数监督和无监督学习早已为人所知，这一事实帮助我们清楚地认识到，深度神经网络中的"智能"与普通统计中的"智能"最终没有什么不同。[15]

尽管"神经网络"这一术语颇具暗示性，它却不像人类那样"感知"和"思考"，与大脑中的神经回路没有太多的相似性。算法可以解决超出人类能力的任务，但它们也有奇怪的盲点，并且可能会犯令人难以置信的错误。以下示例说明了这些盲点对自动驾驶汽车来说意味着什么。

神经网络知道校车是什么吗

自动驾驶汽车需要软件支持才能准确识别道路上的交通标志、人和车辆。图4.2的左侧是一辆典型的美国黄色校车，深度神经网络已经学会正确识别。中间的图片显示了彩色的像素图案。实际上，该图案非常小，在这里将其放大了十倍以便读者看到。右侧的图片是把中间这个图案叠加在第一张图片上产生的。对人类司机来说，右侧的校车仍然是校车，看到时需要特别注意，因为周围可能有孩子。而对于深度神经网络来说，校车消失了，它现在将其归类为鸵鸟。[16]

图 4.2　欺骗神经网络。左侧：一张被深度神经网络正确识别的校车图片。中间：像素图案（此处放大十倍以使其可见）。右侧：中间的图案叠加到左侧的校车图片中，形成右侧的图片。神经网络不再识别校车，而是将其归类为鸵鸟。资料来源：Szegedy et al.，"Intriguing Properties of Neural Networks"。彩色版本可访问 https://arxiv.org/pdf/1312.6199.pdf。

　　这种错误与人类的直觉格格不入。人类几乎看不见的微小的连续变化，比如两辆校车之间的差异，对机器来说却有质的不同。[17] 这种错误不符合人类直觉。这种质的"飞跃"并不局限于图像识别，也会出现在声音、语音和文本识别当中。[18]

　　相反的现象也存在，深度神经网络无法分辨两张肉眼看来截然不同的图片。思考图 4.3 中左边的校车图片，它与图 4.2 中左边的校车一样，都能被经过训练的深度神经网络正确识别。校车的右侧是黄色和黑色的横条图像，其颜色与校车的颜色相似。在深度神经网络学会正确识别校车后，在带有条纹的图片上进行了测试。该网络将此图归类为校车，并有 99% 的把握是正确的。[19]

　　这些惊人的错误不局限于测试特定类型的深度神经网络，也不局限于校车。几乎所有的测试对象都会出现这些错误。有

图 4.3　深度神经网络将条纹误认为校车。左图（与图 4.2 中的左图相同）被正确归类为校车。但该网络也 99% 确定右图是另一辆校车。条纹和校车的颜色相似。资料来源：Szegedy et al., "Intriguing Properties of Neural Networks," and Nguyen et al., "Deep Neural Networks Are Easily Fooled." © IEEE。

人可能认为新技术可以避免这类错误，但事实并非如此。原因有两个。第一，新技术也许能够避免个别错误，但不能究其原因；第二，人们不断开发新技术，以寻找欺骗深度神经网络的其他方法。防护措施与对抗性算法之间的军备竞赛已经进化了，包括成功的单像素攻击，即通过修改图像中的单个像素来进行低成本欺骗。[20]

为什么会出现这些错误？是因为神经网络的校车图片样本太小而无法学习？还是因为使用的不是典型的样本，以便故意欺骗它们？事实并非如此：这些网络是在超过 100 万张图像组成的标准图像数据集上训练的，添加再多的训练图片也无济于事。答案其实在于人类智能和机器智能之间的根本区别。人类对巴士有一个心理概念。孩子可以在看到一辆或几辆巴士后认出它。巴士有四个轮子、前照灯和风挡玻璃，比汽车大，用于载人。深度神经网络没有巴士的概念，也不知道它的功能，甚至不知道巴士在图中的位置。[21] 深度神经网络的智能体现在找到像素之间的统计关联，并为像素分配概率。关联性越强，深度神经网络越能得出确定的结论。如果目标的典型元素在图片中重复出现，那么网络可能会更加确信图片中存在目标。它检测到的校车典型元素似乎是由黑色框起的醒目黄色。这些颜色特征被横条纹放大了。

同样，深度神经网络没有斑马的概念，而是搜索图片中的典型图案，例如条纹。因此，如果图片中的斑马多出两条腿（因此有更多条纹），人们可能会被吓到，但深度神经网络可能因此更加确信这是斑马。[22] 那么，为什么不告诉深度神经网络斑马不能有超过四条腿呢？修复此特定错误不会消除根本问题：深度神经网络不知道图片代表现实世界中的事物；它没有事物的概念。它的智能仅限于检测颜色、纹理和其他特征。相比之下，人类的智慧是指涉真实世界的。

T 恤衫上的色块

为了保证自动驾驶汽车的安全，深度神经网络不仅需要正确识别车辆、行人和交通标志等物体（感知模块），还需要预测汽车或行人接下来要移动的位置（预测模块）。做出这些预测的网络被称为"光流网络"。通常情况下，风挡玻璃后面的摄像头每秒会拍摄很多照片，并根据这些照片推断车辆在下一时间段的位置。深度神经网络必须在不受任何干扰的条件下预测其他车辆或自行车的行驶方向，否则无法保证安全。

然而，就像识别目标一样，深度神经网络会产生人类直觉之外的推理错误。可能一个小色块（如图 4.4 中的示例）就会妨碍深度神经网络估计车流。[23] 即使是占整个图片不到 1% 的色块，也可以完全消除神经网络"看到"的一半或全部图片。色块越大，识别结果越令人担忧。这种色块可以是行人的 T 恤衫、汽车保险杠或交通标志上的图案。生成这些模式只需要几个小时。虽然图 4.4 所示的模式适用于各种网络，也就是说，无人驾驶汽车使用的网络类型未知，但是，如果网络类型已知，则更容易生成这种模式。

图 4.4　举例来说，当行人的 T 恤衫或汽车尾部出现色块时，会混淆神经网络对交通流量的预测。这些色块是"通用的"，因为它们只会混淆主要类别的网络，不会针对某一特定的网络。即使色块占整个图片不到 1%，它也足够妨碍判断。资料来源：© The Max Planck Institute for Intelligent Systems 2019。有关此色块和其他对抗性色块的彩色版本，请参阅 https://arxiv.org/pdf/1910.10053.pdf。

　　人在驾驶时，没有谁会被这样的模式所迷惑。人类所犯的错误与此类错误性质完全不同。据估计，90% 的车祸是由人为因素造成的，例如超速驾驶、开车玩手机、疲劳驾驶以及酒驾。[24] 但任何网络都不会因为疲劳驾驶或开车玩手机而出现故障——尽管电量耗尽可能会产生类似的影响。这里的错误和目标识别的显著差异体现了机器智能与人类智能的本质区别。人们常说，计算机只知道人们告诉它的东西。这对于人工智能心理学来说可能是正确的，但对于网络来说却不是。深度神经网络可以学习并"知道"人类难以理解的事物。

这意味着什么？构建视觉系统的工程师可能会被蒙骗，因为他们认为，当人工智能接受了数千张交通标志图片的训练，然后在测试中表现良好时，它也会像人类一样在新的情况下识别出这些标志。忽视这一点可能会导致难以预见和难以理解的事故。此外，恶意字符也可以诱导深度神经网络犯错。例如，经过训练，汽车的计算机视觉可以将停车标志误认为时速65英里的限速标志，从而使汽车和乘客以最高速度冲过十字路口。[25] 同样，当行人做出意想不到的动作时，比如在街上跳舞，也会扰乱深度神经网络。[26]

直觉与道德

三岁的孩子都知道，人与物体不同，有意图和欲望，并经常从别人的目光、肢体动作或语气中推断出他人的意图。理解他人意图的能力也被称为"心智理论"，它被用于促进安全驾驶。想象一个站在城市路边的孩子，如果孩子的目光落在街道另一边的球上，人类司机可以瞬间推断出孩子打算冲过街道；如果孩子的目光转向附近的女性，那么他不太可能跑上街道。人类已经学会使用这种启发式规则来推断意图，但人工神经网络没有这些直觉。即使人工智能可以通过感知模块准确检测到儿童和成年女性，它还需要一个直观的心理学模块来推断他们的意图和他们可能的下一步行动。目前，人们仍无法将直觉心理学编入机器程序中，这需要软件工程方面的重要突破。

如果自动驾驶汽车成为现实，那么它还会陷入巨大的道德困境。想象一下，有三个老人正在闯红灯过马路（图4.5）。当自动驾驶汽车发现他们时，已经来不及刹车，即将撞倒他们。除非这辆车选择撞墙，但这会导致三名乘客死亡。工程师应该如何对人工智能的驾驶策略模块进行编程呢？这种情况下汽车应该如何做出选择？

2017年成立的德国自动互联化驾驶道德委员会是全球第一个针对该问题提出道德规则的机构。[27] 其规则包括，人的生命应优先于动物的生命，并应禁止因年龄、性别或任何其他个人特征而产生歧视。这意味着，自动驾驶汽车并不关心拯救行人或乘客。一项对200多个国家和地区的数百万人进行的研究发现，大多数人不同意这些道德规则，除了牺牲猫狗而不是人类。在这个情景中，绝大多数人认为应该将人工智能设定为撞死行人，而不是牺牲乘客。毕竟，他们年纪大了，而且乱穿马路违反了法律。总的来说，全世界大多数人表现出了严重的歧视，没有平等看待自己的同胞。[28] 人们通常认为人的生命高于狗的生命，但如果这个人是犯罪嫌疑人，那就不一样了。人们同样认为，社会地位较低的人和无家可归的人不值得被救。

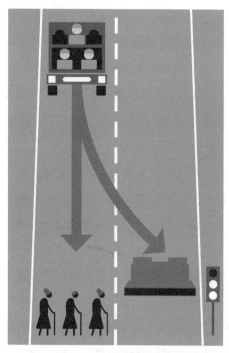

图 4.5　自动驾驶汽车应该被赋予什么样的道德直觉？在这个假设的场景下，自动驾驶汽车无法避免事故，必须选择谁生谁死。或选择撞死三名闯红灯过马路的老年人，或选择撞墙来挽救行人的生命，但这将导致三名乘客死亡（参见 Awad et al.，"The Moral Machine Experiment"）。

　　即使本研究出于假设，我们也能从道德困境中窥探到深藏的文化价值观。西方国家最喜欢不作为，比如通过左转撞墙来逃避主动撞人的责任。日本等东方国家及沙特阿拉伯和印度尼西亚等伊斯兰国家则更喜欢牺牲不法之徒，以拯救老人或行人。相比之下，中美洲和南美洲国家的人最喜欢拯救女性、年轻人和社会地位高的人。

　　自动驾驶汽车的道德困境是道德哲学中"电车问题"的一

个版本。这类思想问题以虚构的失控电车命名。除非有人采取行动,否则该电车将碾死躺在铁轨上的五个人。比如,将一个胖子推下桥,落到铁轨上迫使电车停下。这些问题可以揭示一个人是宁愿无所作为,让许多人丧生,还是主动为一个人的死负责,以挽救其他人的生命。但最能说明问题的是,这些道德实验假设了一个确定的世界,而回避现实生活中的不确定性。该实验假设胖子不会自卫,并且会在准确的时间和准确的位置落在铁轨上。同样,即使假设场景中的人工智能没有时间避免事故,但假设仍然是,人工智能具有完美的识别能力,会对个人的年龄和行为进行正确分类,并能准确判定有多少行人或乘客将死亡。当确定的假设被替换为不确定的现实时,人们坚定的道德判断就会变得更加宽容。[29]

道德心理学有一个悠久的传统,即提出忽视不确定性的道德困境。作为一个思想实验,这不是问题。但在实际交通中,确定性仍然是一种错觉。人类和人工智能都被迫在不知道后果的情况下做出决定。这一关键区别可能使工程师无须担心如何对机器进行编程以走出这种道德困境,事实上,大多数工程师已经放弃了将电车问题的虚幻确定性作为道德指南。[30] 选择谁生谁死的假设困境可能永远不会成为现实,因为全自动驾驶汽车也许可以完美预测碰撞后的事情。

驾驶的未来

如前所述,与埃隆·马斯克在本章题词中的暗示性主张以及其他商业承诺相反，稳定世界原则表明，自动驾驶汽车不太可能成为我们的未来。若要保证五级自动驾驶汽车的安全，就需要在软件开发方面实现突破。自动驾驶将会到来，但不会以我们认为的方式出现。它可能会以两种形式出现，一种允许人类驾驶（三级），另一种不允许（四级）。这两种形式很可能共存，在这两种情况下，人类都需要适应人工智能的潜在要求。

当你的汽车向警方报告你的交通违法行为时

如果自动驾驶汽车无法实现，我们还可以学会使用人工智能并将其作为支持系统，但在失败时保持警惕和控制——这被称为增强智能。它相当于部分自动化，即二级或三级自动驾驶汽车的复杂版本。增强智能不仅能为你的汽车添加有用的功能，而且很可能将我们带入一个不同的未来，在这个未来，人工智能既可以帮助我们，也可以监控我们。这种可能的未来更多地由保险公司和警察推动，而不是依靠汽车制造商。该想法萌发于远程信息处理。

在人们的刻板印象中，年轻司机鲁莽、过度自信，存在保险风险。有些确实是，但很多人并不是。尽管如此，保险公司通常将他们视为一个群体并收取高额保费。远程信息保险可以改变这种情况，为安全驾驶的司机提供更低的价格。这个想法是根据一个人的实际驾驶行为，而非一般驾驶行为来计算溢价的。为此，需要在车内安装一个与保险公司相连的黑匣子（可以使用智能手机，成本更低，但可靠性较差）。黑匣子记录司机的行为并计算安全分数。图 4.6 显示了首批远程信息保险公司之一的评分系统。该系统考察四个特征，并赋予它们不同的权重。[31]

特征（事件）	权重
急加速或急刹车	40
超速行驶（超速 20% 持续 30 秒以上）	30
晚上 11 点至凌晨 5 点驾驶	20
在城市中驾驶	10

图 4.6 远程信息保险公司的评分系统。边开车边付款。车内的黑匣子向远程信息保险公司报告司机行为的四个特征。安全驾驶能力是通过特征和权重都透明的算法计算出来的。如果客户安全驾驶，保险公司就会提供更优惠的价格。

急加速或急刹车的权重最大，其次是超速行驶。每个司机每个月在四个功能中的初始值都是 100 分。"事件"发生会导致扣分，例如第一次急加速或超过限速扣 20 分。在月底，剩余的分数将被加权，并汇总成一个总的安全分数。尽管远程信息处理通常被称为黑箱算法，但该算法与大多数婚恋问题中的黑箱算法有根本区别。保险公司的网站上有详细的解释，每个人都可以理解并验证所得分数。

保险公司宣称个性化收费是为了促进公平，它们这样做是考虑到个人的驾驶风格。但是，当司机因为夜间驾驶和在城市中驾驶而受罚时，也造成了新的歧视。例如，医院工作人员可能无法避免在夜间和城市工作。因此，司机可以控制评分系统中的某些特征，但不是全部。有趣的是，几乎所有的个性化收费中都不存在司机可以控制的一项功能：开车时发短信。

黑匣子不仅可以促进公平，还可以实现监控。想象一下一个可能的未来。为什么黑匣子只向保险公司发送超速记录？它可以毫不费力地给警察一份副本，节省警察很多精力，也将淘汰所有的测速装置。如果你超速，汽车会及时打印罚单，或者直接从你的在线账户中扣款。你与爱车的关系可能会发生变化。促进公平和全面监控之间存在滑坡效应。

你是否支持可以将交通违章直接送交警察的新一代汽车？在我进行的一项调查中，1/3 的成年人表示支持，其中 60 岁以上的人和 30 岁以下的人较多。[32] 这项技术已经存在，因为大多数新车安装了黑匣子，它收集的数据不属于车主，可以用于法庭上对司机的指控。在佐治亚州的一次致命事故后，警方在没有搜查令的情况下获得了黑匣子数据，司机被判鲁莽驾驶和超速。[33]

虽然监视的动机各不相同，但数字技术支持所有动机。甚至不需要购买远程信息保险。现代汽车都有内置的网络连接，虽然用户手册中没有公开说明，但大多数汽车每隔几分钟就会向汽车制造商发送一次它们能收集到的所有数据，包括司机当前的位置，是否发生了急刹车，司机座椅的位置多久改变一次，他们去过哪个加油站或充电站，以及插入了多少 CD 和 DVD。[34] 此外，只要你连接智能手机，汽车就可能会复制你的个人信息，包括联系人地址、电子邮件、短信甚至照片。汽车制造商对此表示沉默，当被问及会与谁分享这些数据时，他们通常不会回复。[35] 这些信息可以引发很多有趣的事情，例如司机光顾麦当劳的频率、他们的健康状况以及他们晚上偶尔拜访的人。联网汽车可以促进公平，提高安全性，但也可以监视你。远程信息保险体现了数字技术的两面性：以接受监控换取便利。

改造城市以适应自动驾驶汽车，人类驾驶可能会成为非法行为

未来，汽车会监控司机并向警方报告其交通违法行为，而司机会调整自己的行为。未来的二级和三级自动驾驶司机将是可预测的和守法的。超速、闯红灯、开车发短信、酒驾、不系安全带等交通违法行为将成为历史。未来，人类仍然坐在驾驶座上。

如前所述，适应人工智能原则让我们期待第二种未来。它需要重建当前的交通环境，使之变得更可预测，以实现四级驾驶，即在一些交通条件下可以实现无人驾驶。首先，高速公路上的特殊车道和城市内的区域可能仅限于自动驾驶汽车使用。从长远来看，适应自动驾驶汽车的潜在要求可能需要建设全新的城市，为汽车提供稳定的环境。这或许需要为道路配备检测汽车的传感器和与汽车通信的系统。人类司机会被禁止上路，而行人会有自己的隐蔽通道。未来，在限制区域或整个城市内，人类驾驶可能会成为非法行为，人类最终可能会失去驾驶能力。生活在这样的未来，回顾过去你会难以置信，那时的人会自己驾驶，会撞死他人。

一种愿景是将自动驾驶汽车与公共交通相结合。出于安全原因，在城市中自动驾驶出租车将以低速巡游，将人们运送到公共汽车站和有轨电车站，这些交通工具将以更快的速度行驶，将乘客载至更远的地方。私家车将被淘汰，城市中到处停放汽

车的场景将成为历史。这些空间可以作为宽阔的人行道和自行车道，并用围墙或树篱隔开，以防止人们进入汽车道。为了鼓励这种发展，可以采取降低自动驾驶出租车和公共交通的使用成本，提高私家车的拥有成本，禁止私家车进入城市等措施。

一些国家已经在朝着这个方向发展，并正在围绕四级自动驾驶技术建设新城市。例如，丰田公司计划在东京和富士山附近建造一座智能城市，以适应自动驾驶汽车，并将行人限制在汽车无法触及的人行道上。[36] 丰田负责人表示，自动驾驶汽车将把市民带到市中心——这也可能是一个过时的想法，因为市中心将不再那么"中心"。流媒体取代了电影院，在线购物取代了实体购物，自动驾驶汽车将药品、比萨和其他你想要的东西送到你家门口。一些发展中国家计划在一些地区支持自动驾驶交通。我们目前无法想象美国和西欧将如何彻底改变其公共领域，但这些国家可能很快也会调整它们的公民权利概念，通过提供一个让人工智能蓬勃发展的环境来享受人工智能带来的便利。

自动驾驶的这两种可能的未来说明了一个更普遍的观点。问题是如何让人工智能在不确定的情况下工作？一种解决方案是通过立即奖励或惩罚进行全天候监视和行为修正。这种方法使人类更容易被预测。人工智能可以更轻松地预测遵守规则和行为一致的人，无论是在路上还是在其他地方。另一种解决方案是使环境更加稳定和可预测。这意味着要使其适应人工智能的潜在要求，这可能需要行人、自行车和人类司机彻底远离街道。

自行车优先的城市和智能公共交通

对于自动驾驶的这两种愿景，一个激进的替代方案是，尽可能地放弃汽车，无论是自动驾驶还是其他方式。一种想法是建设自行车优先的城市。阿姆斯特丹、哥本哈根等城市已经重组了基础设施，并围绕自行车而非汽车重新设计了街道。荷兰的乌得勒支市从一个传统的汽车友好城市转变为一个让自行车在机动交通中占上风的城市。[37] 98% 的乌得勒支家庭拥有自行车。车道已被改造成宽阔且安全的自行车道，交通信号灯已根据骑车人的速度做了调整，这样他们就可以在城市中穿行而无须经常停歇。这样一来，城市不再嘈杂，空气变得干净，在交通事故中丧生的行人和骑自行车的人也减少了。该市每年在自行车基础设施上投资约 5 000 万美元，由于减少了污染和医疗保健成本，估计每年可节省 3 亿美元。该市副市长评论说："你一定要相信，城市的主人是人，而不是机器。"

自行车优先的城市与智能公共交通（智能汽车的第二种选择）相结合。东京和大阪之间的新干线、上海到杭州的复兴号、法国和意大利的高铁、德国的城际快车等长途高速列车的运行速度为每小时 150~250 英里。新干线具有安静、安全、非常舒适和极其准时等优点。世界上最快的短途列车时速超过 260 英里，从上海浦东国际机场到地铁站仅需 7 分钟，然后密集的市中心内外交通网络会把你带到你想去的任何地方，其余的路程可以步行或打车。电动火车比汽车更快、更安全，对环境的危害更小。

人们最初专注于私家车而非公共交通可能并非偶然。自动驾驶汽车行业集中在美国的加利福尼亚州和其他州。20世纪三四十年代，汽车制造商在这些州大力推广私家车，如今这些地方几乎不存在连接良好的公共交通网络，完全不同于中国香港、首尔、新加坡、伦敦、巴黎、柏林、马德里或纽约。除此之外，公共交通经常被看作为穷人和弱势群体服务的系统。报告称56%的美国人从不使用公共交通工具，相比之下，俄罗斯的这一比例为2%，中国为2%，韩国为4%，英国为12%，德国为15%。[38]这种文化偏见助长了人们对汽车的热情，并可能无视其他交通解决方案。

俄罗斯坦克谬误

大部分人工智能是关于预测的，就像自动驾驶汽车的感知和预测模块一样。在第二章中，我介绍了得克萨斯神枪手谬误，其中拟合了一个算法来匹配数据，然后将其表现作为预测，而并没有做出任何实际预测。这使算法看起来比实际要好得多。虽然这个谬误存在于社会科学中，但在机器学习中几乎不存在。在训练神经网络识别图像时，使用交叉验证可以很轻易地避免得克萨斯神枪手谬误：将一组图片随机分成两个子集，然后在一个子集上训练网络，在另一个子集上进行测试。

然而，深度学习可能会遇到第二个问题，这缘于我们不知道神经网络学到了什么。如前所述，神经网络没有校车或通行标志的概念，相反，它学会了区分一组图片中不同类别物体的线索，即使这些图片可能不相关并且不能推广到其他图片或现实世界。黄色和黑色横纹的图片说明了神经网络如何错过标记。问题是这样的：因为神经网络不像人类那样理解概念，它可能会关注训练集和测试集中都存在的无关线索。

我将第二个问题称为"俄罗斯坦克谬误"。这个名字来源于一个都市传说：

> 美国陆军训练了一个神经网络来区分俄罗斯坦克和美国坦克。像往常一样，他们使用了带有坦克照片的大型数据集；该神经网络利用一半照片进行训练，在另一半照片上进行测试。最后，测试准确率可达 100%，但在现实世界使用时却失败了。后来才知道，美军坦克是在晴天拍的，而俄军坦克是在阴天拍的。该神经网络找到了完美的区分线索：云。[39]

关于学会区分狼和狗的神经网络也有类似的故事。在图片数据集中，狗恰好站在草地上，而狼恰好站在雪地上。神经网络找到了最好的区分线索：白色背景。尽管这些故事有很多虚构成分，但总体而言，尽管神经网络可以发现标记为"俄罗斯坦克"或"狼"的图片的不同之处，但是，这些线索可能与人类对坦克或狗的概念没有什么关系。

换句话说，机器学习的研究人员即使避开了得克萨斯神枪手谬误，也可能会陷入新的陷阱，忽略了神经网络可能会学习到完美但不相关的线索这一事实。许多关于机器学习的研究并没有更进一步，也没有测试人工智能在现实世界中的表现。例如，在医疗保健领域，大多数算法是在计算机上测试的，而不是在医院里测试。在实验室中有效的假设在现实世界中也会有效，这种假设被称为"机器学习中的大谎言"。[40] 例如，有一种解决方案是卷积神经网络（CNN），具有内置的偏差，例如边缘和其他对所讨论的对象来说必不可少的结构。但正如以下真实案例所示，这样的网络并不总是能解决问题。[41]

在纽约西奈山医院（美国最古老的教学医院之一），深度神经网络学会了通过胸片来准确预测患者是否有罹患肺炎的高风险，然而在其他医院却失败了。最终通过手动检查 X 光片找到了原因。人工智能已经学会了检测这些照片是由医院的便携式胸部 X 光机拍摄的还是在放射科拍摄的。便携式 X 光片拍摄的是病重无法离开房间的患者，这些患者肺部受到感染的风险更大。在其他医院，这个线索毫无用处。在一家医院训练的神经网络在另一家医院使用时通常会变得不那么准确，原因之一是检测了不相关线索。[42]

俄罗斯坦克谬误涉及一个更深层次的问题，即外部有效性问题。许多关于机器学习的研究都是这样进行的："看，这里有一些真实世界的数据，让我们将其分成两个部分，看看人工智能预测它尚未看到的部分有多准确。"在某些方面，这已成为唯一的方法。虽然这避免了得克萨斯神枪手谬误，但与预测未来不同。事实上，通过将数据随机一分为二，可以创建一个相当稳定的世界：用于教授算法的数据和用于测试的数据来自同一组，不会发生不可预见的事情，也不会预测未来的事件。例如，计算机基于脸书点赞和其他数字足迹来预测人格的研究备受称赞，但实际上并没有对未来做出任何真实的预测。[43] 一般来说，机器学习系统在某种情况下可以很好地预测，但在很多其他情况下却不能，比如不同医院的病人、不同相机拍摄的图像，以及不同细胞类型的生物分析。[44] 为了克服这一限制，还需要一个步骤：测试算法在新情况下的执行情况，例如不同医院的新患者。那才是真实的预测。

总的教训是：在计算机实验室中显示惊人结果的软件在现实世界中可能会失去效力。如果你听说某个算法成功识别出了过马路的儿童，或有患肺部疾病风险的患者，请检查该算法是否在现实世界中进行了测试。将图片分成两组分别用于训练和测试很重要，但还不够，重要的是要在现实世界进行测试。

第五章

常识和人工智能

直觉思维是神圣的天赋，理性思维是忠实的仆人。我们创造了一个尊重仆人而轻视天赋的社会。

——阿尔伯特·爱因斯坦

不寻常的常识就是世人所说的智慧。

——塞缪尔·泰勒·柯勒律治，《文学遗迹》(*Literary Remains*)

　　人脑是一个奇迹，拥有近 1 000 亿个神经元和 100 万亿个连接，在数亿年的进化中不断微调。我们的心智几乎无法理解这些数字。与当代计算机技术相比，人脑的能效也很高。以能量为例，能量的计量单位被称为瓦特，这是为了纪念英国工程师、蒸汽机的发明者詹姆斯·瓦特。超级计算机沃森在《危险边缘》节目中消耗了 85 000 瓦能量，而它的两个人类竞争对手的大脑各消耗了 20 瓦——相当于一个昏暗的灯泡。[1] 大脑的主要能量来源是葡萄糖。沃森还需要大量的空调设备，而在一年中最热的日子里，它的竞争对手只需要一个手持式风扇就可以了。伊利诺伊大学的蓝水超级计算机是世界上最强大的计算机之一，耗电量约为 1 500 万瓦，占地 20 000 平方英尺，有一个大型冷却系统隐藏在地板下，而且不能移动。大脑占用的空间很小，只有两个拳头大，便于携带。与超级计算机不同的是，大脑是自组装的，能够自行编程。如果人类的大脑都被超级计算机取代，那么产生的热量很可能会迅速改变我们的气候。

常识的齿轮

如前所述，人类智慧的进化是为了应对不确定性。人类为了在不确定的世界中取得成功而进化出的心理技能中，有四种最为突出。

一是因果思维。思考的能力很早就形成了。孩子们不断地问"为什么"，他们想知道为什么天是蓝的，为什么有些人有钱，为什么要吃蔬菜。孩子们提出的问题很多，有些问题父母回答不了。通过提问和思考，孩子们建立了世界的因果模型。对原因而不是单纯的联想感到好奇是人类高智商的特征，也是科学的标志。因果思维既是一种力量，也是一种迷信的来源，就像相信交叉手指会给你带来好运一样。

二是心理直觉。儿童在生命的最初几年会发展出一种心理直觉。他们"知道"其他人有感情和意图，他们可以从另一个人的角度思考。[2]特殊的大脑回路似乎专门用于监控其他人的知识、想法和信仰。缺乏心理直觉是孤独症的标志。

三是物理直觉。同样，孩子们会形成一种物理直觉来理解时间和空间的基础知识。例如，他们知道一个固体不能穿过另一个固体，物体会随着时间的推移而持续存在，而且时间不能逆转。

四是社交直觉。孩子超过三岁时，他们被鼓励遵循群体规范（合作和竞争）并学会遵循和捍卫道德标准。

我将这些技能的总和称为"常识"：

常识是在生物大脑中实现的关于人类世界和物理世界的共享知识。常识只需要一定的经验。它源于遗传倾向以及个人和社会学习（例如知道世界是三维的，或者一个人不应该伤害他人的感情）。

常识可以通过直觉或深思熟虑的判断来实现。例如，大多数人可以准确分辨出真诚的微笑和仅仅出于礼貌的微笑，但无法解释是怎么做到的。这就是直觉。[3] 然而，当一个人了解到，在真诚的微笑中，嘴和眉毛周围的肌肉都会活动，而在礼貌的微笑中，只有嘴巴周围的肌肉会活动时，这种洞察力就可以使大脑做出有意识的判断。直觉和判断不是相反的两极，而是基于相同的过程，即相同的视觉线索。[4]

对于从事人工智能开发的人来说，常识是一个巨大的挑战。即使是对于由文字和图片代表的社会和物理世界中的物体的基本理解也是如此。我们还没有通过规则或通过创建能够学习常识的深度神经网络将常识编入计算机程序中。感觉运动技能是另一大挑战。尽管人工智能可以在国际象棋上击败人类，但无法将棋盘从架子上拿下来，摆放好棋子。目前仍然很难制造出像小提琴手一样可以灵活移动手指的机器人，或者像人类一样可以完成所有家务的管家机器人。在缺乏这些技能的情况下，解决方案之一是重新设计我们的生活空间以适应人工智能。

计算机在其他方面的出色表现：

快速计算：快速计算是搜索引擎和国际象棋计算机的命脉。

在大数据中寻找关联：计算速度的提高也使得搜索大型变量集之间的关联成为可能。

检测图像或声学信息中的模式：算法可以检测图像中的模式，比如基因组和天文观测，这些都是人眼很难发现的。

然而，快速计算能力本身既不能产生因果思维，也不能产生心理直觉、物理直觉或社交直觉。[5]不管国际象棋程序如何出色，它都不知道自己正在玩一种叫作国际象棋的游戏，不知道它的对手是人类，也无法享受获胜的快感。看一些具体例子时，人类智慧和机器智能之间的差异变得更加清晰。让我们从语言翻译开始，然后介绍物体识别和场景识别。

语言翻译

在道格拉斯·亚当斯的《银河系漫游指南》中，人们想听懂一门外语时，只需要把一条小鱼塞进耳朵里就可以了。在我们这个卑微的地球上，没有哪条鱼能胜任这份工作，所以我们需要翻译。在将文本从一种语言转换为另一种语言时，译者需要在理解源语言的同时更好地掌握目标语言，以便表述习语和反讽。这就是为什么专业翻译人员通常会将母语作为译入语。

制造翻译机器的最佳方法是什么？如果你遵循心理人工智能程序，那么你会将专业译者和语言学家聚集在一个房间里，试着把他们的直觉和判断转换成可以编入软件中的规则。但这本身并不十分有效。语言不是一个定义明确的规则系统：单词不仅有一个含义，而是有多个含义，正确的含义不能简单地在字典中查找，而必须从上下文和对说话者的了解中推断出来。同样，语法规则也不是绝对的，而是经常被打破的。另一种选择是忘掉人工翻译之美，聘请软件工程师，利用强大的计算能力来分析数十亿页译本中单词和句子之间的统计关联。规则和统计始终是关于如何制造翻译机器的两个主要思想。

直到20世纪80年代末，机器翻译研究都没有太大进展。20世纪60年代中期，美国资助机构委托语言自动处理咨询委员会（ALPAC）编写了一份报告，该报告认为机器翻译研究充满缺陷、毫无用处。[6] 一些流行的笑话就是在取笑这种情况。例如，计算机程序将标题从英语翻译成另一种语言，然后再翻译回英语：

标题：教皇中枪。世界动摇。（POPE SHOT. WORLD SHAKEN.）

回译：意大利地震。一人死亡。（EARTHQUAKE IN ITALY. ONE DEAD.）

显然，该算法确实"思考"了一些东西。更准确地说，它产生了联想。2020 年，我试图使用谷歌翻译复制这个结果，如今的谷歌翻译比过去好得多。在将标题从英语翻译成德语，再从德语翻译回英语后，我得到了以下结果：

标题：教皇中枪。世界动摇。（POPE SHOT. WORLD SHAKEN.）

回译：教皇开枪。世界动摇。（POPE FIRED. WORLD SHAKEN.）

该算法在与一个模棱两可的词较劲。在英语中，"shot"有两个含义：教皇"被某人枪杀"，或教皇"向某人或某物开枪"。与英语不同，德语有两个不同的指代"shot"的词语：被枪杀（erschossen）和射击（schoss）。因此，在将标题翻译成德语时，算法必须选择合适的措辞。这需要了解标题的因果关系：世界动摇是因为有人射杀了教皇，而不是因为教皇在射击。有常识的人都知道这句话的意思：教皇被枪杀是世界动摇的原因。但是现代机器翻译系统，从谷歌到必应，都是在缺乏因果理解的情况下通过联想来工作的。英语单词"fired"也有不止一个意思，这增加了回译的"美感"。

前沿计算机翻译系统的最大优势在于数量和速度。好的系统可以在几分钟内翻译一百多种语言的文本，速度惊人，出色的多语言翻译超出了人类的能力。相比之下，理解文本和高质量翻译并不是其优势。[7] 常识也不是。计算机在翻译时会毫不犹豫地给出"我的金鱼对着狗吠"这样的话。职业译者会吓一跳，因为他们懂得金鱼不会吠的因果关系。然而，神经网络甚至不知道单词指代何物，只是将词与词联系起来，而不是将词与想法联系起来。因此，机器翻译既有非常准确的译文，也有令人惊讶的怪诞错误。

消解歧义和多义需要常识

缺乏常识是所有翻译系统都存在的严重问题。例如，备受赞誉的翻译系统DeepL将英语"Pope shot"翻译为德语"Papstschuss"，再将德语"Papstschuss"回译为英语"Papal shot"（使用替代方案，例如"射中教皇"和"射中教皇的眼睛"）。[8]这些系统试图识别需要一起翻译的整个单词序列或整个句子，而不是像过去那样在字典的帮助下逐字翻译。[9]但译文质量也取决于来源：如果互联网上有许多针对特定句子或主题的糟糕翻译，那么 DeepL 的翻译质量也会很差。尽管现在的翻译软件已发展得相当不错，但这并不意味着它们具备常识。没有理解，再好的翻译系统也是一个白痴学者。

与逻辑语言相比，自然语言有多种不确定性来源。一是多义词，即同一个词可能有多种含义——比如英语单词"shot"。与此相关的一种不确定性是一个词的含义不能从单个单词中推断出来，而是需要常识。[10]以下是一个经典例子：

Little John was looking for his toy box. （小约翰正在寻找他的玩具箱。）

Finally, he found it. （最后，他找到了。）

The box was in the pen. （玩具箱在护栏里。）

John was very happy. （约翰非常高兴。）

这些句子中没有任何提示可以使读者推断出"pen"的含义是"笔"。"pen"最常见的意思是书写用具，但这里指的情况不太常见，是孩子玩耍时的小护栏。我用 DeepL 把"The box was in the pen."这句话翻译成德语。在德语中，有两个不同的词语对应"pen"的两种不同的意思。DeepL 翻译的基本正确：Die Schachtel war im Pferch。因为"Pferch"表示羊圈，而不是儿童游乐护栏。改变一个词后，原句变成"The box was in his pen"（玩具箱在他的护栏里），DeepL 没有抓住重点，翻译为"Die Schachtel war in seiner Feder"（玩具箱在他的文具里）。如何教会神经网络获得常识仍是一个艰巨的挑战。

产生不确定性的原因还在于语言的不同语法。例如，在德语、意大利语、西班牙语、波兰语和法语中，描述专业人员的词语有男性和女性之分，而在英语中则是相同的。将英语单词"nurse"（护士）和"doctor"（医生）翻译为德语，人工智能必须在男性和女性之间做出选择，也就是必须理解故事的背景，这对于具有常识的人类来说是一件很容易的事，但即使对于最好的计算机程序来说也是相当困难的。即使直接从德语翻译成意大利语（这两种语言都有性别之分），谷歌翻译也会出现系统性错误，保留了性别刻板印象。例如，谷歌翻译将德语"die Präsidentin"（女总统）翻译为意大利语"il presidente"（男总统），正确的翻译应该是"la presidente"。在一项涉及以上五种语言的实验中，谷歌翻译将所有女医生翻译为男医生，将所有女性历史学家翻译为男性历史学家，将大多数男护士翻译为女护士。[11]

为什么人工智能会改变性别并保留常见的刻板印象？答案是谷歌翻译是以英语为中心的。它不是直接从德语翻译成意大利语，或从西班牙语翻译成法语，而是先将这些源语言翻译成英语，然后再翻译成目标语言。由于性别在第一次翻译中丢失了，所以谷歌必须在第二次翻译中进行猜测，而最好的猜测就是刻板印象。

普遍的问题

人工智能缺乏常识，这不仅限制了它在翻译方面的应用，也限制了它在自然语言理解方面的应用。人们给出主张的理由时，其有效性不仅取决于理由，还取决于通常不言而喻的"依据"。例如：

> 主张：你应该带伞。
>
> 原因：正在下雨。
>
> 依据：弄湿了不好。

"依据"是人类直觉世界知识的一部分，而机器没有这些直觉。但是，如果像上面那样简化任务并明确提供依据呢？深度神经网络能否确定主张是否合理？为了测试这种能力，可以使用支持主张的依据（如上），也可以使用不支持主张的依据（"弄湿是件好事"）。在一项研究中，谷歌广受好评的神经网络BERT（以《芝麻街》中的完美主义角色命名）对77%的类似问题判断出了是否有依据提出该主张。鉴于没有任何准备的普通人只有 3% 的准确率，BERT 的工作确实出色。[12]

　　然而，先别着急得出网络已经学会了像人一样理解自然语言的结论，我们应该三思而后行。要做到这一点需要常识和知识——比如雨水会把我们弄湿，雨伞可以保护我们不被淋湿。那么，BERT 究竟学到了什么，才会如此成功？在更深入研究后，该研究的发起者发现了这个神经网络的秘密：在训练和测试该网络的一组数据中，BERT 发现当依据中包含"不"时，主张通常是正确的，如上例所示。按照这种方法，它在大多数情况下得到了正确的答案。然而，这种发现相关性的卓越能力与真正抓住论点无关。重新表述依据，删除其中的"不"后，该网络给出正确判断的概率并未高出随机判断。研究小组得出的结论是，神经网络理解语言的惊人表现可以归因于找到虚假线索的能力。BERT 的最佳表现是俄罗斯坦克谬误的又一例证。

机器翻译的未来

　　目前，统计翻译方法在计算机翻译中占主导地位，通常与基于规则的方法相结合。语义学（单词或句子的意义）和语用学（例如，说话人的意图）几乎没有作用。要了解这些算法是如何工作的，你可以把自己放在推荐系统的位置上，当输入句子时，它会为你推荐下一个单词或短语。你是一个神经网络，不知道单词的意思，也不知道拼写和语法规则，但你已经"阅读"了数百万篇各种主题的文章和书籍，并且拥有完美的记忆力，可以回忆起所有单词组合，以及最有可能跟随给定单词或短语的单词或短语。你可以"看到"用户在智能手机上输入的单词，并根据阅读过的数百万篇文章预测哪些单词可能会出现在这个词的后面，尽管你对这些短语的意义一无所知。这类似于一个人不懂中文，但知道哪两个汉字可以组成词语，虽然丝毫不理解这些词语的意思，但结果可以很准确。

然而，结果正确是否意味着程序理解了语言？事实上，拉里·佩奇曾聘请雷·库兹韦尔研发谷歌的语言理解能力，雷·库兹韦尔认为统计分析是理解能力的缩影："如果通过统计分析理解语言和其他现象不算真正的理解，那么人类也不存在理解。"[13] 他的这种说法混淆了结果和过程。即使程序正确翻译了一个句子，也并不意味着它理解了原文，就像一只大叫"埃德是个坏男孩"的鹦鹉不明白它自己在说什么一样。

如果我们可以将常识写入源代码，那么就有可能将其写入程序和算法。然而，源代码需要一个明确定义的结构。语言属于不同的类别——文学文本需要理解非常模糊的表达。因此，机器翻译的未来不在于实现通用的自动翻译，而在于计算机辅助翻译系统，包括指出文本或机构中术语或格式风格不一致的系统。快速自动翻译适用于定义明确、逻辑结构清晰、仅有个别模糊表达的文本，如新闻和商业文本，以及不涉及文学质量或创造力的快速交流。它也可能满足军方和情报机构的需求，这些机构资助计算机翻译项目，以便帮助它们理解截获的大量外语情报。与专业的阿拉伯译者不同，计算机可以全天候工作，不需要安全检查和许可。除此之外，仍然需要了解文本内容的专业翻译人员。

物体识别和人脸识别

当一个小女孩指着一只狗说"狗狗",指着一只猫说"猫咪"时,她就认出了不同类别的动物。物体识别是人类的一项基本能力。抽象、思考和决策等更高层次的认知能力都离不开它。但是,蹒跚学步的孩子怎么知道一个动物是狗而不是猫呢?他们依据的是眼睛的形状、头部的轮廓,还是身体的其他部位?研究表明,三个月大的婴儿对猫和狗的反应已经不同,他们大多对动物的面部特征和头部轮廓进行判断,身体特征似乎无关紧要。[14] 但婴儿究竟使用了哪些线索以及如何整合这些线索,目前尚不清楚。

儿童学习认知一个类别所需的实例数比深度神经网络要少得多。后者需要在监督学习中看成千上万张狗和猫的图片。孩子可能只需要看一次或几次小猫,就能在不同的光照条件下认出猫。如果三岁的孩子在路上看到一辆自行车,并被告知这是一辆自行车,那么从那以后,孩子很可能会认出各式各样的自行车。我同事的儿子在两岁时就成了汽车爱好者,可以认出街上的各种宝马汽车,甚至是他以前从未见过的车型。孩子似乎并不是生来就有这种一次性的学习能力,而是在出生后的30个月内习得的。

婴儿认出母亲的脸

对于计算机而言,识别人脸与识别汽车没有什么不同。而对于婴儿来说则不同。刚出生两天的新生儿已经可以分辨出母亲的脸和陌生人的脸。当他们在视频中看到母亲的脸时，他们就吮吸得更有劲。[15] 认出母亲的脸显然与第一个食物来源有关。但人脸识别并不是婴儿一出生就已发展成熟的能力。儿童大约需要十年时间才能形成与成年人一样的面部识别能力。在这个过程中，他们也失去了一项非凡的技能。除了识别正面，婴幼儿通常还能识别上下颠倒的面孔，但很少有成年人能够做到这一点。

大脑的替代功能

人类的感知系统具有很强的适应性，可以在不断变化的光照、情景和背景下识别物体。为了应对这种不确定性，大脑使用的不是一条路线，而是多条路线。一条路线被阻塞，它会选择另一条路线。大脑的高度灵活性使其可以根据现有情况而依赖不断变化的线索，这被称为"替代功能"。[16] 大多数生物系统具有这种功能。例如，候鸟飞行数千英里，可以靠星星导航。如果是阴天，它们可能会依赖地标或磁感应。同样，大脑可以通过眼睛、鼻子和嘴巴的形状来识别人脸。在极端的情况下，只要几个线条就足够了，就像我们仅凭寥寥几笔就能认出漫画中名人的脸一样。即使面部的某些特征被遮盖，眼睛等内部特征几乎不可见，面部识别也能发挥作用。在这种情况下，大脑依赖于头发颜色和头部形状等外部特征。

例如美国前总统比尔·克林顿和他的副总统阿尔·戈尔的形象（图 5.1）。我们如何识别左边的戈尔和右边的克林顿？是克林顿特有的口鼻吗？根本不是。照片中，克林顿和戈尔的鼻子、嘴巴和眼睛完全一样。数字化处理后，他们的整张脸都是一样的。[17] 然而，我们认为他们是不同的。区别在于头发颜色和头部形状。这表明，如果内部（面部）特征无法得出结论，大脑就会依赖外部特征，即替代功能。

图 5.1　比尔·克林顿和阿尔·戈尔。真的吗？他们的脸经过编辑，看起来一模一样，眼睛、鼻子、嘴巴和其他内部特征完全一样。尽管如此，我们还是能够认出克林顿和戈尔。我们的大脑通过外部特征（头发颜色和头部形状）来识别这两个人。资料来源：经 Springer Nature 许可转载，Sinha and Poggio, "I Think I Know That Face"。

　　我们看到的是克林顿和戈尔，而不是两张相同的面孔，尽管头发颜色和头部形状不同，这可以说是一种视觉幻觉。然而，忽视它就意味着忽略了这样一个事实：面对不确定性，大脑不得不尝试不同的路径来分辨图片中的人到底是谁。

　　人类进化的第二个普遍特征是需要从远处识别人脸，以确定他们是朋友还是敌人。人眼不能像老鹰那样清楚地看到远处的物体，所以大脑需要有效处理模糊或退化的图像，以弥补这一不足。以图 5.2 为例，该图片是将名人的照片缩小为各种灰度的 19×25 像素（"块"）而获得的。贴近看，你很难认出这张脸。但退后一步，你就可以从远处看清这张照片。后退一步可以用眯眼代替，这样会模糊画面，促进识别。这是人类对低分辨率的适应（这里只有几个像素），而当有更多像素时，机器的感知能力通常会提高。

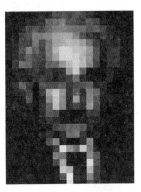

图 5.2　为了判断是敌还是友，我们需要从远处进行人脸识别，而这需要识别模糊和退化的图像。如果你退后一步，从远处看这张照片，就可以识别出一张著名的面孔。通过故意模糊图像（例如眯眼）可以获得相同的效果。资料来源：经 Elsevier 许可转载，Sinha et al.，"Face Recognition by Humans"。

人为错误不同于机器错误

如果一个系统是对另一个系统的改进，那么改进的系统就会较少犯错——但这些错误在性质上通常是相似的。然而，如果两个系统的基本性质不同，如碳和硅，它们就有可能犯性质不同的错误。因此，如果人工神经网络的工作原理类似于人类智能，那么它们所犯的错误就应该在数量上有所不同。但事实上，它们的不同之处是错误的质量，而非数量。本质的区别是人工智能所犯的错误是人类意想不到的，非直观的，或者说人工智能永远不会犯人类会犯的错误。我们在上一章识别校车的神经网络中已经初步看到了这种错误的痕迹。

让人工智能感到困惑的人类错误包括计算错误和由于社会影响而产生的错误。大多数人的心算速度很慢而且不太擅长心算，而计算机可以进行快速而准确的计算。此外，人具有社会属性，我们依赖他人，我们的信仰受到朋友和家人正确或错误信仰的影响。社会影响力甚至可以影响完全陌生的人。例如，在经典的从众实验中，8 名学生为一组来判断画在纸上的线条的长度。[18] 每组中只有一位是真正的参与者，其他 7 人都是演员。在实验中，演员们给出了他们最好的判断。但在几次实验中，他们都给出了相同的错误答案。在听到这些答案后，相当多的真实参与者也给出了类似答案。请注意，该实验使用了尽可能中性的主题，即线条的长度，而不是导致群体压力的政治判断或社会问题。即使在这种情况下，从众的渴望也会使许多人犯错，而计算机程序并不在乎其他计算机说什么。

让我们仔细看看人类和深度神经网络所犯的错误有什么不同。

违反直觉的错误

例如通过数万张图像学会识别手写数字。为了简化任务，每个数字都被放置在一个框内。然后用新的手写数字 0、1、4

和 0 来测试网络，如图 5.3 左侧的第一列所示。它正确分类了
四个新样本。现在有趣的事情来了。仔细看看第二列，你会认
出这是同样的四个数字。但这些手写数字会因一小部分像素的
变化而略微失真，这种变化是如此细微，以至于人眼几乎察觉
不到。对我们来说，第二列看起来像第一列，我们仍然看到
数字 0、1、4、0。对于神经网络而言，这些数字却完全不同，
它一个也识别不出来。[19] 接下来两列结果相同。

图 5.3　深度神经网络和人类会犯不同类型的错误。左：第一列包含四个手写数
字，经过训练的深度神经网络可以正确识别。通过改变一小部分像素，从第一列
获得第二列。尽管人类几乎无法察觉这种变化，但人工智能无法再正确识别这四
个数字中的任何一个。接下来的两组也是如此。右：第一列列出了四个手写数
字；第二列显示相同的数字，但带有大量随机噪声。深度神经网络仍然可以识
别大约一半的数字，而人类几乎无法识别其中任何一个。资料来源：Szegedy
et al.，"Intriguing Properties of Neural Networks"。

　　我们很难理解训练有素的深度神经网络识别不出前两列中
的数字是相同的。造成混淆的原因是像素已经以一种微小但
系统的方式发生了变化。但是，数字被随机变化的像素（称
为"随机噪声"）扭曲时，深度神经网络并没有被这样的方式
愚弄。图 5.3 右侧中的第一列和第二列都显示了数字 9、1、6、
9，但第二列添加了很多随机噪声，以至于人眼几乎无法辨认

任何数字。我们认为第二列看起来并不像第一列，但深度神经网络仍然能够以 50% 的正确率识别这些几乎不可见的数字。深度神经网络可以比人类更好地处理随机噪声（右侧），但人类可以更好地处理微小的系统变化（左侧）。随机噪声就像一张布满灰尘的图片。轻微的系统性变化会改变图片，但大脑知道这些是不相关的，而且几乎无法感知它们。相比之下，深度神经网络似乎把注意力放在了与独立数字无关的方面，或者被无关信息所迷惑，这让人想起俄罗斯坦克谬误。

这里的教训是，神经网络的人工智能与人类智慧截然不同。心理人工智能会教手写程序将任务细化为子任务，例如识别是否有横线或闭合的椭圆形。这种心理学方法不会被无关像素的系统变化所迷惑，如图 5.3 的第二列（左侧）。神经网络不会将该任务分解为人类可以直观理解的子任务。[20] 此外，在学习从 0 到 9 的新的手写数字时，机器学习算法可能需要在六万张图像的标准集上进行训练，然后才能像人类那样正确识别新的手写样本。而人类却可以从几个例子中学会识别一个新的手写字符，学习相关的概念，并举一反三。[21] 即使是手写字符这样的简单对象，人们需要的例子也比最好的算法少，并且能以更普遍的方式学习。

深度神经网络看到了什么

我们无法准确知晓深度神经网络"看到"了什么，但我们可以做出一些有根据的猜测。回想上一章的情况，深度神经网络将黄黑横条与校车混淆。在图 5.4 中，这两个图像位于电吉他的上方。深度神经网络在学习将左图归为电吉他之后，利用右图的垂直起伏条纹进行了测试。深度神经网络 99.9% 确信这张照片也是一把电吉他。[22]

图 5.4　顶行：深度神经网络将左图正确归类为校车，但也高度自信地将右图归类为校车。底行：神经网络已经学会正确将左图归类为电吉他，但 99.9% 确定右图也是电吉他。资料来源：基于 Szegedy et al.,"Intriguing Properties of Neural Networks," and Nguyen et al., "Deep Neural Networks." © IEEE. 经 Nguyen et al., "Deep Neural Networks" 许可转载。

　　为什么深度神经网络会认为波浪条纹是电吉他？同样，我们也不能确定，但并置两个错误可能会给我们提供一个线索。在这两种情况下，错误分类的图片都具有与正确对象相同的主色。校车是黄色和黑色，电吉他是棕色和白色。大多数电吉他由木头制成，因此呈棕色。电吉他的左侧呈 S 形，右侧呈倒 S 形。右图中的波形捕捉到了这两种形式，并在每个垂直波中重复它们。至少在这些情况下，该神经网络从真实的校车和电吉他图片中学习时，似乎能识别特征颜色和形状。而如果这些颜色和形状在另一张图片中重复出现，深度神经网络就会高度确信这张图片属于同一类对象。

毫无疑问，深度神经网络在识别物体方面表现出了惊人的能力，通常与人类不相上下。然而，类似的能力并不意味着具有类似的智能。人类并不了解神经网络造成的系统错误。网络系统可能会被愚弄，因为它们似乎依赖于循环特征，而不理解对象是什么。

场景识别

与识别人、物体或状态之间的关系相比，识别物体相对简单。这里的问题是：场景中发生了什么？人类通常借助直觉心理学和直觉物理学来推断答案。算法如何作比较？

让我们看看为生成图像说明而训练的深度神经网络在识别因果关系方面的表现（图5.5）。[23] 左图展示了得克萨斯州好莱坞主题公园的牛仔特技表演。它演绎了一个典型的西部老电影中的暴力场景，一个歹徒被套索拖在马后面，背景是游客正在观看表演。神经网络"看到"了什么？深度神经网络生成的图片说明是"一个在土路上骑马的女人"。深度神经网络识别的对象大多是正确的——马和泥土（很难看到马上是男人，尽管这可以从西部片的标准情节中推断出来）。然而，从图片说明可以看出，深度神经网络并不知道场景中发生了什么。它没有心理直觉，所以无法推断出马背上的人是打算惩罚另一个人，以及该场景是表演的一部分。它也无法理解因果关系，不知道这种惩罚可能是致命的。

一个在土路上骑马的女人　　一架飞机停在机场的停机坪上　　一群人站在海滩上

图 5.5　深度神经网络生成的图像说明，网络基本能正确识别物体，但无法理解物体之间的关系、人们的心理状态和起作用的物理力量。资料来源：从左到右依次为 Gabriel Villena Fernández/Wikimedia Commons, picture alliance/AP Images, and picture alliance/AP Photo/Dave Martin. Similar images can be found at twitter. com/interesting_jpg. 来自 Lake et al., "Ingredients of Intelligence"。

中图是 2015 年 2 月中国台湾台北市一架客机坠毁的画面，由一名汽车司机拍摄。客机起飞后不久，右侧发动机出现故障，而飞行员错误地关闭了仍在工作的左侧发动机。录音中，一名飞行员喊道："喂，拉错节流杆了。"飞机急速翻滚，左翼撞到一辆出租车，然后翻入河中。[24] 43 名乘客和机组人员遇难。深度神经网络生成的说明文字是"一架飞机停在机场的停机坪上"。深度神经网络再一次正确识别了对象，但理解错了故事背景。

右图是 1998 年佛罗里达州基韦斯特市的居民在船屋区与飓风"乔治"战斗时，彼此紧靠在一起的画面。在这里，深度神经网络生成的说明是"一群人站在海滩上"。它对正在发生的事情一无所知。而人们看这些图片时，会凭借常识和经验来猜测发生了什么。

即使我们从未看过西方电影，也从没见过飞机失事或飓风席卷，直觉也会告诉我们有些事情不对劲。深度神经网络可以很好地识别图片中的物体，但如果缺少常识，就很难理解物体与场景的关系。

不同的想法

人类智慧在于表现世界，建立因果模型，并将意图赋予其他生物。为此，人们会将图片与实物区分开来，比如知道图片上的人不是真人，尽管两者有时会引发相似的情绪。相比之下，深度神经网络学习将图像与标签或标题相关联，但不知道图像指的是现实世界中的某个人或物体。阿尔法围棋及其接替产品比人类冠军下棋下得更好，却不知道它们在下围棋，而Siri 和 Alexa 等数字助理也不知道什么是餐厅。它们不知道这些有关系吗？

如果你只问数字助理附近有没有最好的意大利餐厅或类似的问题，就没有关系。然而，当系统被允许自动做出关乎生死的决定时，意识是极其重要的，比如军用无人机、机器人士兵和其他致命的自主武器。机器可能知道如何杀人，却不知道它在做什么以及为什么要这样做。更重要的是，这些机器可能会以我们想象不到的方式出错。

提到深度神经网络的表现，我首先想到的人是所罗门·舍雷舍夫斯基，他是俄罗斯著名的记忆学家，我的《直觉思维》一书的读者都知道他。他的记忆力似乎是无限且持久的。[25] 舍雷舍夫斯基阅读完一页文章后，可以逐字逐句地回忆，正着背和倒着背都可以。但当被要求总结他所读内容的要点时，他或多或少会有点不知所措。他无法判断歧义词，无法处理有多种含义的词和有相同含义的不同词，更不用说隐喻和诗歌了。舍雷舍夫斯基可以准确回忆起一个复杂的数学公式，即使他无法理解（当然，公式是编造的），并且在 15 年后还记得很清楚。他的思维与象棋大师截然不同，象棋大师也能完美地回忆起复杂的棋局，但前提是棋局有意义，而不是随意配置的。舍雷舍夫斯基努力从琐碎的信息中提取出重要的东西，并在抽象的层面进行推理。

进化本可以给我们所有人完美的记忆力，但代价高昂，舍雷舍夫斯基就是明证，他不会遗忘。尽管他强大的记忆力令人羡慕，但他被无关的细节分散了注意力，这与深度神经网络被添加到手写数字中的无关像素（如图 5.3 所示）或被人们 T 恤衫上的色块分散注意力（如图 4.4 所示）不同。他可能是最接近神经网络的人类，在存储和处理大数据方面非常出色，但很难理解这一切的真正含义。

第六章

一个数据点可以击败大数据

从语言学到社会学，所有关于人类行为的理论都被淘汰了。忘记分类学、本体论和心理学吧。只要有足够的数据，数字就会说明一切。

　　——克里斯·安德森，《理论的终结》(*End of Theory*)

大数据中会出现很多小数据问题。因为你有很多问题，所以这些问题永远都在，而且会变得更糟。

　　——大卫·斯皮格豪特爵士，引自哈福德《大数据》(*Big Data*)

　　几个世纪以来，天文学一直要求研究人员在夜间工作，它也是最早发起大数据项目的学科之一。该项目于 1887 年在巴黎启动，名为 "Carte du Ciel"（天空之图），计划使用 2 万张夜空照相底片绘制 200 万颗恒星，这些照片记录在数百卷已发布的数据中。[1] 这项工作符合新诞生的"大科学"一词，因为它几乎耗尽了天文台可利用的所有资源，耗费了几代人的劳动和时间。绘制任何半球的恒星图都需要国际合作，需要使用赫尔辛基、好望角和悉尼等地的天文台。天空之图有望提供足够的图像和数据，将天文学变成一项日常工作，天文学家可以坐在光线充足的办公桌前，而不是在黑暗的野外研究恒星。最值得注意的是，这一项目并不是为了提高天文学家的个人声望，而是为未来"至少 3 000 年的天文学家"提供服务。[2] 在照相底片的帮助下，未来的科学家将能够探测到天空中的微小变化，这种变化一位天文学家穷极一生甚至都无法察觉。

未竟的天空之图项目是"实证主义"的纪念碑。"实证主义"这个术语指的是一种态度，认为事实重要，事实是一切可以观察和测量的东西，而不是难以察觉的想法和猜测。今天，实证主义借助大数据分析卷土重来。

天文学家研究的是一个稳定的系统：天体的运动。相对于天文学家短暂的生命周期，这个系统是稳定的。与典型的机器学习应用不同，天文学拥有关于恒星和行星的理论。在这种情况下，大数据非常有用。然而，在当今世界，大数据常被用于变化无常的现象，这些现象是动态的，可能会以意想不到的方式发生变化。在这里，三个 V——体积（volume）、速度（velocity）和多样性（variety）——的帮助有限。少即是多：使用更少的数据和更简单的算法通常可以得到更好的预测。即使添加第四个 V——准确性（veracity），即数据的可靠性——也无济于事。相比之下，人工智能心理学可能更有用。让我通过谷歌著名的大数据分析展示来说明这个"少即是多"的原则。

预测流感

如果出现高烧、喉咙痛、流鼻涕和疲倦的症状，你就可能患了流感。这些症状通常在你接触流感病毒两天后出现，并在五到六天内消失。据估计，流感每年会在全世界造成25万～50万人死亡。为查明流感在哪里传播，美国疾病控制与预防中心（CDC）向公众公布了美国所有地区与流感相关的就医人数。问题是美国疾病控制与预防中心需要一到两周的时间来收集数据。

2008年，世界各地的媒体争相宣布，谷歌工程师找到了一种更快发现流感的方法，可以在早期预测流感的传播。这个想法似乎不错。患者可能会使用谷歌的搜索引擎来确定自己是否患了流感并寻找治疗方法。通过这些搜索，谷歌可以立即知道流感在哪里传播。为了筛选出符合要求的搜索，工程师分析了大约5 000万个搜索词，并计算哪些词与流感有关。[3] 然后他们测试了4.5亿个不同的模型，以找到与数据最匹配的模型，并提出了一种使用45个搜索词（同样保密）的秘密算法。然后，该算法用于预测每个地区每天和每周因流感而就医的人数。

起初，一切进展顺利。谷歌流感趋势预测流感的速度比美国疾病控制与预防中心的报告还要快。谷歌甚至创造了一个新术语："即时预测。"美国每个地区的流感和流感相关疾病的传播情况，报告仅滞后约一天。

几个月后，2009 年春天，意想不到的事情发生了——猪流感暴发了。猪流感在夏季激增，第一批病例出现在 3 月，10 月达到高峰。谷歌流感趋势没有预测出这波疫情（见图 6.1）；它从前几年的数据中了解到，流感感染率冬季高，夏季低。[4]预测崩溃了。

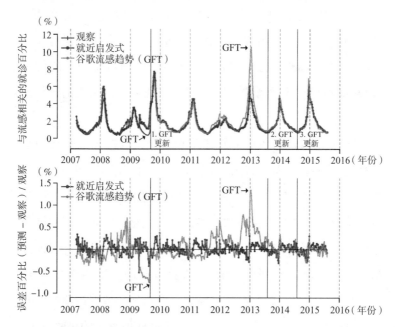

图 6.1　使用单个数据点的简单启发式方法可以比谷歌的大数据分析更好地预测流感。此处显示的是 2007 年 3 月 18 日到 2015 年 8 月 9 日与流感相关的就医的实际百分比，以及通过就近启发式和谷歌流感趋势（包括三个更新）对其进行的预测。上图：预测和观察值的绝对值。就近启发式的预测和观察值实际上是相同的。下图：预测错误。年份表示一年的开始，即 2008 年表示 2008年 1 月 1 日。例如，在 2009 年夏天，由于猪流感意外暴发，谷歌流感趋势低估了流感的传播，之后它收到了第一次更新。资料来源：Katsikopoulos et al.，"Transparent Modeling"。

相信复杂性

这次失败之后，工程师着手改进算法，并制订了两种方案。一是用复杂性来对抗复杂性。复杂的问题需要复杂的解决方案，如果一个复杂的算法失败了，它就需要变得更复杂。二是遵循稳定世界原则。其原理是，在不确定的情况下，使用大数据过去的复杂算法可能无法很好地预测未来，因此应该对其进行简化。谷歌的工程师追求更高的复杂性。他们没有削减45个搜索词（功能），而是将这些词增加到160个左右（具体数字尚未公开），并继续押注大数据。

起初修改后的算法在预测新病例方面做得很好，但好景不长。2011年8月至2013年9月，在108周中，它高估了100周的流感就诊比例（见图6.1）。[5] 一个主要原因是流感本身的不稳定性。流感病毒就像变色龙一样不断发生变化，因此很难预测它们的传播途径。猪流感的症状，如腹泻，与往年不同，相较于其他病毒，年轻人的感染率较高。另一个原因是人类行为的不稳定性。许多用户输入与流感相关的搜索词是出于好奇，而不是因为他们身体不适，但是，算法无法区分搜索者的动机。工程师问道："我们的模型是不是太简单了？"然后继续对算法进行修补，但无济于事。[6] 2015年，谷歌流感趋势悄然关闭。[7]

有些人可能会耸耸肩说："是的，我们以前听过这些，但那是2015年，如今的算法无限强大，越来越好。"但我的重点不是谷歌开发的特定算法的成败。关键在于，稳定世界原则适用于所有利用过去预测不确定的未来的算法。在谷歌的大数据分析失败之前，它的成功被视为科学方法和理论即将过时的证据。随机而快速地搜索数千兆字节的数据将足以预测流行病。其他人也提出了类似的观点，以揭开人类基因组、癌症和糖尿病的秘密。忘记科学，只需增加体积、速度和多样性，并衡量什么与什么相关。《连线》的主编克里斯·安德森宣布："相关性取代了因果性，即使没有连贯的模型，科学也能进步。是时候问科学可以从谷歌那里学到什么了。"[8]

而我要提出一个不同的问题：谷歌可以从科学中学到什么？

在不确定的情况下，保持简单，不要押宝在过去

谷歌工程师似乎从来没有考虑过用简单的算法来代替他们的大数据分析。马克斯·普朗克人类发展研究所的研究小组研究了在不稳定的条件下表现良好的简单算法（"启发式"）。获得这些规则的一种方法是依靠人工智能心理学：研究人脑如何处理中断和变化的情况。例如，早在 19 世纪初，托马斯·布朗就制定了近因律（the Law of Recency），该定律指出，最近的经历会比遥远过去的经历更快地浮现在脑海中，并且通常是指导人类决策的唯一信息。[9]当代研究表明，人们不会自动依赖于他们最近经历的事情，而只会在不稳定的情况下这样做，在这种情况下，遥远的过去无法可靠地预测未来。本着这种精神，我和我的同事开发并测试了下面的"大脑算法"。

预测流感的就近启发式：预计本周的流感就医比例将与一周前的数据持平。[10]

与谷歌的流感趋势秘密算法不同，这条规则是透明的，每个人都可以轻松使用。它的逻辑易于理解，只依赖一个数据点，就可以在疾病预防与控制中心的网站上查询，还省去了对 5 000 万个搜索词的梳理和对数百万个模型的试错测试，但它对流感的实际预测效果如何呢？我和三位研究人员使用与测试谷歌流感趋势算法相同的八年间的数据（2007 年 3 月至 2015 年 8 月的每周观察）测试了就近启发式。在那期间，与流感相关的就诊在所有医生就诊中的比例在 1%~8%，平均每周就诊率为 1.8%（图 6.1）。这意味着，如果你每周都做出简单但错误的预测，即与流感相关的就诊次数为零，那么你在八年内的平均绝对误差为 1.8 个百分点。谷歌流感趋势的预测要好得多，平均误差为 0.38 个百分点（图 6.2）。就近启发式的

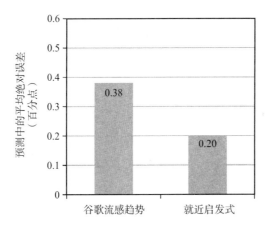

图 6.2 少即是多。使用单个数据点可以比谷歌流感趋势（一种大数据算法）更好地预测流感的传播。在预测流感就医比例方面，谷歌流感趋势的平均绝对误差（来自图 6.1）为 0.38，但在使用单一的数据点"近因"时，该值只有 0.20。两种算法都在 2007 年 3 月 18 日至 2015 年 8 月 9 日的同一周数据上进行测试。

平均误差仅为 0.20 个百分点，相对较好。[11] 如果我们排除猪流感发生的时期，即谷歌流感趋势第一次更新之前，结果基本保持不变（分别为 0.38 和 0.19）。

"快速节俭决策"的心理人工智能

谷歌流感趋势的案例表明，在不稳定的环境中，减少数据量并降低复杂性后，预测更准确。在某些情况下，专家建议忽略过去发生的一切，而只依赖最近的数据点。谷歌流感趋势还说明了心理人工智能——就近启发式——可以在预测中匹敌或击败复杂的机器学习算法。总的来说，我认为，无须过多数据的"快速节俭决策"启发式方法是实施心理人工智能的良好选择。

流感的例子既不是偶然，也不是例外。在不确定的情况下，与复杂算法相比，近因律等简单规则被证明是非常有效的，无论是在预测消费者需求、屡犯者行为、心脏病发作、体育结果方面还是在预测选举结果方面。[12] 例如，包括诺贝尔奖获得者约瑟夫·斯蒂格利茨在内的一组经济学家表明，在不断变化的经济体中，就近启发式可以比传统的"复杂"模型更好地预测消费者需求。[13] 简单规则的最大优点是易于理解和使用。

然而，在我们试图做出明智决定时，许多人可能想要故意遗漏数据。为什么拥有更多信息往往是一种阻碍，而不是帮助？

如第二章所述，要成功预测未来，需要良好的理论、可靠的数据和稳定的环境。大数据的有效性取决于这三个条件。让我们首先看一下相关性很高但缺少理论的情况。

相关性和得克萨斯神枪手谬误

虽然没有奥斯卡奖那么高的人气，但诺贝尔奖也是最负盛名的国际奖项之一，获奖者每年都会登上新闻头条。美国每千万居民中约有 10 名诺贝尔奖获得者，而英国几乎是这一数字的两倍。巴西等国靠后，每千万人中只有不到 0.1 名获奖者。瑞士和瑞典则位居前列，每千万人中有超过 30 名诺贝尔奖获得者。是什么导致了这些差异？要赶上瑞士的水平，其他国家的科学家和作家应该怎样做？

大数据给出的答案是找出与诺贝尔奖得主比例相关的个人行为或组织结构。可能是学前教育的质量，也可能是大学教育的质量，或者是成功的动机。如果为找到关联，不加区分地梳理数据，就会得到一个惊人的答案。

是巧克力！一个国家的诺贝尔奖获得者比例可以通过巧克力消费量来"预测"。巧克力吃得越多，诺贝尔奖就越多（图 6.3），而且相关性非常强。中国和日本的巧克力消费量很少，人均诺贝尔奖获得者也很少。瑞士人均每年消耗超过 26 磅的巧克力，诺贝尔奖得主数量也名列前茅。美国处于中间位置。（其中一个例外是德国，其公民消费的巧克力与瑞士人一样多，但人均诺贝尔奖的数量却较少；另一个例外是瑞典，其巧克力消费量处于平均水平，但获得诺贝尔奖的比例却很大。）

这似乎是建议中国人、日本人和美国人调整饮食习惯，食用大量巧克力，最好是瑞士巧克力。这可能会为巧克力爱好者提供增加巧克力摄入量的借口，但不太可能让他们更容易获得诺贝尔奖。

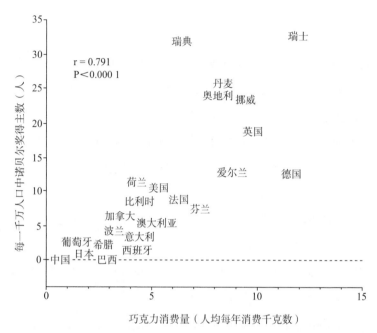

图 6.3　令人印象深刻但无用的相关性。巧克力消费量与各国每千万人口中的诺贝尔奖获得者人数呈强相关（r=0.791）。p<0.000 1 意味着，如果在现实中没有相关性，则如此强的相关性预计在一万例中出现一次，甚至更少。资料来源：Messerli，"Chocolate Consumption"。经 Massachusetts Medical Society 许可转载。

令人印象深刻但无用的相关性

图 6.3 中衡量相关性的 r 被称为"皮尔逊相关系数"。1857年卡尔·皮尔逊出生于约克郡一个严厉、勤奋的贵格会大律师家庭。他对世界充满好奇，这促使他在剑桥、柏林、海德堡和

维也纳如饥似渴地学习数学、物理、生理学、历史、罗马法和德国文学等学科。皮尔逊也是一个极度自我怀疑的人，担心自己的名字仅仅作为一个相关系数而存在。在不允许女性投票的时代，他主张男女平等，并提倡建立强大的独立女性政党。与当前话题更密切相关的是，皮尔逊崇尚量化，他认为我们的感知是所有知识的基础：我们可以感知相关性，但不能感知因果关系。[14] 他并不是第一个提出此观点的人。苏格兰哲学家大卫·休谟早在150年前就提出了同样的观点。正如本章的第一段引言所示，大数据支持者将皮尔逊和休谟的论点推向了极端，认为根本不需要因果关系。相反，只要我们手中有 PB（拍字节）级数据，"相关性就足够了"。[15]

巧克力消费量与诺贝尔奖获得者数量之间的强关联表明，只有相关性是不够的。数据挖掘甚至会把我们引向错误的道路。大数据可以挖掘出许多类似的无用关联。例如，在开发谷歌流感趋势时，工程师发现搜索"高中篮球"与因流感就医之间存在很强的相关性。但二者之间不存在因果关系，只是流感季节和高中篮球赛季恰巧都是从11月持续到次年3月。[16] 工程师凭借他们的常识，手动消除了这个不相关的特征。

对数百万个变量进行盲目搜索可以揭示许多令人瞠目结舌的相关性（图6.4）。[17] 每年，大约有100名美国人掉进游泳池淹死。为什么？数据挖掘表明，这个数字与演员尼古拉斯·凯奇出演的电影数量密切相关。正如你在图6.4中看到的，相关性高达0.67，相当于社会科学中异常高的相关性（值为1表示完全相关，值为0表示无相关性）。真的会有更多人因为这位演员出演更多的电影而溺水吗？大概不会。如果搜索关于所有演员和所有死因的庞大数据，你可能会发现更多这样的关联，至少在某个时间段内，即使它们没有任何意义。

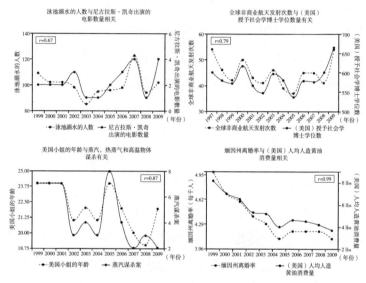

图 6.4　如果收集到足够的数据，你可以发现任何你想要的东西。从盲搜中获得的各种毫无意义的相关性。资料来源：TylerVigen.com/old-version.html。

　　同样，据报道，非商业航天发射的数量与美国授予的社会学博士学位数量之间的相关性为 0.79，与巧克力和诺贝尔奖获得者之间的相关性一样强（图 6.3）。照这么说，授予更多社会学博士学位是有望成为发射更多航天飞机的一种节俭方式。

　　更令人印象深刻的是，美国小姐的年龄与被热蒸气和高温物体杀死的人数之间的相关性为 0.87。这么高的相关性极为罕见。当美国小姐 20 岁或更年轻时，谋杀案就会减少。美国小姐年龄越大，被谋杀的人就越多。按照这个逻辑，选美委员会每次选择获胜者时都是在做生死攸关的决定。

然而，这些发现都无法与缅因州离婚率与美国人均人造黄油消费量之间 0.99 几乎完美的相关性相提并论。回想一下心理学家在第二章中使用得克萨斯神枪手方法预测离婚率的尝试。他们正在研究夫妻之间的语言和非语言互动。这种近乎完美的相关性表明，离婚的真正原因似乎是食用了太多的人造黄油，而这一规律尚未被心理学家发现。同样，这也表明我们可以用此准确地预测离婚率。算法还提出了一个解决方案：把人造黄油从购物清单上剔除，夫妻就会白头到老。通过不加区分地搜索美国所有的食物来源和美国所有的州，你可能还会幸运地发现别的完美相关。如果选择其他州或其他时间段内的离婚率，这种完美的相关性就不复存在。

在所有这些情况下，常识都告诉我们，相关性是没有意义的。尽管这里的例子很滑稽，但涉及营养和健康等领域时，问题就变得很严重了，因为这些领域存在着很多可能性，许多东西都相互关联。我们过去收到的大部分营养建议源于这些伪相关性：吃蓝莓可以防止记忆力减退，吃香蕉可以在美国高考（SAT）中获得更高的语言分数，晚上吃猕猴桃可以睡得更好。[18] 它们共同的特点是第二年你很可能就会听到截然相反的建议。

当机构依靠盲目搜索来评估人们的信誉时，另一个严重的问题就会出现。正如一家信贷机构的创始人所说："我们观察到，不偿还贷款的人使用的计算机字体非常特殊。"[19]

数以百万计的弹孔

到目前为止，你可能已经了解了获得这些相关性的方法。大数据分析为得克萨斯神枪手方法提供了一个全新的领域。只有在这里，神枪手才不再需要先向谷仓射击，然后在弹孔周围画圈，使靶心位于中间。相反，数百万的弹孔已经存在，神枪手可以使用快速搜索算法，找到一个弹孔看似对齐的方式，然后在它们周围画圈，如图6.4中的四种情况。我再次强调，问题不在于大数据，而在于如何使用大数据。你可能会意外地发现一个相关性，但在确认和公布之前，你需要独立测试它是否在其他时间点或其他人群中成立。如果跳过这一步，将偶然发现的巧合作为科学结果提出来，你就是在宣扬得克萨斯神枪手谬论。人们有强烈的犯错动机，包括媒体和公众对突发新闻永不满足的渴望，以及那些患有不治之症的人对找到治疗方法的迫切希望。

在医疗保健领域，这一动机尤为强烈。每隔几周，就会出现新的肿瘤标记物的头条新闻，这种标记物宣称可以对癌症进行个性化诊断，甚至治愈癌症。由于这些所谓的医学突破基于伪相关性，所以通常在点燃人们的希望之后，它们就会被证明是错误的。在不同时间点或地方对其进行验证后，相关性就会消失。安进生物技术公司的科学家试图复制53篇"具有里程碑意义"的医学文章的发现，其中47项实验失败了。同样，拜耳制药公司检查了肿瘤学、心血管医学和女性健康方面的67项发现，仅有14项获得了同样结果。[20] 考科蓝合作组织的创始人之一伊恩·查尔莫斯和国际循证卫生保健协会主席保罗·格拉西奥估计，85%的健康研究因实验不可复制而"浪费"，导致全球每年损失 1 700 亿美元。[21] 这种悲惨的状况被称为"复制危机"。结果无法复制，因为它们是伪相关的。

只有相关性而没有理论是阻碍大数据成功分析的原因之一，另一个原因则是数据不可靠。

糟糕的大数据

一位《福布斯》杂志的记者收到一则广告，邀请他加入一个退休协会。他很困惑，因为他只有 30 多岁，并不觉得自己老了。[22] 在收到的广告越来越多后，他意识到，个人资料已经被资料中介制作并出售给了该协会。资料中介往往披着知名公司的外衣，例如安客诚、甲骨文、数据云和其他构建数亿人档案的公司，它们的名字像你我这种普通人甚至都没听说过。这些个人资料来源于 cookies（储存在用户本地终端上的数据）、浏览行为和其他方式。例如，脸书购买这些个人资料以了解有关其用户的更多信息。

这位记者联系了安客诚和甲骨文公司，拿到了这些资料。乍一看，资料错得离谱。他被列为 65 岁以上的已婚人士，是维多利亚的秘密的常客，并且会消费大量尿布、婴儿食品和进口啤酒——但事实并非如此。3/4 的信息是错误的，每个资料中介都提供了不同的错误信息。当他问安客诚是从哪里得到这些数据时，该公司坚称这是商业机密，并不断重申它的数据有多准确。这也许是个特例，其他数百万人的数据可能是正确的。另一位路透社的记者向安客诚索要他的资料时，发现资料也有类似错误。[23] 当他问到为什么有这么多的错误时，该公司解释说，他资料上的大部分内容是通过其他数据猜测和推断得出的，例如邮政编码和家庭历史。其他记者也检查了他们的个人资料，同样发现了惊人的虚假信息。[24]

这些都是个人传闻，那么研究到底说明了什么？一项实地研究调查了资料中介服务商在向目标受众投放广告时的准确性。[25] 这些广告是关于一项慈善活动的，其目标受众是 25~54 岁的男性（占男性人口的 27%）。识别这个年龄段并不困难。研究人员模仿典型的广告活动，使用资料中介和广告购买平台（可以"优化"广告活动并帮助选择投放广告的网站）的组合服务，检查了 19 家一流的资料中介和 6 个广告购买平台。让人震惊且失望的是，平均准确率仅为 59%，也就是说，41% 的广告偏离了目标。表现最好的供应商向正确的目标受众显示广告的时长可达 72%，最差的供应商只有 40%。第二项研究考察了资料中介在没有任何广告购买平台的帮助下，独立识别同一目标群体的能力。这一次，它们的准确率下降到了机会水平以下。在识别性别方面，甚至还不如纯粹的猜测。资料中介确定受众的兴趣时，如对体育和健身感兴趣，获得的结果最好（分别比纯粹猜测增加了 20 个百分点和 34 个百分点）。兴趣似乎更容易从浏览行为中推断出来。总而言之，资料中介提供的数据质量并不像承诺中所说的"新石油"或"新黄金"那么好。

此外，广告商必须付出高昂的代价。这项研究的作者总结说，对于标准的横幅广告，目标定位的额外成本通常很高，可能会超过额外的收益。

大数据和不稳定的环境

除了依赖相关性和不可靠的数据，缺乏稳定的环境是导致大数据分析作用有限的第三个因素。想想有失学风险的儿童和有可能失去工作和家人的家庭。如果算法可以识别出面临危险的人，政府就能预见问题，并派社工去帮助这些家庭。普林斯顿大学的研究人员向科学界发起挑战，他们预测了 4 000 多个以单亲父母或未婚夫妇为主的"脆弱家庭"的未来。[26] 预测内容包括每个家庭的孩子在 15 岁时的预期 GPA（平均分数）；孩子的毅力，即努力工作和坚持不懈的能力；主要监护人是不是会失业；该家庭是否会因没有支付租金或抵押贷款而被驱逐。研究人员提供了 15 年来收集的大数据，包括性格测试、体征数据、访谈和家庭评估。每个家庭有超过 12 000 个测量值，产生了数百万个数据点。

160 个科学团队参加了挑战，许多团队使用先进的复杂机器学习方法进行预测。结果却不尽如人意。大多数算法在预测方面不如一个只使用四个数据点的简单规则，如母亲的婚姻状况和孩子在最后一次测试（6 年前）中的表现。负责这项挑战的团队得出结论，即使是最好的算法，预测结果也很糟糕，只比简单规则好一点。

英国也进行了类似研究。[27] 研究人员测试了 32 种机器学习算法，看它们是否能预测哪些儿童或年轻人处境危险。所有算法的表现都不理想：平均漏掉了 4/5 的处于危险中的儿童。

而且，算法确定某个孩子处境危险时，十个人中有六个是误判。也就是说，如果家庭服务机构相信这些算法，并打算在问题出现之前就派社工去解决问题，那么它们就会漏掉一大批处境危险的儿童，而把时间浪费在无须帮助的家庭上。重点是，一些家庭可能会在这个过程中感觉受到了诬蔑。

这些发现也许会让你吃惊。在进行这些研究之前，机器学习不是打败了最好的国际象棋棋手吗？也许有人会怀疑，科学家可能没有收集到足够的数据。但事实上，数据绰绰有余，而答案却很不一样。人生不像下棋，它包含很多不确定性。太多的因素决定了儿童、成人或家庭的命运，在脆弱的家庭中，这些因素之间的相互作用甚至可能被放大。在充满不确定性的情况下，计算能力和大数据的作用是有限的。

所谓的精准数据和强大预测并不一定真实存在，商家通常需要编造一些故事来销售产品和运行业务。在许多国家，尽管越来越多的证据表明自动决策不准确，但自动决策的使用率仍在提高，如识别弱势儿童、预测式警务、大规模人脸识别筛查等。[28] 这些算法的传播是由经济和心理因素驱动的。主要的心理驱动因素包括相信算法的客观性，害怕错过发展机遇和落后于其他国家或公司。这种信念和恐惧心理相结合，将我们推向了商业和政府监控的深渊，即使其中充满了错误。

数字能说明问题吗？

数字，无论大小，都不会说话。数字就像孩子一样，需要关注和指导，需要被理解。新冠肺炎疫情让我们明白了这一点。2020年3月中旬的一个星期天，德国的新增感染人数首次下降后，德国人就开始期望新增人数可以螺旋式下降。这些数字是每天从当地卫生部门收集的，但周末卫生部门只有部分工作人员上班，无法报告全部的数字。所以在周一和周二，数字再次上升，希望破灭。公众逐渐了解到，每个周末出现的较少新增是由于报告的延迟造成的，而不是由于病毒活动减少。每天报告的新增感染人数并不是当天的实际新增感染人数。

2020年公布的最可怕的数字是新冠肺炎死亡人数。约翰斯·霍普金斯大学提供的疫情地图按国家/地区报告了这些数字。然而，这些数字也几乎没有可比性。国家/地区以不同的方式计算死亡人数。意大利统计的是死亡且检测结果呈阳性的人数，也就是包含真的可能死于病毒的人，也包含可能感染病毒但死于其他原因的人。此外，我们很难确定死者是否患有多种严重疾病。疫情期间，意大利卫生组织公布了首批4.55万例与新冠肺炎相关的死亡数据，这一问题变得清晰起来。[29] 其中97%的人先前就患有一种或多种严重疾病，包括11%的中风、17%的侵袭性癌症、22%的痴呆和28%的缺血性心脏病，只有3%的人没有并存疾病。此外，一半的死者年龄在82~109岁。许多人的死亡原因尚不清楚——甚至可能有多种原因共同作用。

如果所有国家都使用相同的标准——死亡且检测结果呈阳性——那么至少这些数字是有可比性的。以比利时为例，尽管总人口比德国少很多，但与新冠肺炎相关的死亡总数仍高于德国。事实证明，比利时政府报告的新冠肺炎死亡病例中甚至有很多没有接受过新冠检测，例如该国统计的死亡人数包括在养老院去世的人，只是因为该养老院中有一个人的检测呈阳性。这告诉我们，需要先理解数字的含义，才能进行相加和比较。这适用于所有数据，无论大小。

那么，大数据在哪些情况下有用呢？如前所述，大数据在环境稳定、数据可靠以及有理论可以指导搜索的情况下表现最好，可以应用在天文学和对过去数据的分析（如电子健康记录）中——除非算法被玩弄。在可能发生意外变化的情况下，大数据的表现就不那么乐观了，人们只能在庞大的数据库中如大海捞针般寻找。例如，预测流感的传播、货币汇率、处境危险的儿童或一般的人类行为。[30] 在统计学中，大数定律描述了一种情况，即数据越多，预测越准。根据该定律，实验进行得越频繁，结果的平均值就越接近真实情况。例如，第一次接触轮盘赌时，你可能会在投注 7 后拥有新手的运气。但是，重复下注的次数越多，你获胜和失败的相对频率就越接近真正的获胜机会，也就是说你的运气会在某个时刻消失。同样，汽车保险公司会收集大量数据，根据司机的年龄、地区或汽车品牌，计算出司机发生事故的概率。赌场和保险业都依靠大数定律来平衡单一损失。然而，只有在运行环境稳定的情况下，这种方法才会生效。

第二部分
高昂的代价

首要原则是你不要愚弄自己，
你是最容易被愚弄的人。

——理查德·费曼

第七章

透明度

个人数据的处理方式，应与数据主体相关，并且合法、公平、透明。

——欧盟《通用数据保护条例》第 5（1a）条

一切都应该力求简单，但不能盲目求简。

——据说出自阿尔伯特·爱因斯坦

威斯康星州一个名叫埃里克·卢米斯的男子因驾驶一辆曾用于枪击案的汽车而被捕。卢米斯否认参与了枪击案，但对较轻的指控，如试图躲避交通警察和在未经车主同意的情况下驾驶汽车表示认罪。[1]法官照例查阅了他的犯罪历史以确定他的刑期，同时也参考了风险评估算法，算法认为卢米斯很有可能再次犯罪。最终卢米斯被判处六年有期徒刑。被告和法官都不知道算法是如何计算风险的：这种被称为 COMPAS（替代性制裁的罪犯矫正管理）的算法属于商业机密。卢米斯提出了上诉，理由是法官违反了正当程序，依赖可能歧视黑人的不透明算法。然而，威斯康星州最高法院驳回了卢米斯的申诉。法院认为无论算法的结果如何，法官都会给出相同的判决，而且使用秘密算法并未违反正当程序。然而，法院也建议人们在使用秘密算法时，应持谨慎怀疑的态度。《纽约时报》在标题中写道，卢米斯是"被软件程序的秘密算法判进了监狱"。[2] 这个标题可能有所夸大，但提出了一个普遍的问题。

"黑匣子算法"是指不透明的算法。它要么是秘密的，要么就是过于复杂，用户无法理解。秘密算法通过干预与假释、保释、量刑、社会援助、贷款和信誉有关的决定，影响了许多公民的生活，具体使用情况在各个国家有所不同。既然这些算法不够透明，有违我们在直觉层面上对正义的理解，而且可能与正当程序冲突，那么干脆将其逐出法庭不是更好吗？毕竟，风险评估值可以从更透明的算法中获得，而且我们更容易确定这些算法是否值得信赖以及是否歧视特定人群。如果算法失败了，也更容易改进或纠正。被告和法官等人应该对风险值是如何计算出来的有所了解。

黑匣子正义

预测犯罪行为很困难，出奇地困难。法院经常要求精神科医生和卫生专业人员预测被告在未来很长一段时间内出现暴力行为的可能性。美国精神医学学会在与美国联邦最高法院的通信中表示："最准确的估计结果是，精神病学家对人们长时段内暴力行径做出的预测有 2/3 是错误的。"[3] 他们预测不可能出现暴力行径时，仍有 1/10 的可能是错误的。尽管有这些发人深省的数据，美国联邦最高法院仍裁定此类证词在法律上可以作为证据，并指出专家"只是大部分时间出错……并不总是出错"。[4] 除了精神科医生，法官也被指责不可靠。以色列一项臭名昭著的研究得出的结论是，法官确实会受到肠胃的影响，这也成了头条新闻。一天刚开始时，法官批准了大约 2/3 的囚犯假释，随着时间的推移批准的数量逐渐减少，最后几乎为零。法官吃完饭或点心后，下一个接受审判的囚犯就又会有 2/3 的可能性获得假释，随着法官再次感到饥饿，这种可能性又会逐渐下降至零。[5] 经过下一次茶歇后，又会重复这种规律。然而此项研究的作者忽略了一个重要的点：审判囚犯的顺序不是随机的。法院一般会处理完某所监狱的所有案件后再休息。与有律师的被告相比，没有律师辩护的人获得假释的可能性更小，顺序常常会被往后排。因此，认为法官会不讲逻辑地任由食欲左右审判结果，便是一个草率确认因果关联而没有仔细分析其他因素的例子。即便如此，专家也是人，确实会出于各种原因而做出错误判断。犯罪学家报告说，近一个世纪以来，许多穷人、有色人种和其他弱势群体都是含冤入狱的。[6]

此时就需要人工智能出场了。商业公司给出了人类会判断错误的警告，并敦促人们将对人类的信任转向软件。它们的理由似乎已经很充分。首先，算法可以辅助法官，做出更好的决定。毕竟我们知道算法公正，不存在偏见，不会因饿肚子而影响其评估结果。接下来，随着计算能力的增强，黑匣子可以坐到法官的位置上，在眨眼之间自动输出有罪／无罪的判决，并附上刑期。最后，可以拓展该项目去解决诸如诉讼等其他疑难杂症，解决严重的案件积压问题，让数百万法官、辩护律师和起诉律师提前退休。

黑匣子司法最终将解决连法律专业人士都抱怨不已的问题：律师过多。一堆有关律师的烂笑话证实了大家的怨言。

问：为什么鲨鱼不吃律师？

答：同行间的职业礼貌。

问：一千个律师沉入海底会发生什么？

答：一个好的开始。[7]

撇开玩笑不谈，我们正朝着黑匣子正义迈进。在美国，警方每年逮捕超过 1 000 万人。有人被捕后，法官首先需要决定被告在审判前是先被释放还是先被拘留。法官和警方越来越多地依赖黑匣子风险评估工具来预测被告是否可能缺席法庭听证会，或是否再次犯罪，或是否实施暴力罪行。仅 COMPAS 算法就已在美国法院帮助法官对 1 000 万名犯人做出了保释或监禁的判决。[8]很难确定该算法到底实际影响了多少判决。据我猜测，有些法官是不敢对算法提供的精确风险评分有不同见解的。那么对黑匣子的信任是否合理呢？累犯算法真的能比有经验的法官预测得更好吗？

根据稳定世界原则，答案是否定的。通常法官在做决定时，需要面对很多不确定因素。在这些情况下，复杂算法不太可能成功，简单算法可能也一样，但起码简单算法是透明的。当然这只是一个假设。让我们看看证据。

普通人也可以一样准确

COMPAS 算法会根据某位被告人的 137 个特征和既往犯罪史，预测其在未来两年内是否会出现行为不端或犯下重罪。那它的准确性如何？为了找出答案，我们可以将算法的预测结果与法律专业人士的结果进行比较，如果存在相关研究的话。或者降低比较标准，将算法与完全没有量刑经验的普通人的判断进行比较。事实上确实存在一项这样的研究。[9] 项目研究人员通过亚马逊土耳其机器人这个在线众包服务招募了 400人。在这个平台上，任何人都可以通过参与科学研究赚些钱。每位参与者分别拿到了 50 名被告的简短资料（资料仅包含COMPAS 使用的 130 多个特征中的性别和年龄等七个特征），他们需要据此预测每位被告是否会在两年内再次犯罪。可以想见，大多参与者不会饶有兴致地在每个案例上花费大量时间，因为做出全部 50 个预测只能得到 1 美元。即使预测结果准确，参与者也只能得到少量额外奖金。最后这些低薪工人中的大多数匆匆忙忙交了差。但调查结果让法律学者和该项目的研究人员都大吃一惊。[10] COMPAS 算法正确预测了 65% 的被告的行为，错误率为 35%（分为判断为不再犯却再犯和会再犯却不再犯）；而对累犯几乎一无所知的普通人也经常判断正确。[11]而且，如果让 20 名普通人进行少数服从多数的投票，那么他们预测的正确率达 67%。不仅 COMPAS 算法是这样的，通过审核 COMPAS 算法和其他八种风险评估算法，得出了一样的结论：九种算法的准确性都不足。[12]

让我们缓一缓，想想这意味着什么。假设你正在受审。某种黑匣子算法告知法官你有很大的概率会再次犯罪。法官会听吗？很可能会。现在假设，从亚马逊土耳其机器人平台上随机找了 20 人，其中大部分人告诉法官你很可能会再次犯罪。哪位法官会相信网上的非专业人士在几秒钟内做出的判决？虽然昂贵的风险评估工具并不比普通大众好，但黑匣子算法本身就因为神秘而自带光环，因此打消了权威对其准确性的质疑。

透明的正义

黑匣子算法引发了一场激烈辩论，焦点在于黑匣子算法是否对某些群体不公平，如有色人种和穷人。然而，还有一个更根本的问题：黑匣子算法缺乏透明度。没有透明度，就很难确定其是否公平。例如，公共利益新闻调查中心（Propublica）曾尝试分析 COMPAS 算法，并得出该算法确实存在种族偏见的结论，但其他研究人员得出了相反的结论。[13] 缺乏透明度也违背了大家对正义和尊严的理解。而大多数问题可以通过使用透明算法来避免。

"决策列表"就是现有的透明风险评估工具之一。CORELS 算法是一种机器学习工具，可以从以前案例的数据中以清晰的逻辑生成此类列表。[14] 以预测被告是否会在两年内被捕为例。"决策列表"是这样的逻辑：如果被告的年龄是 18~20 岁，且是男性，则预测其会被捕。如果被告的年龄是 21~23 岁，且之前有 2~3 次犯罪（无论性别），则预测其会被捕。如果年龄不在上述范围，则检查被告是否有超过 3 次前科。如果是，则预测会被捕。而在其他情况下，则预测不会被捕（图 7.1）。

请注意，只有年龄、性别和以前的罪行进入"决策列表"，没有什么神秘之处，黑匣子里没有藏着水晶球。机器学习工具所做的是提取最重要的特征并建立确切的规则。尽管原理很简单，但依据三个特征的决策列表预测被捕的准确度与考虑多达 137 个特征的 COMPAS 算法一样。预测被告未来是否会被逮捕的黑匣子算法并不比透明简单的算法更准确，这一发现不是例外，而是规律。[15]

"决策列表"体现了我心目中"透明度"的含义。这个算法已被公开，而且是可以理解的：

如果是	18~20 岁的男性	那么预测被捕（两年内）
或者如果是	21~23 岁且有 2~3 次前科	那么预测被捕
或者如果是	3 次以上前科	那么预测被捕
以上均否	预测不会被捕	

图 7.1　用于预测被告是否会在未来两年内被捕的透明算法（由 CORELS 创建）。这四个规则的组合称为决策列表。

透明算法意为用户能理解、记忆、传授和执行算法。

通过查看"决策列表"，人们可以确切知道预测是如何做出的。决策列表提高了透明度，让人们更容易检测出潜在的歧视，节省了购买秘密算法的成本，揭开了程序的神秘面纱。当前，简单的决策列表与复杂的秘密算法准确度差不多，但喜欢使用算法作为决策辅助的法官至少可以轻松使用和理解这些列表。

另一个知名度更高的透明工具是"公共安全评估"（PSA），其目的是帮助法官决定是否应在审判前释放被告。例如，在预测被告不出庭的可能风险值时，它只使用了四个特征（图 7.2）。对于前三个特点，"是"分别对应 1 分的风险值；最后一个特征，"过去两年内有过一次不出庭的情况"，对应 2 分的风险值；过去两年内有两次甚至更多次不出庭情况，则对应 4 分的风险值。被告和法官可以很容易看到有哪些特征以及加权规则，并在互联网上查找最终风险评分是如何计算的。[16] PSA 还使用不同的特征组合来预测新的犯罪活动，例如被告案件审判前所犯的罪。与决策列表一样（但与 COMPAS 不同），PSA 不是商业算法。

特征	判定"是"的风险值
逮捕时有未决的指控？	1
以前被定过罪？	1
曾超过两年未按时出庭？	1
过去两年内有过不出庭的情况？	一次：2
	多次：4

图 7.2　一种透明的风险评估工具，称为 PSA。表中显示了用于预测是否会出庭的四个特征数据。如果四个问题中任何一个的答案是肯定的，那么就会被赋予风险值。

PSA 的逻辑类似于按量收费算法（图 4.6）：一个以少量特征为参考，并用简单数字进行积分的系统。就像远程信息处理汽车保险一样，透明的风险评估允许被告调整他们的行为，例如避免错过法庭听证会。如果算法不公开，被告就不知道该如何改善自己的行为。商业机密是客户理解算法的阻碍之一，但并不是唯一的阻碍。另一重阻碍在于其复杂性。即使公开算法，也可能因为过于复杂，外行和专业人士无法弄清楚决定是如何做出的或分数是如何计算的。透明算法不仅限于决策列表或计值系统，本书也会呈现其他算法。[17]

透明算法有很多优点。在紧急情况下，专业人员必须掌握易于记忆的分类规则，以便快速有效地执行这些规则。算法透明还有助于确定算法是否包含偏见，例如种族主义。可见上文提到的 PSA 和决策列表都没有纳入种族的特征。尽管如此，也不能排除它们关注其他类似种族特征的可能。但同样，算法透明让人们更易于检查情况是否确实如此。例如，四个问题中可能有一个是：你是否住在曼哈顿 125 街？当有超过 100 个特征时，种族可以与其中许多特征相关联，使识别隐藏的偏见成为一项艰巨任务。

然而，仅靠透明度并不能保证得到的数值比黑匣子算法的数值更准确，在上述两种算法中，从根本上讲，实际结果是不确定的。就 PSA 而言，大多数研究显示其预测能力为中等或良好。[18] 一个更重要的问题是，风险评估工具是否真的可以改善法官在没有任何算法辅助的情况下自行做出的决定？它与其他工具相比如何？在找寻答案时，我发现目前很少有研究提出上述问题，这令我感到震惊。[19]

预测性警务

预测性警务已被吹捧成了灵丹妙药。《时代》周刊杂志将其评为 2011 年 50 项最佳发明之一。[20] 大数据公司承诺，其算法可以预测未来犯罪现场的位置，并识别出犯罪风险高的人，这将使警务更加客观和有效。警察不再需要亲自上街巡察，而是可以在办公桌前看看程序说了什么，十分方便。芝加哥和洛杉矶是率先购买预测性警务软件并宣布将其作为特色项目的城市之一。[21]

2012 年，芝加哥警察局引入了预测性警务软件，以确定哪些公民可能是犯罪者或受害者。该软件通过分析无数因素（例如犯罪历史）对人们进行评分，其核心标语是"我们知道他们的真面目"。[22] 几年之内，大约有 400 000 人被列入名单，名单中也包括对这些人的风险评分。这份名单没有经过独立检查，也没有人衡量其影响。八年后，兰德公司的研究人员公布的一份报告表明：没有数据能证明该计划减少了暴力。恰恰相反，该软件晦涩难懂的内部运作方式给公众造成了高度恐慌和不信任。这一令人震惊的结论让芝加哥警察局悄悄中止了该项目。

此前一年，即 2011 年，洛杉矶警察局发起了"激光行动"，希望以"激光般的精确度"瞄准屡次违法者和黑帮成员。该行动刻画了这样一幅景象：警察就像训练有素的外科医生一样，用激光技术切除肿瘤。[23] 人们又一次被列入名单。不知何故，其中 89% 不是白人，这反映了美国白人的种族偏见。"激光行动"推出八年后，洛杉矶警察局也发布了令人震惊的报告，指出"激光般"的风险评分并不可靠，且人员培训不当，警察局随后关闭了该程序。

尽管如此，预测技术公司还是在积极进军世界上的其他地区，声称要让警务变得客观、透明和有效，但不是每个地区都买账。在加利福尼亚州，因为担心其歧视某些社区，削弱社区间的信任，奥克兰警察局取消了该程序。[24] 在德国，汉堡警察局在研究了预测性警务软件的潜力后，认为预测性警务无法实现人们的高期待，从而基于市场需求拒绝购买该程序。[25]

为什么预测性警务无法兑现承诺？经典的回答是数据不足。但事实上，用于预测犯罪的信息与用于预测累犯或流感的信息一样多。真正的答案在于人类犯罪行为的不确定性。太多的因素决定了谁会在哪里犯罪，不可能根据过去的案例来识别这些因素并预测未来的行为。而且数据可能受到种族或其他偏见的污染而变得"肮脏"，从而导致风险评分错误，并对个人产生负面影响。经过记者、民间社会组织，以及公共委员会共同的努力，商业伪科学项目得以废除。这是芝加哥和洛杉矶的案例教给我们的宝贵经验。在奥克兰和汉堡，预测性警务甚至还未开始就被叫停了。

在这些情况下，心理人工智能将替代复杂的黑匣子算法。让我们考虑一下地理剖面因素，再结合过去几周内在一个城市犯下六次武装抢劫罪的连环案犯的案例来分析。此时，警察应该从哪里开始寻找罪犯？心理人工智能会分析专家的思维，并将得出的启发式数据转化为算法。例如，专家知道大多数罪犯居住在犯罪高发区。这种思维就会被转化为圆圈启发式算法，预测罪犯生活在一个圆圈内，以两个相距最远的犯罪地点之间的距离为直径。采取该策略后，警察可能就会从圆圈的中心开始搜索并进行相关工作。研究人员测试圆圈启发式算法后，发现预测效果与商用黑匣子算法一样好，甚至更好，尤其是当违规次数少于 10 次时（通常是这种情况）。[26] 此外，在警察接受培训以系统使用圆圈启发式算法后，他们在定位罪犯方面的表现就会优于复杂的算法。[27]

与预测累犯一样，依据简单规则（如圆圈启发式）的心理人工智能可以提供透明的方案，来替代过于复杂和不透明的地理剖析式算法。通过研究，我发现对医疗保健结果、财务结果和其他不确定情况进行预测时，简单的启发式算法通常可以企及甚至超过复杂的算法，[28] 可用于辅助专家决策，同时专家也能理解算法的逻辑。

为什么算法会固化歧视

即使是最狂热的粉丝基本上也承认人工智能有偏见问题。据报道，警察、法院、雇主、信用评分机构等使用的人工智能系统都存在性别或种族歧视。个性化算法为白人男性提供了薪酬更高的工作，还有前文提到的谷歌的图像分类系统将一对深色皮肤的夫妇识别为"大猩猩"的丑闻。人工智能应该是中立、客观和数据驱动的，怎么会对女性、有色人种或其他边缘化群体不公平呢？

重要的是了解什么是歧视，什么不是。维也纳爱乐乐团是世界上最好的乐团之一。从第一个和弦开始，乐迷就可以通过美妙的声音，听出这是维也纳爱乐乐团在演奏。乐盲也可以通过认出其中为数不多的女性音乐家做到这一点，不过他们靠的是眼睛而不是耳朵。直到 1997 年，在巨大的公众压力下，该乐团才正式聘用了第一名女性成员，她是一位竖琴家（她在乐团中拿着低薪演奏了数十年，之后很快便退休了）。全世界管弦乐队聘用的男性多于女性，但这一事实本身并不能证明存在歧视，可能在顶尖的音乐家中就是男性居多。但是，如果发现男性和女性演奏得一样好，但男性却更受青睐，这便表明存在歧视。只有采用幕后盲选，评委会无从知晓候选人的性别时，大家才明白乐团确实歧视女性。到 2020 年，世界级交响乐团中的女性比例已从 20 世纪 70 年代的 5%~10% 上升至 40%~45%。[29]

与人类评委会一样，算法也可能会歧视女性、有色人种或其他边缘化群体。如果算法透明，相对来说就更容易发现歧视。比如按量收费算法（图 4.6）。性别和种族都不在它考虑的范围内，因此没有证据表明其存在歧视。不考虑性别或种族信息的算法就相当于隐藏了这类信息的盲试。但是，如果存在与性别或种族相关的其他特征，例如收入或社区，歧视也可能隐蔽地出现——虽然只要算法是透明的，也可以轻松查出。相比之下，如果算法是秘密的并且像 COMPAS 算法那样运用了许多特征，则可能很难检测到。可能存在歧视是所有敏感算法都应透明的重要原因之一。

故意设计为不透明的算法，例如深度人工神经网络，会带来更大的问题。这里出现的歧视并不是因为性别或种族被用作特征，因为程序员甚至不用确定选用哪些判断特征，神经网络会自己确定，相反，数据可能就是歧视的来源。我们再以维也纳爱乐乐团为例。假设一家科技公司需要训练一种深度神经网络来寻找最好的乐手，该神经网络需要接收过去 50 年来全球顶级管弦乐队的 100 000 名申请者的个人资料，包括他们是否已被录用的信息，结果神经网络很快就会发现并确立男性是一个突出的预测指标，从而固化过去的偏见。

这种现象已经发生在女性为少数的其他领域。例如，亚马逊的机器学习专家构建了一种算法。根据个人资料，对软件开发职位和其他技术工作的申请人进行评分。[30] 给机器提供 100 份资料，它会从中选出前五名候选人。出乎意料的是，这台机器并不"喜欢"女性。偏见又一次隐藏在数据中，数据中包含过去 10 年的求职者的资料，绝大多数被聘用者是男性。即使只保留申请人的姓氏也没有多大改变。人工智能总能找到应对策略，例如借助女子学院的校名推断性别。

人脸识别系统在经过训练后可以判断一张脸是男性还是女性，这其中也存在偏见。这些系统被用于从安保视频片段中识别肇事者，系统错误可能会导致错误的指控。在一项研究中，男性和女性的照片被展示给微软、IBM 和 Face++ 的三个商业性别分类系统，有些人肤色较深，有些人较浅。[31] 每当系统将一张脸归类为"男性"时，如果其肤色较浅，则系统的错误率只有 0~1%；但如果其肤色较深，则系统的错误率会增加到 1%~12%，具体错误率依系统不同而有所差别。当这类系统将一张脸归类为"女性"时，如果其肤色较浅，则错误率在 2%~7%；但如果其肤色较深，则在 21%~35% 的情况下出现归类错误。每个系统在识别女性面孔时出现的错误都比在识别男性面孔时多，在识别深色皮肤时比识别浅色皮肤时错误多。

那么偏见从何而来？问题出在用于训练系统的图片上。大约一半的照片是白人男性，其余大部分是白人女性。肤色较深的人，尤其是女性，则很少。

该研究发表后，负责测试商业系统的三家公司迅速更新了它们的系统并减少了偏差。然而更新之后，IBM 系统在识别肤色较深的女性时仍存在 17% 的错误率。IBM 系统解决偏差问题的方法十分讨巧，系统并没有算上所有的错误，只计算了系统有超过 99% 的信心认为其结果是正确时出现的错误，这使得公司报告的错误率只有 3.5%。[32] 最有趣的是，这项研究似乎并未影响到研究中未提及的公司，例如亚马逊和凯洛斯。在识别深色皮肤女性时，这些公司的错误率也很高，会将她们跟男性混淆。被此项研究提名可能是件羞耻的事，但也只是那些被提名的公司会有如此感觉罢了。

神经网络会产生更多偏见

偏见的核心在于数据本身存在偏见，但深度神经网络可能会加剧这个问题。想象一下我们在一个神经网络中输入了数以万计的人类活动图片，以此教会它识别人类活动和性别。[33] 这些照片具有典型的性别偏见，其中男性大多数在参与户外活动，如开车和射击，女性则更多是在烹饪和购物。当该网络需要在大量新图片中识别性别和活动时，就会产生很多偏见。例如，当图片中的活动是烹饪时，67% 的照片是女性。然而，该网络得出的结论是，84% 是女性，误认了大约一半的男性厨师。

深度神经网络为什么会加深偏见呢？原因之一是研究人员通过正确答案的数量来评估网络的性能，而不是根据偏见的程度。神经网络确实可以通过加深偏见度来提高性能。假设一个网络只知道 2/3 的厨师是女性。为了达到最好的结果，它会猜测每位厨师都是女性，这意味着 2/3 的答案是正确的。这当然会最大限度地放大偏差。但如果为了加深偏见，网络可以随机猜测 2/3 照片中的厨师是女性，而 1/3 照片中的厨师是男性。在这种情况下，它只会得到大约56% 的正确答案。[34] 一般来说，如果数据存在偏见，与尝试追求"公平"相比，放大偏见往往会让系统表现出更好的性能。

偏见不仅存在于人工智能中。在科技公司里，也主要是男性想要改变我们生活的方方面面。根据《连线》杂志的报道，在前沿的机器学习会议上，只有 12% 的发言人是女性，谷歌机器学习的研究员中，只有 10% 是女性，[35] 这是一种倒退。遥想 20 世纪 80 年代初，计算机科学系的毕业生中有 40% 是女性。蒂姆尼特·格布鲁博士是谷歌的科研人员，也是性别分类研究项目的发起者之一，谷歌有色人种女性员工只占总人数的 1.6%，她是其中一员。她与人合作的一项新研究发现，谷歌的大型语言模型，看似可以生成有意义的文本和对话，但该模型在进行机器学习时，需要接收大量互联网上的文本，其中含有种族主义和性别歧视的话语，因此该模型有复制这些言语的风险。[36] 此外，培训消耗了大量的计算能量，从而消耗了大量电力，导致二氧化碳排放量大幅增加。所有这一切往往会让富有的组织从中受益。然而，随之而来的气候变化，首先受到影响的却是贫困社区。谷歌的领导层看到此项研究的论文后，决定对其进行审查，随后解雇了格布鲁博士。数千名谷歌员工以及来自学术界和民间组织的支持者联名写了一封抗议信，在信中他们直言："格布鲁博士是为数不多的反对强大和有偏见的技术以不道德和不民主的方式侵入我们日常生活的科技公司内部成员。"[37]

反对不知情同意

在医疗保健方面，知情同意指的是医生和患者互动时的理想状态。患者以便于理解的方式了解治疗方案，包括其益处和危害，选出倾向的方案并准许医生采用其所选的方案。知情同意不仅包括签署表格或点击"我接受"，它还是一种共同决策。20 世纪下半叶，这种理想的模式广为流传，推翻了早期的家长制，即患者必须同意医生的决定——如果患者还被告知了将进行何种治疗的话。[38] 知情同意与人的尊严和公民教育密切相关。

医院的知情同意书是条款和条件合同的一个特例，也被称为服务条款合同。与租车类似，你会获得一份规定了双方利益和义务的合同。为了实现知情同意，合同的语言需要清晰、简洁、易于理解。我指导的哈丁风险识别中心，致力于让有关风险的信息易于理解且有证据支持。10年间，卫生当局和相关机构在传达信息方面确实在不断改进。[39]

然而在21世纪，在条款及服务协议和隐私政策等在线合同上，清晰、简洁、易于理解这种积极的发展方向却遭遇了反转。你是否试着在线阅读你同意的内容呢？我们经常被提醒要阅读服务条款，但这说起来容易做起来难。比如想一想网站需要你接受的包装登录协议（PAP），签署点击生效合同时，用户必须点击"我同意"。包装登录协议与之不同，用户登录便意味着同意合同。即使读者花时间阅读了这些具有法律约束力的合同，他们能理解自己签署的内容吗？

一年花 30 天研究隐私政策

在医疗保健领域，有一则经验之谈：同意书的语言不得高于八年级的阅读水平。对2018年访问量最大的500个美国网站（如亚马逊、爱彼迎和优步）的分析表明，包装登录协议的语言平均达到"15年级"的水平，相当于学术期刊中的语言。70%的合同中，平均句长都超过25个单词。[40]该研究的作者估计，几乎所有合同，更准确地说是500份合同中有498份，都不太可能被消费者理解，这些合同似乎想故意为难少数试着阅读的人。此外，法律规定，如果想收集用户数据，就需要制定隐私政策，但隐私政策也往往十分冗长。一般阅读隐私政策可能需要 10 分钟。根据卡内基·梅隆大学两位教授的估计，要读完一年内遇到的所有隐私政策，大约需要 30 个完整的工作日。[41] 更重要的是，在某些网站上，你也许可以选择退出定向广告。但据报道，某些服务器仍会不顾你的选择，草草忽略你的"不跟踪"设置，并在你不知情的情况下继续跟踪。[42]

从我们开始在线登录起，便进入了不知情同意的时代。无论是否阅读了条款和条件，法院都会要求我们承担责任。也就是说，法律要求消费者阅读合同，但供应商无须确保这些合同易于理解。

在医疗保健中，患者可以拒绝治疗；而在互联网中，如果用户不接受这些条款，就可能无法获得服务。如果你不同意你的智能床与未透露身份的第三方共享每分钟的数据（你的动作、位置、心率、噪声和其他音频信号），那么你将被告知该公司无法保证你的安全或提供你所需的功能和服务。你可能会问，为什么没有不向未知第三方发送个人信息的智能床、恒温器、电冰箱或电视机？因为如果让用户知情后同意，那么数字世界中的许多利润来源都会受损。这也解释了为什么科技公司不愿意明确说明它们在做什么。不仅是科技公司，几乎每一位互联网中的生意人都在利用用户信息获利。

一页纸式文件

在这个不断变化、不透明、带有欺骗性、令人困惑的行业中，旨在让网民不再无助漂泊的立法工作，目前却进展缓慢。

合理的规定确实是可以发挥作用的，所以立法的延滞才令人惊讶。想想那些过于冗长且不透明的隐私政策。1999 年，阅读谷歌的隐私政策只需大约两分钟，到了 2018 年，阅读时间增加到了 30 分钟。然而同年，欧盟的《通用数据保护条例》生效，谷歌采取了一项新政策，不仅让阅读时长减半，而且内容也更加简洁易懂。

我在德国联邦司法和消费者保护部的顾问委员会任职期间，和同事们一起改善了相关措施，提议将一页纸作为行规。[43] 服务条款应只有一页，最多 500 字（避免小字号），使用的语言必须是普通人可以理解的。这些条款需要列出提取了哪些个人信息，会将其发送给哪些第三方，以及谁拥有你的数据、图片和视频。到目前为止，已经有几家公司响应，生成了一页纸式文件，但需要更多法律方面的支持以结束不知情同意的时代。为了推行透明的一页纸规定，应出台法律，规定法院将判定不符合这些要求的合同无效，起草合同的人也应被罚款。

为什么我们会在不必要的时候使用黑匣子算法

在消费者事务咨询委员会上，我们探讨了许多关键问题。比如消费者是否有权知道他们为什么被拒绝贷款或没有被邀请参加工作面试？信用评分员是否有义务向公众公开其算法的特征和权重，而不是仅仅对数据保护代理开放？商业秘密是否应该高于公民了解自己得分的权利？尽管此类伦理问题正处于关注的前沿，但我很快注意到另一个问题，大家已默认复杂的黑匣子算法是准确的。大多数政府官员甚至想都没想过，透明的规则也一样有效。

相信复杂性和不透明性

2018年，费埃哲分析公司（FICO）、谷歌，以及多所大学一起组织了一场著名竞赛：可解释机器学习挑战赛。费埃哲分析公司提供了数千个人的数据，包括他们的信用记录。在费埃哲分析公司的帮助下，此次比赛的任务是创建一个复杂的黑匣子模型来预测贷款违约风险，并解释黑匣子算法。[44]算法之间的竞争并不是什么新鲜事，但这是最早规定需要对复杂黑匣子算法模型进行解释的比赛，具有里程碑式的意义。即便如此，此次挑战仍预设预测贷款违约需要复杂的模型。只有一个团队参加了比赛，一组来自杜克大学的研究人员采取了完全不同的方法。他们开发并测试了易于理解的软件，并且加入可视化技术，允许人们通过测试信用因素来了解这些因素是如何影响贷款申请决策的。他们开发的人工智能不仅透明，而且在预测贷款违约方面与深度神经网络和其他复杂的黑匣子模型一样准确。该团队因"对全球完全透明的模型和用户友好型的界面已完全超出预期"而获得费埃哲认可奖。[45]

该挑战说明人们对两个观点深信不疑：

相信复杂性，复杂的问题总是需要复杂的解决方案。

相信不透明性，最准确的算法自然是难以理解的。

这两种观点并置，就会陷入准确性—透明度两难困境：算法越准确，透明度就越低。人们普遍认为这是合理的，但是大家都错了。[46] 它只符合设计精确的游戏或其他稳定的情况，不适用于不确定的情形。正如挑战赛中那个团队所展示的，在预测贷款违约时，可理解的人工智能可以与黑匣子人工智能一样准确。以下才是一条普遍原则。

透明度与准确性原则：在不确定的情况下，透明算法往往与黑匣子算法一样准确。[47]

然而，由于人们无条件信任复杂性和不透明性，黑匣子算法在法院和其他需要做出高风险决策的情况下更受青睐。一个原因是公司利用了这种信任。公司的销售人员叩响了法院和警察部门的大门，就像药品销售员想说服医生向患者推荐他们的产品一样。开发免费透明的风险评估产品的组织往往没有同等的财力来支付广泛推广的费用。例如，图 7.1 中所示预测累犯的决策列表虽是免费的，却鲜为人知，而 COMPAS 的软件许可证虽价格昂贵却被广泛采购。人们青睐黑匣子还有另一个原因：防御性决策。作为一名法官，如果你倾向于准予被告保释，但风险计算器确定了高风险，那么你可能会改变主意以防万一，否则，如果被告确实犯了另一项罪行或威胁到了证人，那时候就百口莫辩了。

可解释的人工智能，关键在于"少即是多"

对复杂性和不透明性根深蒂固的信任，误导了许多前沿科学家、银行和其他企业的高管、军方等。例如，美国国防高级研究计划局（DARPA）的可解释人工智能（XAI）项目认为可理解性需要以牺牲准确性为代价。[48] 出于这种误解，他们仍然采用复杂的黑匣子算法，并试图以不太正确的简单方式解释其中的工作原理。例如，深度神经网络是如何预测贷款违约的，或者它是如何将一个物体归类为坦克的，关于上述问题的解释，可能与神经网络的实际工作方式毫无关联。这些解释充其量只是粗略的猜测，最糟糕的情况就是完全弄错了。

真正的解决方案是在适当的时候采用透明算法替换复杂算法。该解决方案基于实证发现，简单、透明的规则也可企及或优于黑匣子算法，从而在不确定的情况下做出预测。我经常看到这种情况。[49] 如果你为零售商工作，就会明白预测哪些客户可能在一定时间内再次购买是多么重要。许多零售商拥有包含数以万计客户的数据库，因此向他们都发送宣传单或购物单的成本很高，尤其是当有些人不太可能再次购买任何东西时。一项对 35 家零售商的研究发现，经验丰富的经理会使用一个被称为中断启发式规则的简单规则。比起复杂的机器学习方法和营销模型，此规则能更好地预测客户的购买情况。[50] 中断启发式规则是上述就近启发式规则的版本之一，它只依赖于一项有力的指标，即最近是否曾来购物：如果客户在九个月内来购物过，则可能会再来，否则不会。（中断时间，即间隔月数可能因店而异。）这个规则透明，而且很容易解释，而用模棱两可的简单术语或者更复杂的方式来解释，有时还可能解释错。

重新理解可解释人工智能，其关键在于：在特定情况下，定期测试透明算法是否与复杂算法一样有效。如果是这样，则使用更简单的工具。这就是可解释人工智能的真正未来。

计算的关键

透明算法可以分为几个家族。第一个家族是"一个好原因"家族：顾名思义，该族的预测基于单一却强大的原因。[51] 正如我们在流感预测案例中提到的可以胜过大数据分析的就近启发式算法。第二个家族由仅使用几个因素的算法组成，这些因素被赋予了不同但简单的权重，例如图4.6中的按量收费算法和PSA算法。第三个家族由简短的决策列表组成，例如用于预测累犯的决策列表。在机器学习中，决策列表也由来已久。[52] 在下文中，我将阐述另一个算法家族，称为计数（tallying），用以简单计算某个潜在事件的动因和阻力。[53] 所有这些规则都相当于心理人工智能，心理人工智能与人类心理学一样，特别适合处理不确定情况下的预测。

白宫之钥

2016年11月8日，世界上有不少人都不敢相信自己的眼睛。民意调查、选举市场和大数据分析都预测希拉里·克林顿将大获全胜。"如果你相信大数据分析，那么是时候为希拉里·克林顿担任总统职位而做打算了。"专栏作家乔恩·马克曼在《福布斯》杂志上发表的文章中写道。[54]

最后结果是，大数据直线下跌。诚然，预测白宫的钥匙将落入谁的手中，说起来容易做起来难。这不像彩票，我们知道中彩票的概率，而更像预测流感或其他病毒感染的进程。统计学家纳特·西尔弗和他的媒体业务团队538（Five Thirty Eight）预测到了奥巴马获胜，但没预测到特朗普会在初选中获胜，并且在选举日预测希拉里获胜的概率为71.4%。选举前两周，西尔弗估计有85%的选民支持希拉里，他还详细讲述了概率是如何决定预测结果的。如果他的模型只考虑2000年以来的数据，而不是从1972年算起，那么希拉里获胜的预估概率将上升到95%。假设采用正态分布投票（由数学家卡尔·弗里德里希·高斯提出的概念，见图3.1）而不是肥尾（纳西姆·塔勒布在《黑天鹅》一书中提出的概念），得出的预测结果将会是希拉里有87%的可能获胜；如果假设各个州的结果互不影响，那么希拉里获胜的概率会增长到98.2%。[55]西尔弗的思路和分析很有意义，因为他得出了一个常常被忽视的重要见解：大数据不会自己说话。相反，预测的结果取决于先前做出的假设。再多的数据和再强大的计算能力也不能保证得出正确的结果。这就是为什么统计思维很重要。

西尔弗的分析还体现了一件同样有趣的事情：他的分析关注的是统计模型的优点和缺陷，而不是人们投票反对希拉里或特朗普的现实原因，由此摒弃了心理、政治和经济理论。还有一种分析是从选民心理着手，这正是杰出的历史学教授艾伦·利希曼所做的研究。

在一众预测希拉里将大获全胜的专家声音中，利希曼是为数不多的持相反意见者，他预测特朗普会获胜。这不是他第一次做出正确预测了，自 1984 年以来，他已经预测对了所有选举结果。[56] 他的方法不依赖大数据的数字运算，也没有提供看似精确的获胜概率，只是预测谁会赢。该系统被称为"白宫之钥"，是基于对美国人投票方式的历史分析做出的。

系统的每一个指标都是选民看重的一个因素，共有 13 个指标，每个指标都被转化为一个可以用"是"或"否"回答的命题。"是"代表倾向于从现任政党中选出总统或支持总统连任，而"否"则代表不倾向。

指标 1：执政党的权力。中期选举后，执政党在美国众议院的席位比前一次中期选举后多。

指标 2：提名竞赛。执政党在提名过程中没有产生激烈的竞争。

指标 3：在职。执政党候选人是现任总统。

指标 4：第三方。没有重要的第三方或独立候选人竞选。

指标 5：短期经济。竞选期间，经济并未陷入衰退。

指标 6：长期经济。该任期内的实际年人均经济增长等于或超过前两个任期的平均增长。

指标 7：政策变化。现任政府影响了国家重大政策变化。

指标 8：社会动荡。现任总统任期内没有持续的社会动荡。

指标 9：丑闻。现任政府没有受到重大丑闻的影响。

指标 10：外交或军事失败。现任政府在外交或军事上没有遭遇重大失败。

指标 11：外交或军事上的成功。现任政府在外交或军事上取得了重大成功。

指标 12：现任总统的魅力。现任政党候选人具有超凡魅力或是民族英雄。

指标 13：挑战者魅力。具有挑战性的政党候选人没有魅力也不是民族英雄。

你可能已经注意到这些因素的特别之处。几乎所有指标都与执政党及其候选人有关，只有最后一个与挑战者有关。有些关键指标的答案显而易见，例如执政党候选人是不是现任总统，而有些因素则需要判断，比如领导魅力。利希曼通过对比德怀特·艾森豪威尔和约翰·肯尼迪等独具风范的领袖，在选举前确定"是"或"否"。而希拉里与特朗普都没有被归为有魅力的领导人。

问题是，应该如何将这些指标组合生成预测结果。许多数据科学家的下意识反应是开发一个类似于在线约会或信用评估的评分系统，给每个指标赋予"最合适"的权重。然而，没有几次总统选举可以作为评分依据，而且不规则的投票行为会使这项任务更加困难。所以，利希曼干脆开发了一种透明算法，仅仅计算否定答案的总数：

如果有六个或更多指标的答案为负（"否"），那么挑战者将获胜。

这个计数规则非常简单。2016 年 9 月下旬，也就是大选的前几周，利希曼考虑了尚未确定的指标并进行了计数。[57]有六个指标不利于现任执政党候选人希拉里·克林顿。

指标 1：民主党在中期选举中备受打击。

指标 3：现任总统没有参加竞选。

指标 4：自由主义者加里·约翰逊发起了一场重要的第三方竞选活动，预计将获得 5% 或更多的选票。

指标 7：奥巴马的第二个任期没有重大的政策变化。

指标 11：奥巴马在外交政策上没有取得任何重大成就。

指标 12：与前任总统相比，比如与富兰克林·罗斯福总统相比，希拉里·克林顿魅力不足。

六个否定指标意味着特朗普有望获胜，而六个是最低要求，这说明了选票将很接近，所以不容易预测。还有一点值得注意，该规则旨在预测谁将赢得多数票，而特朗普并没有。但没有哪个预测系统是完美的，利希曼的统计规则已经比民意调查、预测市场或大数据分析更接近最终结果。[58]

"白宫之钥"是透明的。它的透明度使我们能够看到预测背后的理论。它们背后确实有一个理论，但与典型的机器学习不同，机器学习无论如何都要得到最好的预测结果。如前所述，几乎所有关键指标都与执政党及其候选人有关。这就涉及经济、社会是否动荡、外交政策是否成功、候选人是否陷入丑闻和是否有政策创新等方面了。如果人们认为上一届任期内国情良好，则将选出现任政党的候选人。如果像特朗普这样的挑战者获胜了，那么该胜利与他个人也无关，而仅与人们对现任政党在任时表现的评价以及对该党候选人的期望有关。

许多人在选举日都大吃一惊，奇怪到底是什么驱使美国人把票投给一个侮辱妇女、穆斯林和教皇等的人。计分规则背后独特的逻辑表明他们问错了问题。美国选民没有投票给特朗普，而是在投票反对奥巴马和希拉里。别管电视辩论、大量筹资和投资广告，也不要相信竞选经理和顾问对结果有很大影响。如果以上指标背后的理论是正确的，那么政党就会收获一个有效的信息：关注治理，而不是昂贵的广告和竞选策略。

急需：评分过程中要求透明的权利

在黑匣子社会中，当权者可以使用软件更好地预测和左右他人的行为，并且无须透露算法。为什么某些人被拒绝保释或信贷，而其他人却没有？为什么 YouTube（优兔）的推荐系统会将我们引向偏离事实和比较极端的视频？[59] 黑匣子社会的特征不是缺乏透明度，而是不对称性，就像一面单向镜子。[60]黑匣子社会自古以来就存在。几个世纪以前，欧洲人一般都不具备阅读能力，对他们来说，《圣经》和其他资料就是用拉丁文或希腊文写成的黑匣子，只有受过教育的富裕阶层才能理解。在约翰内斯·谷登堡发明的印刷机的帮助下，马丁·路德等翻译家打开了黑匣子。这项技术突破让书籍和翻译逐渐被所有人接受，现在人们可以查阅《圣经》的原文。谷登堡的发明消除了牧师和外行之间、发起者和追随者之间的差异。20 世纪

90年代互联网普及时，医生也预想了一场类似的革命："互联网有助于消除医生（不会犯错的人）和病人（不知情的人）之间的壁垒。"[61] 我们可能需要另一位谷登堡来打开预测和影响人们行为的黑匣子。

在消费者事务咨询委员会任职时，我们提出的一个建议是：所有用来给人们打分并对他们的生活造成严重后果的黑匣子，都应该向公众公开并接受质量监测。[62] 黑匣子可能对健康评分、信用评分、累犯风险评估和预测性警务产生深远影响，应该公开算法的所有特征及逻辑（例如决策列表或积分系统，如图7.1和图7.2所示）。该提案关注的是强加给人的算法，而不是那些用于娱乐或个人成长的算法，例如视频游戏或爱情算法。

我们与国际评分公司相关工作人员讨论该提案时，他们提出了合理的反对理由。他们认为，首先，算法属于商业机密。但这也正是提案的重点：修改法律，将人民的权利置于商业利益之上。其次，远程信息处理和健康保险公司已经让它们的评分算法完全透明，而且似乎并未有所损失。反对的另一个理由是人们不懂源代码（算法的程序），因此即使让算法公开透明，还是相当于将其保留在黑匣子中，但我们并不是要求它们公开源代码，因为这对大多数消费者来说确实没有什么帮助，我们要求的是公开算法依据的特征和逻辑。知道这些特征会让消费者了解一些缘由，例如，为什么他们在贷款时需要支付更高的利息？可能这只是因为他们居住的公寓中，有一些租户没有及时偿还贷款。这就是所谓的地理位置评分。

再次，深度神经网络无法达到公开透明。虽然确实如此，但我们发现信用、健康、远程信息处理和累犯的商业评分系统很少（如果有的话）依赖神经网络。最后，用户如果知道这些功能，就可以改变其行为并玩弄算法。然而，这正是信用评分、健康评分以及远程信息处理评分的既定目的之一：引导人们走向更健康或更经济的生活。例如，人们如果发现拥有太多信用卡是他们信用评分低的原因之一，就可以采取对应的行动。只有当算法依据一些替代指标而不是真实特征时，玩弄算法才是一个问题。比如，当健康保险公司在客户加入健身房时就提供奖励积分，而不是依据实际锻炼情况。

在欧盟，《通用数据保护条例》的出台标志着隐私法时代的开始。该条例规定，自动决策需要提供"关于其逻辑的有效信息"，对于将"从法律意义上"或"同样重要地"对其产生影响的决策，人们"有权拒绝仅根据自动处理做出的决策"。[63]然而，当人类决策者处在决策链末端时，比如法官和警察，这些规定就不再适用。总体而言，《通用数据保护条例》仍非常抽象，虽然确认了关于规定的问题，但尚未解决该问题。与此同时，数百名数学家呼吁停止所有关于预测性警务的工作，要求对算法进行公开审计以防止滥用权力。[64]关于信用评分公司的保密性，人们已经提出了抗议，呼吁给予我们权利去了解、查看、预测和改善我们行为算法背后的逻辑，呼吁政府当局更加深入地了解这些算法背后的动机，关注一直以来都较为欠缺的质量监测。

保密性和神秘性只是黑匣子的一个方面。然而，该术语具有双重含义：黑匣子也指记录设备。在下一章，我们将讨论黑匣子的另一个方面。

第八章

梦游着进入监控

是时候开始为隐私付费，支持我们喜爱的服务，放弃那些免费但将用户信息和注意力当作产品出售的服务了。

——伊凡·祖克曼，《互联网的原罪》（ *The Internet's Original Sin* ），弹出式广告的发明者

想象一下，未来智能冰箱会在厨房里监控着我的行为和习惯，并依据我的一些习惯，如是否直接喝纸盒里的饮品或是否洗手，来评估我成为重罪犯的可能性。

——爱德华·斯诺登，《永久记录》（ *Permanent Record* ）

英国热门电视连续剧《黑镜》有一集名为《急转直下》。该集讲述了在未来世界，无论是在聚会上还是在地铁上，每个人都戴着智能隐形眼镜，可以放大观察视线中的每个人，而且镜片上会立即显示他们的姓名和社交分数。人们就像亚马逊上出售的商品，有一个从 1 到 5 的分数。不管做什么事，别人都

会对你的行为进行评价：在餐厅里，服务员给你打分，你给服务员打分；在工作中，老板给你打分，你给老板打分；在出租车上，司机给你打分，你给司机打分。评分很容易，只需在你的智能手机中输入一个分数，并将其指向相关人员即可。有一位名叫蕾西的年轻貌美的女子，就生活在这样的未来世界，她想搬到城市里更好的街区中。她的分数是 4.2 分，而在那个街区中，在她经济承受范围内的公寓至少需要 4.5 分，她的分数根本达不到。于是蕾西开始认认真真地对着镜子练习微笑。她所做的一切都是为了取悦他人，以赢得更多分数为目的。蕾西的整个生活都围着分数转。渐渐地，她陷入了评级系统的掌控之中，由他人的意志决定自己的行动。结果，正如该集标题所暗示的，她的努力并没有得到好的结果。

许多看过《急转直下》的人都对这种唯分数论的未来世界感到震惊，但即使对此反感的人，也在不知不觉中进行着各种形式的评分。他们给优步司机、餐馆、医生、医院、酒店和税务会计师打分，给帖子点赞，给图片发送爱心。和蕾西的处境一样，分数成为衡量可信度的硬性标准。目前，已经有记录佩戴者所见所闻的眼镜计算机了。就像安保摄像头一样，眼镜改变了人们在公共场合的行为方式，更多的人按社会规范行动。[1]对眼镜计算机进行改装，显示周围每个人的姓名和分数也是件简单的事。在人际交往中，让个人的可信度立即显示出来，而不必再费尽周折去调查，不是会更方便吗？

社会信用体系

　　费埃哲评分等信用评分会衡量个人的可信度，即及时偿还债务的可能性。工程师比尔·费尔和数学家厄尔·艾萨克在 20 世纪 50 年代创建费埃哲时引入了该评分，因此有了费埃哲评分。费埃哲评分是 300 和 850 之间的一个数字，其决定因素有付款历史、债务负担、信用历史长度和最近的信用查询等。你邻居的信用评分也很重要。如果住你隔壁的人违约，你的分数可能也会跟着下降。几乎每个人都有一个分数，即使是对该评分闻所未闻的人。银行、电话公司和雇主会根据分数，确定申请人是否有资格贷款、签订电话合同、胜任工作或租赁公寓。在网上商店买鞋时，我们可能不会注意到自己的信用评分正在接受检查，因为我们只需点击几下即可完成购买。但事实上，世界各地的在线购物者都要接受这些信用检查。检查结果会决定可以供你选择的付款方式，你甚至不会看到那些拒绝你使用的选项。

　　不仅在金融方面，社会信用评分尝试从各个方面衡量人们的可信度。虽然与费埃哲评分类似，但不同的是，社会信用评分整合了可以收集到的关于一个人的所有数据。其中可能包括超速罚单、犯罪记录、工作承诺、参与的自愿社会服务、履行家庭责任的程度、在社交媒体上的政治言论、浏览过的网站等整个数据足迹。过马路闯红灯会扣分，而拜访年迈的父母会加分；玩电子游戏时间过长可能会扣分，观看育儿课程或学习外语会加分。如果你有分数低的网友，那你可能会被减分。社会信用评分的公开，将会带来很大的影响，正如《急转直下》展现的那般。如果每个人都可以在社交媒体上看到点赞数或爱心数，那么得分低的人可能会感到羞耻，担心别人对他们有看法。一旦人们开始担心，就代表他们上钩了。

《急转直下》是电视剧，但社会信用评分不是。一些国家的政府已经为个人和企业引入了社会信用体系，或宣布打算这样做。[2] 该体系除了会让人在公共领域产生荣辱感，还增加了奖励和惩罚制度。得分高的人会得到奖励，比如获得更便宜的信贷和免费的医疗保健检查，成千上万得分低的人或将无法乘坐飞机和高铁，他们的孩子也无法进入最好的学校。所以人们因为担心分数而在社交媒体上与一些人解除好友关系。在约会网站"孤独的心"的简介中，年轻男女会在年龄、体重和兴趣等属性后加上社会信用评分。虽然并非硬性要求，但没有分数的简介可能会令人心生怀疑。在一项针对中国社会信用系统参与者的在线调查中，94% 的人表示他们已经改变了自己的行为，以对自己的社会信用评分产生积极影响——他们遵守交通规则、减少玩网络游戏的时间、自愿参与社区服务、在线分享不同的内容，使用移动支付应用程序等。50% 的人表示他们已经与家人和朋友分享了自己的分数。[3] 什么才是正确的行为是由政府和大型科技公司决定的，不像在《急转直下》中，任何人都可以提高或降低别人的分数。

儒家学派的集体主义植根于中国社会中，集体利益高于个人利益。2008 年北京奥运会以来，为了防范恐怖袭击，保护选手和公众安全，中国的数字技术得到迅速发展，同时中国也在努力解决大部分地区因人口从农村转移到城市而出现的问题。数字技术的目标是规范人们的道德行为，消除腐败，营造"诚信"与"和谐"的文化。调查显示，绝大多数中国公民对此表示赞成，受过高等教育的人更是如此。[4]许多人认为，该技术促进了人际的真诚互信、社会和谐和经济增长。

与信用评分一样，社会信用系统也具有双重功能：保护人民，同时影响人们的行为。信用评分员会提供服务，保护企业免受不支付账单的欺诈性客户的侵害，不然诚实的客户将由于他人的欺诈行为而不得不付出更高昂的代价。如此一来，就有更多的人按时支付账单，避免拥有过多的信用卡，不会超支。同样，政府也为社会信用体系正名。社会信用体系让公民可以免受自私的搭便车者、罪犯和恐怖分子的伤害。为了避免受罚，比如因闯红灯而被禁止购买机票，或在市中心广告牌上看到自己的脸和地址，更多的公民选择尊重法律和社会规范，让社会更加稳定。西方媒体常常称之为奥威尔式的项目，但其实他们没有抓住重点。社会信用体系更贴合哈佛心理学家伯尔赫斯·弗雷德里克·斯金纳在《超越自由和尊重》中表述的思想。斯金纳认为，我们最大的问题是自由：因为自由，人们可以随意利用他人和所处的环境。斯金纳提出的解决方案是设计一个严格的行为控制系统，奖励公平和有责任心的社会行为。他如果还在世，就会很高兴地看到，因为社会信用体系，他的行为矫正方法在全球范围内影响了超过10亿人。不同之处在于，在斯金纳看来，只有积极的强化，而非惩罚，才能有效地鼓励社会行为。除了这一点，数字时代已经提供了将他的愿景变为现实的技术。

滑向社会评分

软硬兼施的社会信用评分之所以经常成为西方国家的头条新闻，主要是因为大家认为其违背了尊重自由和隐私的民主理想。然而，为了适应数字技术，西方对隐私的态度似乎有所转变。而且不论我们是否愿意承认，该过程似乎都极为短暂。以向来重视隐私和数据保护的德国为例。在监视、控制和压制其公民的第三帝国和德意志民主共和国时期，德国人在困苦中意识到了隐私的价值。在当时，若是耸耸肩说"我没有什么可隐瞒的"，就意味着向不公平的制度低头。作为对这段历史的回应，德国宪法的第一条就谈到了人的尊严。

回顾历史，人们可能认为德国人会团结一致反对监视，尤其是反对改变行为的社会信用体系，然而，他们的立场似乎正在改变。2018 年，只有 9% 的德国人认为社会信用体系是个理想的愿景。[5] 到了 2019 年，这个数字已经上升到 20%。[6] 奥地利也表现出类似的热情，尤其是在右翼人群中。[7] 即使是德国人，似乎也接受了智能手机、智能电视和智能汽车在记录步数这一事实——只要行为规范就可以从政府那里获得一些额外的奖励，何乐而不为呢？

信贷公司、健康保险公司、汽车保险公司、谷歌、亚马逊、微软、IBM、苹果等所有要求用户接受 cookies 的公司都会收集用户的数据。这些公司会为用户建立秘密档案。因为这些数据没有累加到信用评分中，所以看上去没什么影响。现在，我们想象有一位资料中介，可以基于这数千个数据来源，为每个人创建一个档案，用于计算社会信用评分。这不是幻想，而是事实。安客诚和甲骨文数据云等数据代理公司正在宣传这类服务，并致力于为每个公民构建一份全面的档案。在美国，安客诚收集了2.5亿消费者的健康数据，包括处方、病史，以及来自医院、实验室和健康保险公司的数据，[8]还包括犯罪记录、投票记录、在数十万家商店和药店购买的商品级别的数据。这些数据由移动应用程序和安放在商场、机场、电影院和大学校园的探测设备提供。即使是居家的人也不能免于被监视，安客诚会逐秒收集电视收视数据和智能电视记录的所有其他信息。个人资料会被出售给银行、保险公司、信用卡发卡机构、医疗保健提供者和政府，包括电子邮件地址、电话号码、IP 地址和邮政地址。安客诚宣称已从全球超过 7 亿人那里收集了数据，每个人的数据点多达 3 000 个。尽管安客诚收集的数据并不都是准确的，脸书还是从它的经理那里购买了有关其用户的数据，包括那些不准确的数据。

公众因脸书对用户数据处理不当而给其贴上了"恶棍"的标签，但资料中介对人们的跟踪却更具侵入性。我们谈论的是整个数据代理行业，而不仅仅是脸书及其拥有的应用程序 Messenger（一款即时通信软件）、WhatsApp（瓦次普）和 Instagram（照片墙）。而且其他一些我们想都想不到的组织，也正在不知不觉中建立关于我们的档案。来自美国主流大学的毕业生惊讶地发现，母校收集的关于他们的档案长达一百多页。内容涉及结婚和离婚、流动资产和非流动资产的财务状况等，并想办法鼓励他们捐赠。[9]

安客诚等公司使用同样的技术来收集数据，不同的是它们是在偷偷收集，而不是公开收集。商业公司和政府都公开或秘密地建立了一个监视世界。被监视将是我们的未来——除非群众、立法者和法院进行干预，阻止对公众进行评分。

隐私一文不值

隐私是指不受政府、公司和个人侵犯的私人领域的权利，包括不受打扰、防止个人空间受到侵犯以及保持亲密关系的权利。在任何文化中，无论古今，隐私都算不上是核心价值。隐私概念主要是19—20世纪的产物。邮政服务在19世纪70年代推出明信片时，人们对此表示道义上的愤怒，因为大家认为推出明信片的目的是监视私人信件。20世纪80年代，数十万愤怒的德国人走上街头，抗议政府的人口普查行动，因为人口普查要求人们提供出生日期、性别、个人身份和教育等私人数据。美国人则被教导要小心保护他们的社会安全号码，否则有人可能会以他们的名义开设银行账户或申请贷款。

当听到其他国家的社会信用体系会侵犯隐私时，大多数美国人的反应是恐惧和反感。媒体则轻蔑地指出这些系统对西班牙宗教裁判所、克格勃和东德秘密警察来说能派上很大用场。然而，虽然这种厌恶情绪常常爆发，但实际上仍然存在一个悖论。有些人抱怨社会信用体系，但同样也是这些人愿意毫不犹豫地将个人数据交给商业公司：他们买了什么，整天待在哪里，和谁在一起，访问了哪些网站，是否按时支付了账单，以及看医生的时间和目的。这种隐私声明和实际行为之间的差异叫作隐私悖论。

隐私悖论：声称担心隐私的人，又不愿意为保护隐私花一分钱。他们甚至会不假思索地在社交媒体和其他平台上泄露个人信息。

隐私悖论这个术语最初用于一项研究，该研究报告称美国的本科生表示他们希望个人信息受到保护，但转眼又会在脸书上发布个人信息，[10]似乎没有意识到脸书是一个公共空间，父母和未来的雇主可以阅读其中的条目。然而，如今隐私悖论的含义更为普适。当人们意识到正在被监视，个人数据已被人非法收集时，仍然存在隐私悖论。与其他任何欧洲国家相比，更多的德国人意识到免费的互联网服务会获取并分析他们的数据。[11]超过3/4的人表示他们担心数字时代的隐私问题。[12]如果他们关心社交媒体中的隐私，并且知道个人数据将会被如何使用，那么他们应该宁愿自己花钱买服务（就像他们购买奈飞公司产品、广播、电视和其他服务一样），也不愿用个人数据换服务。隐私值多少钱？

2019年，我与一家保险公司合作进行了一项调查，以3 200名德国人作为代表性样本，对他们进行了采访：你认为数据时代最严重的危机是什么？超一半的受访者（51%）认为是隐私丢失，即个人数据被收集并可供公司和政府访问。[13]然后我们问：如果你可以通过向社交媒体（Messenger、WhatsApp、

Instagram 等媒体）付费来保护你的个人数据，那么你每月愿
意支付多少费用？

我们得到了引人深思的结果。

不付钱：75%

付 5 欧元以下：18%

付 6~10 欧元：5%

超过 10 欧元：2%

这样的结果让我大吃一惊。3/4 的人一分钱都不愿意付！
如果样本中有半数人非常关心隐私，那为什么隐私一文不值？
毕竟，社交平台公司需要一些收入来源。人们推测，年轻人可
能是最不愿意付钱的。事实并非如此。18 岁及以上的所有年
龄组，都愿意用个人数据，而不是付费来换取服务。只有 7%
的人愿意支付 6 欧元或更多。起初我认为无论出于何种原因，
隐私悖论可能只是德国人特有的，但事实上并不是这样。

诺顿 LifeLock 的研究采访了来自 16 个国家 / 地区的参与
者，问他们是否担心隐私问题。平均而言，83% 的人表示他们
有些担心或非常担心。担忧程度最低的是荷兰人，占 66%，但
仍占多数；最高的是墨西哥人，超过 90% 的人对此表示担忧。
然后当他们被问到是否愿意每月至少支付 1 美元，确保在所有
社交媒体上的个人信息都受到保护时，平均下来，不到 1/3 的
人愿意支付 1 美元。例如，在美国，85% 的参与者表示他们担
心隐私问题，但只有 28% 的人愿意支付 1 美元保护隐私。支

付意愿在不同国家 / 地区表现出很大的差异（图 8.1）。阿拉伯联合酋长国、巴西、墨西哥和中国大陆愿意支付 1 美元的人最多，而在德国、澳大利亚、加拿大、新西兰和荷兰则很少。总而言之，隐私悖论在欧洲、美国和英联邦国家尤为突出。

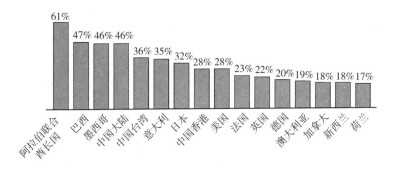

图 8.1　不同国家 / 地区的隐私悖论。愿意每月为社交媒体支付 1 美元以换取个人数据隐私的 18 岁及以上人群的百分比。数字基于 Norton LifeLock，Cyber Safety Insights Report：Global Results，2019。

　　为什么会有这么多人明明说自己很在意隐私，却又一点钱也不愿意付？当被问及原因时，典型的回答是"我没有什么可隐瞒的"。但那为什么又会担心隐私问题呢？我们有多少人愿意将智能手机交给街上的陌生人，让他们下载其中的内容？几乎没有。但这本质上就是谷歌、脸书和其他公司不经我们同意所做的事情——双方达成交易：通过数据支付，而不是实际的费用。你可能会认为自己只是数百万用户中的一员，所以对整个世界来说无关紧要。然而，这些公司可能会试着推断你是否有抑郁倾向，是否容易被劝服，是否怀孕并需要相关产品，是不是一位犹豫不决、左右摇摆的选民，是否有婚外情，和谁有婚外情，老板和同事对你有何看法，以及你是否患有严重疾病。然后这些数据可能会引起广告商、健康保险公司、政党、私人侦探、雇主等人极大的兴趣。同样，即使我们不怎么使用智能手机和智能汽车，它们仍旧每分钟都会发送你所在位置的信息。可能会有其他人被这些信息吸引并想要获取，比如想知道你是否在家的窃贼，想知道在哪里能找到你的跟踪者。跟踪者的行动变得容易得多，跟踪、观察或骚扰他人以制造恐惧和伤害，而受害人通常是跟踪者从前的伙伴。事实上，手机上的社交媒体和监控应用程序已经成了跟踪者的天堂。正如一名女性受害者所说："虐待我的人神不知鬼不觉地知道了我的行踪。"[14] 因此，保持一定程度的隐私才是最符合我们的利益的，而这些还只是众多原因中的一小部分。

数字技术的两个特性，便利和监视，都与隐私相冲突。许多人虽感无助，但也别无选择。其他人则更倾向于眼前的便利，忽视了长此以往会失去的隐私。尽管如此，大多数人甚至不愿意每月支付 1 美元来重获隐私。一些人可能不相信社交媒体公司会达成这样的交易，或者认为反正会有其他机构收集他们的数据。不管是什么原因，可能不久以后，隐私悖论就会让历史出现不可思议的转折。也许有一天，监控将被看作是再寻常不过的事物，是为人提供便利的副产品——根本不值得担心。

新语：隐私就是盗窃

在乔治·奥威尔的小说《1984》中，思想控制的终极艺术被称为"新语"（Newspeak）。新语是一种新的语言，决定了人可以思考什么、不能思考什么。其目的在于表达一种意识形态的世界观，排除不同的思维方式。通过改变概念的含义，甚至颠倒黑白来表达相反的观点，从而实现目的。在新语中，战争就是和平，自由就是奴役，无知就是力量。隐私悖论很可能会以类似方式得到解决。隐私就是盗窃，而监控就是分享和关怀。[15]

如果用户不是用金钱而是以自己的数据支付，那么隐瞒个人信息则很可能被视为盗窃。这种商业模式需要侵犯用户的隐私才能获得数据并从中盈利。脸书就是一个典型的例子。

Hot or Not（热门与否，目前已更名为 Chat & Date，聊天与约会。）是一个成立于 2000 年的网站，用户可以在该网站上对人们的吸引力进行从 1 到 10 的评分。虽然这种类似于对路过的女性吹口哨和发出嘘声的行为已经乏味过时了，但它至少让女性也能对他人评分。很快，Hot or Not 衍生了一系列约会服务，[16] 还促进了 YouTube 的出现，YouTube 最初是 Hot or Not 的视频版本，人们可以在其中上传自己的视频，但 YouTube 未能提供足够的视频素材（如果当时有了可以轻松创建自拍视频的抖音，那 YouTube 可能就成为最大的约会平台了）。

Hot or Not 也为首版脸书提供了灵感，首版脸书叫作 Face-Mash，由当时还是哈佛大学本科生的马克·扎克伯格于 2003 年设计构思。该网站使用了哈佛大学女生的照片。扎克伯格入侵了哈佛学生宿舍的网站，从"人脸文件夹"（脸书）中收集图片，这些文件夹中储存的就是在哈佛学生宿舍里居住的女生的照片。在没有取得女生本人和学校许可的情况下，他将这些照片两两一组放在一起，让用户评价哪个女生"更性感"。哈佛大学因该网站侵犯个人隐私和肖像权而迅速将其关闭。一年后，现在被称为脸书的第一个版本面向哈佛学生推出，之后迅速传遍全球。

自最初的违规行为以来，脸书已多次通过攻击用户隐私获利。例如，2007年推出了"灯塔"（Beacon），该程序让广告商可以通过互联网跟踪用户，并将用户的购买记录披露给用户的朋友网络。一方面，"灯塔"违反了《视频隐私保护法案》，因为"灯塔"用户的视频标题借鉴了百事达（Blockbuster Video）的动态消息。另一方面，"灯塔"遭到大规模抗议后，扎克伯格道了歉，脸书最终赔偿了950万美元。两年后，在没有发出任何预警或者获得许可的前提下，脸书更改了用户的隐私设置，更改后个人帖子被公开。联邦政府称这是"不公平和具有欺骗性"的行为。针对抗议之声，扎克伯格称，社交媒体的兴起意味着隐私已成奢望。[17]事实可能确实如此，但请注意，他的话只适用于部分人群。脸书的管理层往往会不择手段地保护自己的私人生活，员工必须签署保密合同，必须保持沉默，否则就有被起诉的风险。监控业务模式仅要求用户放弃隐私，而不是科技公司的管理层和真正的客户。显而易见，这就是交易。

从那时起，隐私就开始受到侵犯，并一直持续至今。许多以脸书为主要社交平台的用户只能选择容忍。2018年，英国《观察家报》和美国《纽约时报》揭露，政治咨询公司剑桥分析公司从数百万个脸书账户中提取了个人数据，并秘密使用这些数据为毫不知情的用户定制了政治广告。脸书在2015年就开始意识到这个问题，但几乎没有采取任何补救措施。这家科技公司反而威胁《观察家报》所属的卫报媒体集团，如果公开丑闻就会起诉它。[18]公众再次表示强烈抗议后，脸书才承诺减少与第三方共享的数据量，并让用户更容易控制隐私设置。这次丑闻之后，"卸载脸书"的话题迅速传播开来，但并未产生实际影响。一个月后，脸书宣布其用户数量反而增加了。

脸书还从应用程序中收集心率和排卵数据等，并试图从帖子中推断出人们是否感到压力、挫败、不知所措、焦虑、无用或失败。[19]所有这些信息都让用户在恰到好处的时刻收到恰到好处的广告。这让我想起了更早的时候，比如 16 世纪的法国，那时人们通过倾听楼梯的每一次吱吱声来知晓邻居的一切。在这种情况下，人们几乎没有隐私空间，仅剩的那一点点隐私也很容易被八卦消息填满。在这样的文化中，每个人时时刻刻都在监视着其他人。那时，像你我这样的平民百姓都受皇室的统治，只有皇室才能免受大众的审查（至少皇宫的高墙会将他们与群众隔开）。老百姓的生活条件取决于皇室，皇室需要平民百姓的保护和其他服务。如今，科技公司是新的贵族，它们决定内容，条款写得如此冗长，语言几乎难以理解，现代意义上的平民百姓只能点击并接受。这些条款可能包括涉及个人数据、照片、视频等其他产品的权利。但是，除了接受如此专制的互联网未来图景，还有另一种选择。

用钱而不是用隐私支付

对一些人来说，数字时代的黎明就像 1789 年法国大革命，不过这次没有流血牺牲。对于另一些人来说，这就像1989年东德人民推翻了控制媒体并据此监视公民的政权。20年后，中东和北非于2010—2012年掀起了"阿拉伯之春"的示威浪潮。在此过程中，社交媒体开始在协调公众抗议活动方面发挥重要作用。"阿拉伯之春"就是一个人们对具有解放力量的互联网充满热情的证明。每个人都可以无所不知，秘密已成为过去时，对所有人开放获取知识的通道成为可能。这将是个自由的世界，像理想的科学界般，没有政坛的审查，没有商界的利益。这个世界甚至比科学界更自由，因为科学界里还有少数出版公司在收取高昂费用后才会开放文章。互联网再次体现了自由、平等、博爱的伟大梦想。

谷歌创始人谢尔盖·布林和拉里·佩奇在20多岁时也有类似愿景。1998年，他们对以广告为收入的搜索引擎进行了批判，认为广告赞助商左右了搜索页面顶部的内容，造成了负面影响。用他们自己的话说，"由广告资助的搜索引擎会自然而然地偏向广告商，而不是消费者的需求"，"拥有一个透明且在学术领域具有竞争力的搜索引擎至关重要"。[20] 2000年互联网泡沫袭击硅谷后，初创公司纷纷被迫关闭，谷歌网站的流量激增，顶级风险投资家开始向谷歌的创始人施压。[21] 最后，布林和佩奇屈服了。他们做出了巨大转变，建立了基于广告的商业模式，其算法现在是世界上被守护得最好的秘密之一。借用基督教术语，人们可能将这种基于广告的商业模式称为互联网的"原罪"。[22] 用户被赶出知识的天堂，成为被监视的对象。在佩奇和布林将个性化广告纳入其商业模式后，一些公司开始付钱给谷歌以投放针对性广告，而天堂就为这些谷歌的新客户备好了污点印记。

监控资本主义

用服务换取个人数据而不是现金，这是一种新的经济形式，被称为监控资本主义。[23] 该模式由谷歌完善，脸书等公司都争相模仿。通过收集用户的数据并构建个人简介，这些公司让广告商可以定位到那些最有可能点击广告并购买商品的人。用户的每次点击、浏览或购买，都需要广告商向平台付费。为了发挥作用，这种商业模式需要悄悄窥探人们的隐私，窥探得越多，定位就越个性化。与制造和交易实物商品的工业资本主义不同，监控资本主义会收集和分析个人数据。但监控资本主义并不是智能世界发展的必然结果，意识到这一点非常重要。监控资本主义只是人类为了盈利而发明的一种新的商业模式。智能世界让监控出乎意料地成为可能，但如果没有监控，智能世界会更健康地运行。

我们是怎么走到这一步的呢？首先，让我们想想监控资本主义的标志："cookies"，这是一种在个人计算机和科技公司的服务器之间传递信息的代码片段。公司使用所谓的第三方cookies来跟踪和编译用户的长期浏览记录，例如该人查看了哪些网站以及是何时查看的。20世纪90年代，cookies刚被开发时，人们对隐私非常关注。例如，2000年，美国政府禁止所有联邦网站使用cookies。2001年4月，国会开始围绕监管cookies的法案展开辩论。[24]

然而，意想不到的事情发生了。"9·11"事件的创伤让一切都发生了改变。就隐私问题而言，对恐怖主义的恐惧让人们更倾向于牺牲隐私以求安全。监控技术突然引起了政府极大的兴趣。美国政府推出了《爱国者法案》，对保护公民自由的法律也有所限制。英国、法国和德国紧随其后，采取了类似行动。恐怖主义信息认知（TIA）项目及其进一步的项目，让美国科技公司可以几乎不受限制地收集数据，但它们需要将数据交付给政府。该计划的官方目标是提前侦察并定位外国恐怖分子试图发动的袭击。在公众得知 TIA 计划后，该计划就突然中断了。对恐怖主义的恐惧使谷歌与美国情报界，尤其是和美国国家安全局（NSA）展开了史无前例的合作。谷歌后来与奥巴马总统竞选团队合作，确定了哪些是摇摆不定的选民，可能在 2008 年和 2012 年选举中被说服投票给奥巴马。这进一步巩固了科技行业与政府之间的联系。[25]"旋转门现象"又加强了这种联系。到 2016 年，已经有 22 名白宫前官员离开行政部门，转而为谷歌工作，31 名谷歌高管加入了白宫或者联邦顾问委员会。另有 25 名前情报官员或五角大楼官员被调去谷歌，3 名谷歌高管在美国国防部任职。[26]"9·11"象征的噩梦推动了监控资本主义的兴起。

　　出于对恐怖主义的恐惧，不少公民愿意将政府和商业监控置于隐私和自由之上。监控摄像机开始布满建筑物和街道。平均下来，每 100 位美国人就受到 15 台摄像头的监视，英国和德国等欧洲国家的数量约为美国的一半，而且这个数字还在增长。[27]当美国国家安全局通过脸书、谷歌和其他顶级科技公司秘密收集数百万美国人的电话记录和个人数据的事情被揭露后，政府官员为入侵公民生活的行为辩解道：他们是为了保护公民免受恐怖分子侵害。但非常具有讽刺意味的是，几乎没有证据证明，与过去传统的反恐技术相比，大规模监控技术有效阻止了更多的恐怖袭击。例如，美国政府声称监控技术挫败了54起恐怖阴谋，但该说法已经被证明是假新闻。[28] 有225人在美国被指控是由基地组织和其他恐怖组织招募的，犯有恐怖主义罪行。在对这群人进行深入分析后显示，借助传统的调查方法（例如通过当地社区提供的线索），警方对他们几乎都展开过抓捕行动。在所有案件中大规模监控起到作用的只占1%~2%。[29] 同样，正如前一章所述，从那时起便在开发的预测性警务算法并没有达到预期的效果。这些结果呼应了稳定世界原则：打击恐怖主义不是一个可以用大数据轻松解决的问题。尽管缺乏证据表明大规模监控有效，但世界各国政府与私营公司一起，还是抓住了这样做的机会，并巧妙地称之为"批量收集"。

对政府和商业监控的概述清楚地说明了一点：两种形式的监控都没有必要。[30]

支付服务费

监控资本主义不仅危及隐私，也会消耗时间。浏览网站的人越多，时间越长，科技公司从广告商那里获得的收益就越多。因此，科技公司的工程师开发了一系列让用户（无论老少）尽可能长时间停留在网站上的妙招。这样做的结果就是，用户因广告和通知而分心，浪费了时间。正如一项研究开玩笑似的报道说，普通用户注意力持续的时间正在迅速下降，并且平均下来已经比不过金鱼。[31] 越来越多的人说集中注意力的时长不过几分钟，这样下去很危险——想想如果老师和法官无法集中注意力，那会有多糟糕，更别说外科医生和飞行员了。例如，在心内直视手术期间操作心肺机的 439 名美国灌注师中，有 78% 的人表示，在工作时使用手机发短信、上网、发帖等会给病人带来危险。其中 1/3 的人声称目睹过其他灌注师在搭桥手术期间因使用手机而分心。[32] 此外，那些赢得用户欢心并让他们黏在手机上的心理把戏，似乎也对一些青少年的心理产生了令人不安的影响。自 2007 年智能手机问世以来，抑郁症、自残和严重自杀倾向等情况都有所增加，人们的自信心和能力受到了打击。这些现象虽然不一定互为因果，但确实互相联系。不论出于什么原因，数字时代的原住民似乎比前几代人更焦虑，即使在面对面交谈时也不太自在。[33]

对于这一切，我们能做些什么？如今较为流行的一种方案叫作数据尊严，该方案呼吁社交媒体公司为用户的数据付费。[34] 这是个最微不足道的解决方案，因为这样既不会减少监控，也不会减少隐私、时间和注意力的损失，不过，这样至少会带来一定的公平。实际上每位用户会得到多少补偿呢？我遇到过一些人，他们认为自己每年的数据至少价值 100 美元，这正是脸书应该付给他们的。让我们用粗略的计算来检验一下。[35] 脸书每月有大约 27 亿活跃用户。[36] 2019 年，其营收约为 700 亿美元，利润（净利润）为 184.8 亿美元。[37] 如果脸书将一半的利润分给用户，那每个人会得到多少？ 92.4 亿美元除以 27 亿用户，答案是每位用户大约每年 3.40 美元，或每月 28 美分。换句话说，用户每天将获得大约 1 美分，是全球最低的工资收入。这是一个非常粗略的计算，但即便将其细化，银行里也不会再有多少存款了。换句话说，出售数据注定是一笔糟糕的交易。

还有其他方案吗？我认为需要采取更加激进的行动。为了阻止监控商业模式，科技公司需要采用服务收费的商业模式。这将是挽救隐私和防止未来商业监控并入政府监控的关键。以邮政系统做类比，如果邮局将其商业模式改为监控资本主义，你将不再需要付费寄送邮件，因为寄送是免费的。作为交换，为了盈利，邮政系统会公开或秘密地阅读你的所有邮件并将内容出售给感兴趣的第三方。而为了保护隐私，你必须用钱而不是用个人数据来支付寄送费。作为交换，社交媒体平台需要提供可证实的保证，确保用户的使用情况不会被跟踪。该方案将着力解决整个危害链——从监控，到浪费时间和降低注意力时长，再到孩子的心理问题。

要做到这一点，就需要严格的立法来遏制监控资本主义，保护愿意支付少量费用的公民。费用估计是多少？为了得到一个大致结果，我们可以再进行一个粗略的计算。脸书的大部分收入来自广告。让我们慷慨地弥补脸书的全部损失：700 亿美元除以 27 亿用户，每位用户每年约为 26 美元，每月约 2 美元。如果以脸书 2019 年的 470 亿美元支出计算，当不再需要收集、存储和分析用户的个人数据时，支出将会减少。这样一来脸书将支出更少，收益更多。尽管有些用户可能会退出，但大多数用户仍会留下来。这种粗略的计算表明，服务收费模式应该是一种可行的替代方案。[38]

固定费用并不是唯一的选择。小额支付还可以去除已经占据互联网的弹窗和侵犯隐私的广告。火狐和其他公司还宣布了一项 1 亿美元的赠款计划，以实现没有广告的互联网之梦。这将平息广告拦截软件与广告商之间的较量，例如广告商会将广告包装成新闻。[39]

成功的转型离不开政府的支持，我们需要政府自愿与客户一起抵制社交媒体上的广告说客，并积极监管企业关于用户隐私的计划和商业模式。这不仅关系社交媒体，还关系到所有试图获取用户数据的公司。获得对 cookies 说"不"的权利仍是不够的。不少公司故意把 cookies 变成一项耗时的麻烦事，让用户在每一步都需要进行一系列点击和滚动，直到把许多用户惹恼，干脆每一步都点同意。同时，我们自己也要注意不断深入生活的监控及其带来的心理影响，需要明白问题的核心在于用数据付费。鉴于大多数人如今已经习惯了免费服务，不愿意为隐私付费，因此迈出这一步具有一定的挑战性，但是时候这样做了。这样我们就可以充分享受社交媒体而不会受到负面影响。

对用户注意力的大规模营销始于谷歌的商业模式，并被谷歌的竞争对手强化。通过付费换取服务将对其有所抑制。然而，这项措施本身并不能阻止相关的监控业务从线上转移到线下。如今几乎所有名称中含有"智能"的产品，都在监控着我们的行为。你想过为什么新床垫或新电视会带有隐私政策吗？

梦游着进入监控

梦游或梦游症是睡眠和清醒的混合体。梦游者会睁着眼睛走路。当在远离床的地方醒来时，他们会感到惊讶，迷失了方向：我是怎么到这里的？梦游着进入监控的意思是：人们睁着眼睛走出了自由和拥有隐私的世界，醒来时又奇怪自己是如何到达那里的。对于一些人来说，一切开始于游戏室。

智能玩偶

美泰芭比娃娃的原型是德国小报《图片报》中的漫画人物莉莉，莉莉是一位时髦且衣着暴露的金发尤物，迎合了《图片报》成年男性读者的趣味。和莉莉一样，第一个版本的芭比娃娃有着不切实际的细长腿和骨感腰。1963 年的版本甚至还附带了一本书，名为《如何减肥》，书中的建议就是"不吃东西"。[40] 芭比娃娃让女孩们觉得自己的身材不好而且太胖了。[41]诞生于 1992 年的芭比娃娃可以说诸如"数学很难，一起去购物吧"之类的短语。[42] 芭比娃娃的这些花言巧语强化了女孩认为自己数学不如男孩的想法，并将女孩贬低为简单的消费者。2015 年，美泰向美国市场推出了另一个版本的芭比娃娃，叫作"你好芭比"（Hello Barbie），但很快就被叫成"窃听芭比"。这款交互式芭比娃娃可以回应孩子传递给娃娃的忧虑、希望和感受。然而，孩子并不知道，玩偶已经将彼此的亲密对话记录了下来，并通过网络发送给了服务器进行分析。这些对话会出售给第三方，包括父母，他们每天或每周都可以接收录音。[43]"你好芭比"也因此获得"老大哥奖"。[44]当孩子最终发现心爱的娃娃和父母一直背着他们在偷听时，可以想象他们会作何感想。此时孩子的头脑正处于发展阶段，窃听事件可能会带来更为根本的影响，比如孩子由此无法形成私人时空的概念，甚至可能不会感到背叛，反倒认为持续的监控理所当然。在未来，可能孩子对科技的看法将有所转变。游戏就是监视，监视意味着安全。

窃听是一种入侵；改变孩子谈话的性质是另一种入侵。孩子们总是与洋娃娃和毛绒玩具交谈，赋予它们个性，建立密切的关系，进行角色扮演和对话。如今，"你好芭比"中的算法拓展了对话功能，娃娃会有意向孩子做宣传，比如宣传流行文化、其他芭比产品、最新电影、音乐艺术家。如果不能自由地锻炼想象力和创造力，孩子所掌握的任何技能都可能丢失。他们必须适应科技有限的潜力和公司背后的价值观：时尚、对瘦的渴望，以及一些对女性生活目标的落后观点。

智能住宅

在德国联邦司法和消费者保护部的一次会议上，我们与两名身穿连帽衫的男子进行了一次非公开谈话，他们的简历上展示了一个有趣的职业组合：既是互联网技术教授，也是黑客。他们来是为了说明互联网安全问题以及法律对此能做些什么。会议结束时，我问他们商业数字世界中最大的危险是什么，他们毫不犹豫地答道：智能住宅。

智能住宅包含连接互联网的设备和电器，例如电冰箱和咖啡机。借助互联网技术，人们可以在起床前用智能手机打开咖啡机，询问数字助理时间，或者用电视上网。外出度假时，智能警报系统可让你随时检查是否有人在家附近徘徊。连接互联网后，电视机或电冰箱还可以每时每刻向其母公司（例如三星）传输有关用户行为的数据。在不久的将来，电冰箱面板或墙壁上可能会出现针对用户的广告。智能住宅向来被誉为安全系统，所以黑客的回答才会那么令人惊讶。为什么他们认为这些会带来安全风险？因为他们担心智能住宅会带来安全方面的灾难。即使是看似无害的智能设备，例如智能灯泡、电表和警报系统，也可能成为黑客的侵入点。如果灯泡已被设置为人在家时就打开，警报系统被设置为人在家时就关闭，那么黑客通过访问灯泡系统并将其设置为"在家"，就可以禁用警报系统。智能灯泡、电冰箱、电视机、安全摄像头和其他电器几乎不受任何防止黑客入侵软件的保护，不然将会非常昂贵。对于这些大规模制造的产品，黑客只需要购买一个设备并找出它的弱点，就可以攻击所有该产品的拥有者。[45]

在一项研究中，安全、网络安全、反恐和社会科学领域中的 50 位专家通力合作，构建了 24 种可能由智能住宅技术的安全漏洞触发的危险情况。[46] 根据他们的判断，最有可能的情况是借助智能住宅进行勒索。黑客可以使用勒索软件侵入智能住宅的应用程序，包括使用网络摄像头来记录和勒索受害者。例如，密歇根大学的研究人员入侵了三星的智能物联平台，他们可以控制灯泡，然后自己编写 PIN（个人身份识别）码来打开大门。[47]研究人员得出结论，智能住宅存在太多漏洞，无法轻易修复。另一种极有可能发生的危险情况是性犯罪，例如潜在的性侵犯者通过智能住宅收集有关目标受害者的习惯和活动范围等信息，以便知道何时可以实施攻击。这种情况还包括入侵网络摄像头或智能电视机观看和记录住户的性活动。由此导致的一种末日般的场景已经被写进了小说《灯火管制》（*Blackout*）中：智能电表被黑客入侵导致停电，[48]结果，粮食供应变得稀缺，人们开始争夺天然气，引起了动乱，智能手机纷纷耗尽了电源，核电站依靠应急电力运行，最后核电站开始熔化并出现放射性云。《灯火管制》是科幻小说，但配备智能电表的智能住宅却是现实。福岛第一核电站事故可以说明核电站应急冷却系统故障意味着什么。

为了提供服务，智能住宅必须监控其所有者。智能住宅的监控技术可以达到历史上前所未有的水平，这一点是非常吸引人的。该技术通常很实用，父母可以在智能手机上监控熟睡婴儿的呼吸，到后来甚至可以帮助追踪青少年的下落。但是事实上，有效的监控正在快速地退化为不怎么理想的形式。允许父母随时监控十几岁孩子行踪的应用程序，也可以被人们用来查看前夫或前妻的行踪。万物互联时，世界变得更加便利，同时也更加脆弱。

然而，很少有智能住宅的业主意识到，他们除了花钱买方便，还买了监控。在我组织的一项调查中，每七个人中只有一个人知道智能电视会记录对话。但是，发现监控并不难。三星的隐私政策写道："请注意，如果你的日常对话中包含个人或其他敏感信息，那么这些信息也会被捕获，并传输给第三方。"[49] 而且，如果有人引起了特勤局的注意，那么特勤局将通过他家的智能电视机监视他，即使关闭电视机，监视也不会中断，这已经得到了美国中央情报局前局长迈克尔·海登的证实："你想让我们有打开电视机内的监听设备来掌握嫌犯阴谋的能力。这的确是种很棒的能力。"[50]

然而，智能住宅最初并不是为了监视居住者而设计的。1991 年，美国计算机科学家马克·维瑟就设想过智能住宅。智能住宅是整个智能世界的一部分，从衣服到厨房设备，微型计算机无处不在。[51] 所有这些都将作为隐形仆人被内置到环境中。在他"无处不在的计算"之梦中，互联网融入了日常生活，摆脱了个人计算机和智能手机等特定设备的束缚。由此一来，人们也将摆脱整天坐在无窗的办公室计算机屏幕前的不健康生活。维瑟考虑到一些太执拗的政府官员和营销公司可能不大乐意使用这项技术，但他同时也认为加密技术可以保护私人信息。维瑟对智能技术的未来有着清晰的认识，却无法预见，他的梦想在十年后会被监控资本主义利用，并与政府展开合作。这种监控还时常会以其他微妙的形式出现。

大规模推送

社会信用体系正通过赏罚并用的方式，影响着人们的生活：如果奖励不起作用，不良行为就会受到惩罚。然而，还有一种更微妙的方式——助推（nudging），这是一种无须赏罚的控制系统，利用人们的心理来引导他们做出某种期望的行为。[52]大型推送是大数据（或一般的数字技术）与助推的结合，其主要逻辑就是找出人们的弱点并借此来大规模地影响人们的行为。

假设一家科技公司的高管得知某位政治候选人打算监管该公司，使其像其他公司一样纳税，这当然会让他们十分担心，所以希望人们选举另一位反对监管的候选人。他们不能使用奖惩措施，也不能买下所有选票，那他们能做什么？可以做大型推送：通过观察人们的行为，发现可乘之机，借此让人们自愿投票给该公司属意的候选人。举个例子：

> 强烈要求点击。很多人无法克制点击的冲动，会选择立即点击。因此，大约90%被点击的词条都会出现在搜索结果的首页，其中又有一半会出现在前两个条目上。[53]

接下来的问题是，如何利用这种点击的冲动？公司可以修改搜索页面词条排名的算法，这样有关他们属意的候选人的正面报道就更有可能出现在首页上，而负面报道则出现在更靠后的页面上。对他们想淘汰的候选人则正好相反。绝大多数用户只看首页，所以就更有可能打开管理层属意的候选人的正面报道，而读不到负面报道。他们的观点也会有所转变，更有可能投票给该候选人。所以没有必要一个个地说服、贿赂或胁迫选民。

但是该算法会起作用吗？对于已经决定选谁了的选民，该算法不会起作用，但很可能会影响那些尚未做出决定的选民。许多选举是以微弱的优势获胜的，是多出的这一小部分人决定了选举的结果。

心理学家罗伯特·爱泼斯坦将这个想法付诸了实施（罗伯特和一位女士约会，但这位女士在交友档案上用了其他人的照片；罗伯特恰好也是斯金纳的关门弟子）。[54] 他在实验室里证明了搜索引擎的操纵是有效的。那么离开实验室环境后，该方法在现实生活中还能发挥作用吗？

印度有超过 8 亿名选民。2014 年，共有 3 位总理候选人：纳伦德拉·莫迪、阿文德·基里瓦尔和拉胡尔·甘地。莫迪以其印地民族主义者的身份而出名，基里瓦尔因其反腐败运动而闻名，而甘地则是印度的团结者，缓和了种姓和宗教的紧张局势。在大选前，爱泼斯坦在印度共招募了 2 150 名尚未做出决定的选民，让他们坐在计算机前，使用互联网搜索引擎查找有关候选人的信息。网页是被操纵过的：对于其中一组选民来说，首页出现更多的是关于莫迪的正面报道，其负面报道则在稍后的页面上。在其他的组，对其他候选人也是如此操作的。

人们几乎没有注意到页面已被操纵，99.5% 的参与者表示没有意识到这一点。可遗憾的是，操纵确实奏效了。爱泼斯坦称，有偏见的搜索引擎会改变约 20% 的摇摆选民的投票倾向。精确算下来是多少？比如 100 名选民中有 10 名尚未决定。如果没有搜索引擎的操纵，这 10 个人中约有一半最终会投票给你最喜欢的候选人。[55] 操纵之后，这个数字会从 5 个增加到 6 个，也就是绝对增加 1 个百分点。如果有更多犹豫不决的选民，影响就会更大。1个百分点不算多，但足以扭转一场势均力敌的选举。

考虑到这种可能性，很难相信搜索引擎背后的高管不在关键选举中动用他们的权力。毕竟，页面排名的算法是绝密的，所以很难检测到是否进行了操纵。在大多数国家，大多数人依靠同一个搜索引擎，所以一家公司就可以操纵选票。

大推送，小影响

如何从一开始就对人们的投票产生影响？在使用大型推送前，我们需要研究一种心理定式并加以利用。以2010年美国国会选举为例。选举当天，6 100万脸书用户收到了一条呼吁参加投票的信息，其中包括当地投票站的链接，但提醒完全没有起到作用。[56] 而当用户看到六张亲密的脸书朋友的照片，并得知他们已经投票时，投票率才增加了0.39个百分点。增长得仍然不多，但脸书有数百万用户，研究者估计，社交网络上的信息促进了大约60 000人去投票。如果他们再去敦促自己最好的朋友投票，那么就会带来滚雪球般的效应。这里运用了一种心理定式：

> 模仿同伴，和最亲密的朋友做一样的事情。

向人们展示熟悉面孔，得知朋友已经投过票了，会产生明显影响。这项研究表明，为了让技术成功运作，很有必要了解心理学。这样对每个人都有好处，例如增强对政治决策的参与度。大型推送也可以影响某位特定候选人的选举结果。对于一些如果投票，只会投给某个特定候选人或政党的用户来说，如果脸书只推动这些人参与投票，也会通过增加参与度来支持该政党。因为这项研究，人们越来越担忧脸书和其他科技公司前所未有的影响力和制造选票的权力。[57] 与此同时，该研究再次证明，就像竞选广告一样，大型推送往往只会对操纵选民支持或反对政治候选人产生很小的影响。[58] 然而，在赢者通吃、旗鼓相当的选举中（比如 2016 年和 2020 年的美国总统选举），即使是很小的影响也可能改变结果。微小的影响积少成多，也会产生水滴石穿的效果。

脸书可以操纵情绪吗

你可能读过脸书和康奈尔大学研究人员合作开展的一项研究报告，研究表明脸书只需调整新闻提要中显示的内容，就可以影响用户的情绪。[59] 超过 689 000 名脸书用户在不知不觉中参与了这个大规模的"情绪传染"实验。研究人员过滤掉一些用户的新闻提要中包含积极情绪的帖子，同时过滤掉另一些用户的新闻提要中包含负面情绪的帖子，然后阅读用户在此之后发布的帖子，计算其中带有正面和负面情感的单词数量。发现看到较少积极情绪帖子的用户随后发布的信息中会带有较少正面词语，而那些看到较少负面情绪帖子的用户发布的信息则会带有较少负面词语。由此，脸书发现了让用户更快乐或更悲伤的方法。《卫报》等许多知名报纸都对此有所报道。人们对支配情绪的力量产生了敬畏之心，并展开了激烈争论。[60] 许多人对脸书操纵新闻推送并像对待实验室小白鼠一样对待他们而感到愤怒，但不知道他们在签署脸书的数据使用政策时实际上已经同意了进行此类实验。毕竟，找到操纵用户情绪的方法是脸书的盈利所需，只有这样广告商才可以根据用户的情绪进行推送：有些产品更适合卖给那些悲伤和脆弱的人，有些则更适合心情愉悦的人。

然而在这场争论中，人们忽视了一个重要问题：这种操纵究竟能产生多大的实际影响？新闻推送中正面帖子数量减少时，人们在日常更新中使用的正面词语的数量下降了 0.1 个百分点，从平均约 5.2% 降到 5.1%，而消极词语的百分比则增加得更少，仅增加了 0.04 个百分点。这就是该研究显示的实际结果。还有一点，我们尚不清楚这种微小的变化是否真的是情绪感染所致。如果脸书过滤掉我从乔那里收到的正面帖子，我对乔也不会做出积极的回应。如果同样的情况发生在所有用户身上，就会从整体上导致正面词语减少。

剑桥分析公司是如何影响选举的？从这些实验中我们可以得出什么结论呢？实验认为其影响并没有前首席执行官亚历山大·尼克斯吹嘘的那么显著，比如并未对美国参议员泰德·克鲁兹和特朗普的竞选活动产生较大影响。泰德·克鲁兹向剑桥分析公司支付了数百万美元，以期左右选民。据说特朗普是在俄罗斯黑客的帮助下获得 2016 年竞选胜利的。尽管一些公司大力宣传其预测分析的能力和广告的影响力，并对宣传内容打包票，但我们仍可以凭借一个普遍的理由便对此表示怀疑。稳定世界原则表明，在不确定的世界中，选民会受到多重因素的影响，预测分析成功的次数并不多，对选民的操纵也只会产生很小的影响。上述实验已证实了该理论。然而，人们还是放心不下，因为大型推送即使只引起了小小的波澜，在势均力敌的选举中也可能成为转折点。

我的结论是，大型推送确实可以在不知不觉中操纵公众，但科技公司为了让政党和其他人购买它们的服务也夸大了操控的效果。管控人们行为的更有力工具是赏罚兼施的社会信用体系，该系统打着保护人民的旗号进行全天候监控，并得到了政府的许可。无论是通过大型推送来隐蔽地影响人们的行为和感受，还是利用社会信用系统进行公开操控，这两种做法都说明把控科学技术非常重要。

走向未来

在互联网发展初期，《纽约客》杂志刊登了一幅漫画。漫画上有一只狗坐在计算机前，标题是"在网上，没有人知道你是一只狗"。在当时这只是个笑话。20 年后，坐在计算机前的爱德华·斯诺登在为美国国家安全局的外包项目工作时，不仅可以阅读陌生人的电子邮件、监听电话内容，还可以看到别人坐在计算机前，腿上坐着一个蹒跚学步的孩子。[61] 该间谍软件被称为 XKeyscore，几乎可以无限制地监视任何地方的任何人。还记得脸书首席执行官扎克伯格为庆祝 Instagram 用户增长到 5 亿时发布的照片吗？在照片的背景中，我们可以看到，他笔记本电脑上的摄像头用胶布贴了起来。狗可以在互联网上自由充当卧底的时代早已一去不复返了。

在《超越自由和尊严》一书中，斯金纳认为，自由不是解决办法，而是症结所在；人们可以自由地剥削员工、破坏环境和发动战争；我们不应该崇尚自由，而应该奖励公平、环保、和平的行为，这样人们就不会知道不好的行为是怎样的。斯金纳坚信严格控制行为是让世界变得更美好的方法。下一章中我们会讲到：社交媒体公司采用了斯金纳的方法，但动机与他不同。他们利用斯金纳的方法来让人们留在应用程序中，并且在退出程序后就想快速返回。保护环境收效甚微，相反，运行互联网及其背后庞大服务器和数据中心产生的二氧化碳，占全球温室气体排放量的3%~4%，与航空业的排放量相似，会导致气温上升、风速增加和更多野外火灾。

隐私被侵犯会带来哪些后果呢？关于这个问题，我们可以从两个可能对未来产生影响的特殊的点着手。第一个点是一种错误的意识形态：科技解决主义，认为每个社会问题都是需要通过技术修复的错误。例如，为了应对虚假新闻和仇恨言论的问题，技术领导提议构建更多的人工智能工具。[62] 第二个点是，科技公司和政府的合作比我们大多数人想象的要紧密得多。将这两个特点放在一起，我们就可以预见可能发生的情况（图 8.2）。

图 8.2　从智人进化到"数字人"，梦游着进入数字监控。资料来源：盖蒂图片社 iStock。

我代表德国联邦司法和消费者保护部采访社会评分专家时发现，可能发生的情况确实出现了。但同时，我们需要记住一点，所有预言都是出了名的不确定。该情形由三个阶段组成。

第一阶段：公开监控与隐秘监控

　　首先，让我们来看看由政府和科技公司联合运营的世界上最大的数据项目之一：印度的 Aadhaar 系统。该项目建立了印度 13 亿公民的数据库，其中包括人口统计和生物特征信息，例如虹膜扫描。[63] 这一项目用于收集数据以保护并控制公民的行为。目前该项目正处于第一阶段，政府在科技公司的帮助下，正在开发和试验软件及硬件，并获得了广泛的公众认可。人们意识到自己受到"数字眼"的监控后，会注意自己的行为，从而减少暴力，提倡道德行为，提高经济产出。新冠肺炎流行期间，"数字眼"可以迅速定位到感染者。这不仅体现了监控的好处，也为政府提供了快速发展该技术的机会。人们对政府的信任度很高，对系统的接受度也很高。例如，在一项匿名的在线调查中，社会信用体系的支持率高达 80%。[64]

　　在第一阶段，似乎很少有人注意到西方面临的监控，尽管爱德华·斯诺登揭露了美国政府正在秘密与苹果、脸书、谷歌、微软和其他科技公司合作，以运行国家和全球监控计划。监控并不是说有人会阅读你的消息或窃听你的电话——尽管这种情况可能发生——而是说你的元数据被记录了下来，即每时每刻的数据：你所浏览的网站、所在位置、在哪过夜、与谁在一起，以及待了多久。也就是说，你的整个数字足迹都被记录了。当斯诺登首次揭露美国政府史无前例的监控规模时，大多数美国人选择视而不见，反而以叛国罪起诉他。[65] 在英国，政府通信总部（GCHQ）创建了一个类似的大规模监控程序，代号为"业力警察"（KARMA），用于跟踪其公民的即时消息、电子邮件、Skype 通话、电话、访问的色情网站、社交媒体、聊天论坛以及人们在网上做的其他事情。[66] 政府通信总部还通过秘密窃取保护手机通信隐私的加密密钥，入侵了欧洲公司的计算机网络，窃取了世界上最大的 SIM 卡制造商金雅拓的隐私。

总而言之，政府和科技公司之间的信息交换有两种方式：对公众保密的直接命令，对被监视公司保密的上游数据。[67] 棱镜计划赋予了美国国家安全局权利，可以要求谷歌、脸书、微软等公司交出用户数据，包括电子邮件、照片以及视频和音频聊天。上游数据收集更具侵入性，并由美国国家安全局的特殊源操作部门管理，该部门在世界各地的企业设施中嵌入了秘密窃听设备。该计划是如何运作的呢？想象一下，你打开一个网络浏览器，输入搜索词，然后按回车键。你的请求不会直接发送到该服务器，因为在途中，该请求必须先通过秘密服务器，这些秘密服务器安装在与美国结盟的国家的主要通信公司中。安装在这些服务器上的程序会复制通过的数据并审查它们是否存在可疑的关键词。例如，如果你对间谍软件 XKeyscore 感到好奇，并在搜索引擎中输入该术语，那么你很可能会被挑出来，并且算法会决定使用该机构的哪个恶意软件程序来对付你。不仅是元数据，该恶意软件程序还可以访问你的所有数据，并与你请求的网站一同出现。[68] 这一切只需要不到一秒钟的时间，所以你不会察觉分毫。

而且这些行动是绝对不为人所知的。在任何情况下，公众都没有机会在此过程中发表意见。大规模监控被赋予了"批量收集"这个无害的名称，让我联想到奥威尔小说《1984》中的"新语"（Newspeak）。西方政府倾向于容忍监控资本主义，甚至可能通过它来访问由资金充足的公司收集来的数据。这些公司统治着互联网，收购竞争对手，遏制竞争性市场的生成。民主也未能阻止过多的权力和数据集中到极少数人手中。推特关闭特朗普总统的账户时，许多人认为早就该关了，而另一些人则感到震惊，称推特审查不当。真正的问题是，实际上只有推特和类似公司才有权力决定谁有发言权，谁必须保持沉默，而曾经只有君主专制国家是这样的。

在第一阶段，由于数据付费的商业模式，西方人逐渐习惯了科技公司的监控。是个性化的广告，而不是广告本身，埋葬了互联网连接所有人以扩大视野的最初梦想。算法将我们推进了信息过滤后形成的气泡，我们看到的更多的是相同而非不同的观点。如果你居住在以色列并支持现有的以色列政权，你可能会在 Instagram 上看到哈马斯在医院附近发射火箭的视频。如果你是亲巴勒斯坦人，你可能会看到有关以色列狙击手杀害加沙儿童的报道。[69] 但是无论如何，你都很难想象自己没有看到的信息。个性化广告加剧了政治两极分化。不仅是社交媒体，几乎每个组织，从学术机构到慈善机构再到网上商店，现在都使用 cookies 来收集互联网访问者的数据。

与此同时，监控改变了行为。技术先进的人可以绕过监控并躲进暗网。但是普通人会注意到，他们所做的一切都会被记录下来，所以自己在浏览网站和发帖时就会三思而后行。谷歌前首席执行官埃里克·施密特曾提醒道："你如果有不想让任何人知道的事情，也许一开始就不应该去做。"[70] 这种道德方面的建议也可能来自一些威权政府。

第二阶段：社会信用体系促进了全球的制度体系

在不久的将来，我们将迎来第二阶段。到那时，社会信用体系将全面实行，商业系统和政府系统将演变成统一的系统，相关硬件和软件将出口到其他对监控感兴趣的国家。这些国家意识到，由人工智能有序管理的系统是传统民主的有效替代方案。例如，通过针对个人和企业的严格的环境法，社会信用体系能帮助政府快速建设可再生能源的效能，减少温室气体排放，让城市里的出租车和公共汽车都转换成电动的。[71] 该体系还可以消除以前政府经济效率低下的问题。亚非拉国家可能会获得所需贷款和经验，来建立自己的社会信用系统。[72] 欧洲的一些国家，如匈牙利和波兰，也可能会抓住这个机会。

科技公司将竞相获得在世界各地建造防火墙的合同，其搜索引擎和浏览器会阻止访问违禁信息，阻止相关帖子出现在特定国家用户的新闻提要中。在第二阶段，科技公司将继续遵守政府的监督。因为科技公司不值得信任，所以必须对用户进行审查。在第二阶段，公众可能会明白，设置防火墙是为了保护他们免受来自外部世界的恐怖分子、诈骗者、儿童骚扰者和其他危险的侵害。人们仍然可以自由地讨论他们知道的政治问题、政治领导人和腐败问题。防火墙与社会信用体系相结合的主要目的，不是将信息拒之门外，而是防止出现反政府群体。传播伊斯兰国和其他恐怖组织的互联网招募政策以及国际团结运动，如"占领"或"未来星期五"——将成为历史。

人们将享受到新的便利，比如更先进的微信版本，仅通过这一个程序，就可以实现完全移动的生活方式。支付水电费、进行商业交易、预约医生、娱乐、自拍以及在其他社交生活都可以通过这个程序进行。此应用程序还提供个人社会信用评分的数据。得分高的人可以轻松获得贷款、航班升舱、快速申请签证和医院的优惠待遇。社会信用评分也将成为社会生活的货币。人们会在约会资料上附上他们的分数，并减少阅读与主流不同的政治观点、玩电子游戏、观看色情网站及在其他消遣上的时间，因为这些行为会降低分数。对此不适应的人将被拒之门外，享受不到应有的服务；社交媒体上的朋友会取关他们，因为与低分者接触会降低自己的分数。相比之下，得分最高的则是新晋名人，受到众人的推崇。每个人都可以在网上看到他们朋友的社交分数，即使是完全陌生的人，在街上用手机对着他们也可以查看他们的分数。我们可以轻而易举地知道该信任谁。

智能住宅和智能城市提供了进一步的便利。所有的货币交易都通过移动支付进行，从而减少了腐败和犯罪，增加了信任。大规模监控会产生大量错误数据和虚假指控，一旦系统安装到位，人们就需要学会忍受并解决这些问题。"新语"将通过改变思想来提供帮助。监控代表安全，自由代表危险。最终，大多数公民会认为新的专制世界既公正又方便，代表着经济进步和安全，而不是自由的丧失。

第三阶段：民主会继续存在吗

在第三阶段，剩余的民主政府将面临与世界各地专制制度的竞争，这些专制制度的社会信用体系密切关注、奖励和惩罚其公民。仅剩的民主国家中的许多人会发现自己被其他国家包围了。在那些国家，公民对政府的信任程度远远超过民主国家的公民。曾经被认为落后的国家现在可以更快地执行决策，无论是环境保护还是应对流行病，并规避关于民主的无休止辩论和妥协。三权分立和媒体自由等制衡机制也已过时。人们的精力不会浪费在政党之间的斗争和竞争上，也不会浪费在与委员会和利益集团的无休止辩论上。选举结果不再受到大型推送、虚假新闻或机器人的影响。毕竟，正如一位网友所指出的，一个管理良好、公民愿意接受控制的政府，不必清理一些选民留下的烂摊子，这些选民往往支持唐纳德·特朗普、英国脱欧或其他好战的领导人和民粹主义。人工智能为新的专制系统提供动力，这些系统无须隐私和自由，同时让公民高效且快乐地生活。在这个社会中，每个成员的行为都被奖励严格控制，斯金纳的梦想已经成为现实。

最终，互联网维护自由的梦想将演变为社会信用体系和监控资本主义的结合，对隐私、尊严和民主的理想造成强烈打击，取而代之的是快速的访问、高信用评分和对政府的信任。

在这个技术家长制的新世界中，法律由计算机自动执行。人们再也不能在税收上作弊，腐败会被立即发现，司机不会超速，也不会对行人无礼。监控将带来正义、法律和秩序。很多人都会喜欢。

国家将不得不做出选择。一种选择是放弃最初将互联网作为免费信息场所的理想，采用一些国家建立的社会信用体系和防火墙。另一种选择是坚持民主理想，但同时需要面对这样一个事实：民主恰恰也允许科技巨头发展，允许它们滥用和危害理想，以获取巨额利润。所以，要做到这一点，政府需要有足够的勇气对抗科技公司，并且构思如何从头开始构建一个捍卫而非削弱民主理想的互联网。换句话说，回到最初意义上的互联网，即基于自由交换知识而不是监控资本主义的互联网。

第九章

吸引用户的心理效应

我们再也负担不起自由了。

——伯尔赫斯·弗雷德里克·斯金纳,《超越自由与尊严》(*Beyond Freedom*)

我们称这些人为用户。即便不明说,我们也暗暗希望每位用户对我们所有的产品都着迷……

——尼尔·埃亚尔,《上瘾》(*Hooked*)

    我在大学读心理学的时候,有位教授举办了一场关于斯金纳操作性条件反射理论的讲座。下课后,学生们聚在一起,设计了一个实验,测试是否可以用这个理论来控制教授的行为。这位教授习惯说话时在教室前面来回走动。于是在下一堂课中,当他走到教室右侧时,坐在那里的学生点了点头,对他说的话表示赞同。当他走到教室左侧的时候,那里的学生没有任何反应。之后,教授在上课时,更多的时候是走到教室右侧。然后我们反转正强化,左侧的学生开始点头,而右侧的学生则面无表情。一段时间后，教授开始常常在教室左侧活动了。为了尊重实验伦理，我们在课后向他说明了实验目的，但是在此之前，他并没有意识到我们在进行实验。仅仅通过点头和微笑的反馈，我们就成功控制了教授习惯走动的位置。

操作性条件反射（也称为工具条件反射）的逻辑简单而强大：

行为——→正强化——→行为频率增加

这逻辑虽然看起来微不足道，却蕴含着深刻的世界观。外部条件，即从人或机器那里得到的正强化，控制着人们的行为。教授向教室右侧移动，并不是因为他想如此，而是学生们通过点头影响了他的行为。

这与人类的自控感以及大多数关于人性的理论都是相冲突的。这些理论认为，行为是由一种称为欲望的内在状态引起的：

欲望——→行为

在心理学中，欲望也被称为偏好和需要。20世纪40年代，美国心理学家亚伯拉罕·马斯洛将需求排列成一个金字塔状的层次结构，越基本的需求就越靠近金字塔底部。金字塔底层是生理需求，如食物、睡眠和性；向上一层是安全需求，如健康和财产安全；然后是社会归属需求，如家庭；金字塔顶端是自尊和自我实现的需求，比如成为理想的父母、艺术家、运动员或科学家。欲望导致行为的观点也是西方自由意志概念的基础。我做事情是因为我想，除非被用枪指着头，否则没人能拦得住我。这也是大多数法律制度的基本原则：人们得对自己的所作所为负责，否则可能会被判入狱，除非是未成年或醉酒状态。

根据斯金纳的说法，这一切都是幻觉。斯金纳的大部分职业生涯在哈佛度过，他是有史以来著名且广受争议的心理学家之一。尽管我们相信人可以自己掌握生活的方向盘，但斯金纳却认为行为和欲望是由外部条件决定的。更糟糕的是，我们甚至没有意识到，自己并没有掌控自己的生活，也许是不想知道这一点。

"斯金纳箱"和鸽子勇士

那个实验结束很久后，我来到哈佛做访问学者，办公室恰好就在斯金纳的隔壁。那是他去世的前几年，因学术思想遭到批评，他的明星光环已经有些暗淡了，威廉·詹姆斯大厅的实验室楼层也已被弃置。那里曾经到处都是闪烁的设备，角落里堆放着成吨的鸽子食物，还有被关在"斯金纳箱"里的鸽子，"斯金纳箱"还配备幻灯机和用于刺激演示的视频。每个箱子里都关着一只孤独的鸽子，其行为的频率——比如通过啄击按键而获取食物颗粒——由一个完全自动化的强化程序决定。

那时的斯金纳显得有点孤单，我们一起喝了好几次下午茶。他告诉我，进化和操作条件决定了人类和其他动物的行为。人类和其他动物之间的唯一区别是与语言相关的肌肉，而影响人类和动物行为的规则是相同的。他自豪地讲起了第二次世界大战期间，他教鸽子引导空射导弹以打击目标，即敌方战舰的故事。那时鸽子已养成了啄击船只照片的习惯，人们把这些鸽子放在导弹的机头中时，鸽子可以透过玻璃看到目标船只，并开始啄击，从而引导导弹飞向目标。然而，鸽子勇士的战斗生涯还未开始，该计划就被取消了。斯金纳深信：自由只是一种幻觉，一种危险的幻觉，是由他人灌输给我们的，试图控制我们的行为。在他看来，我们没有发动战争、破坏气候和虐待他人的自由。通向更美好世界的钥匙是通过规范来形成的良好行为，而不是自由。

交谈中，我得知有一批具有影响力的学者开发了一个大型系统，并将他们的想法都塞进了这个系统。斯金纳就是这批学者中的一员。斯金纳的方法产生了很好的效果，特别是在他人控制奏效的情况下，无论是对于封闭在箱子里的鸽子还是处于类似情况中的人类。然而，斯金纳的方法并不是通向人性的唯一钥匙，也不是让世界变得更美好的唯一钥匙。时至今日，斯金纳的理念仍让我想起了一些科技公司和"大型推送"的倡导者们做出的承诺。它们承诺会让世界变得更美好，但同时应该允许它们访问我们所有的数据，把家变成一个智能箱子，让它们监控和改变我们的行为。这不只是一个简单的类比，这些技术也存在惊人的相似之处。

间歇强化

再说回到我大学时的那位教授，当学生不再有点头的反馈时，教授的那种行为就逐渐消退了。学生又是如何让教授继续在教室的右侧待更长时间的呢？行为消退的速度由学生控制：如果每次教授站在教室右侧时他们都点点头，然后突然停下来不点头，那么很快地，教授也不会在教室右侧待很久。外部控制的消失称为消退。但是，如果教授向右走动时学生只是时不时地点头，那么他的行为会持续更长时间。该方法被称为间歇强化。这表示对期望行为的强化是不规则的：不是每一次，也不是每隔二次或三次，等等。强化是不可预测的。有时行为会得到强化，有时则不会。

行为——>间歇强化——>增加行为的持久性

间歇强化是构建持久行为的方法。[1] 如果"斯金纳箱"中饥饿的鸽子不是每次都能吃到食物颗粒，而是不定期地吃到，啄食的频率和反应速度就会更快。不规则的强化可用来培养坚毅和勤奋的品质，也会让人们沉迷于智能手机或老虎机。

如何让用户沉迷

假设你是一名软件工程师，公司雇用你来想办法提高客户满意度。公司的商业模式是"用户用数据来付费"。你的客户，比如广告商，希望用户在应用程序上花费尽可能多的时间，这样他们就可以更充分地展示其广告。你将如何处理？答案是编程设计出间歇强化。以下是工作原理。

第1步：识别你想强化的行为：在网站上花费的时间、点击次数、点击频率、帖子数量或其他。

第2步：识别可以建立和控制该行为的正强化。社交媒体网络没有食物颗粒、饮料或拥抱作为强化手段，但它们可以使用另一种奖励：社会认可，还有当人们被群体接受时所释放的多巴胺。因此，社会认可是使用户在网站上花费更多时间的潜在奖励。

第3步：将强化分割成微小可数的单位。只有社会认可作为微小而独特的单位出现时，比如斯金纳实验中的食物颗粒，才最能吸引用户。

第4步：引入间歇强化。随着时间的推移，强化以这种不可预测的方式传播，用户会继续观看、点击或发帖。

那么你可以引入何种正强化呢？在网络上可能很难采取点头的方式，但若是将点头变为通知，或者更进一步，比如点赞，则这种正强化将以不同单位在不规则的时间出现。

点赞按钮

在首版脸书中，几乎没有使用让用户沉迷的设计，人们只是在上面发送信息。在后来的版本中，用户可以对其他人的帖子发表评论，这也是查看自己的主页获得的奖励。正面评论就是强化物。真正的突破始于2009年推出的"赞"（Like）。与可能带有讽刺意味、有待评估的评论不同，"赞"解决了所有歧义，甚至比从 1 到 10 的数字还要简单。"赞"就是"赞"，就像一粒食物只是一粒食物。"赞"和"关注者"的数量都是可数的，这使得社会比较就像比较两个数字一样简单。但其他用户并不是查看了帖子就会点赞，所以强化是间歇性的。点赞成为理想的强化单位，和评论共同控制着用户的行为：

查看社交媒体—→"赞"的间歇强化—→增加查看的频率和时长

这样，一些行为，比如查看、滚动浏览、点击和发帖，都会受到点赞的影响。因为永远不知道下一个"赞"什么时候会来，所以人们会产生不断检查的冲动。这种行为几乎是不由自主的。人们会不断翻看页面并点击，即使他们认为这是在浪费时间。日复一日，数以百万计的人每天在 Instagram 上花费数小时的时间发布图片，期待反馈，并计算他们获得的点赞数。点赞代替了拥抱。事实上，几年前，麻省理工学院媒体实验室的设计师开发了一款智能背心，成为当时的头条新闻，智能背心可以给在脸书上得到的"赞"反馈一个拥抱。[2]

人们可能会这么想，如果某位用户已经获得了很多的"赞"，那么可能就会放慢更新的速度来享受名誉，然而按照斯金纳的理论，恰恰相反，用户获得的"赞"越多，发布的频率就越高，从而减少了间隔时间。这正符合对 Instagram 和其他社交媒体平台上超过 100 万个帖子的分析后发现的模式。[3] "赞"的数量控制着用户发帖的频率和时间。其他研究也得出结论，大脑中被"赞"激活的区域与被非社会性奖励（如食物，比如斯金纳实验中的食物）激活的区域紧密重叠。[4]

在电子邮件和社交媒体出现之前，人们与他人保持联系的方式之一就是写信。邮递员会在一天中的某个时间（比如中午）投递信件，因此人们每天都会检查一次邮箱。这对应所谓的固定间隔强化时间表，将导致一次行为高峰，然后什么行为也没有，直到出现第二次高峰。很多人满怀期待地向窗外张望，期待着信件或包裹的到来。一旦到了，接下来的 24 小时就不再有相关行动了。相比之下，通过电子邮件或社交媒体网站发送的消息可以全天候随时到达，并且是不定时的。这种设计会产生间歇强化，从而导致不断的检查行为。这就相当于有这样一种邮件系统，在该系统中，白天或晚上的任何时间都可能出现几个邮递员，每次只投送一封信或一个包裹。

表面上看，脸书是有意按照步骤从 1 到 4 进行的，并设计了"赞"作为回应，然而事实并非如此。与许多其他偶然的发现一样，脸书也是在解决另一个问题时，偶然发明了"赞"。网站热度越来越高，帖子很快就被淹没在一大堆评论之中，而评价无非表达喜爱之情。"赞"的最初目的，是想把网站从成堆的冗余评论里解放出来。直到后来脸书的工作人员才意识到其在不知不觉中开发了宝藏。

控制注意力的科技工具

"赞"是让人上瘾的黏合剂，但控制人们的注意力不能只靠"赞"。社交媒体网站进行了一次又一次实验，希望找出让用户花更多时间盯着屏幕的方法。脸书的第一任总裁肖恩·帕克对对社交网络平台的目标进行了阐释，他说道："我们要如何才能尽可能多地占据用户的时间，吸引其注意呢？"为此，他继续说，每当有人给某个帖子点赞时，人就会产生多巴胺，进而上传更多内容，"这是一种社会验证的反馈循环……正是我这样的黑客需要想出的方案，因为我们利用的是人类心理的弱点"。[5]多巴胺是一种神经递质。人体大约有 20 种主要的神经递质，在神经元、神经和身体的其他细胞之间传递紧急信息，就像骑自行车的快递员在繁忙的交通中穿行一样。人们期待或体验对己有益的事件时，神经递质就会变得活跃，例如享受美食、发生性关系或者获得社会认可。

以下是一些用来吸引用户注意力，引导用户花费更多时间的巧妙方法。其中一些很常见，以至于都不会引起注意。

消息提要。脸书的消息提要页面，最初形式就是一个个人资料页面目录，用户可以在上面列出喜欢的乐队或上传图片。用户可以时不时地访问朋友的主页查看更新，但是更新往往都微不足道。2006 年，脸书已成立两年了，这一年它宣发了一项名为"消息提要"的升级方案。关于升级方案的公告也颇具脸书特色，不禁让人联想到脸书在宿舍中诞生的故事："'消息提要'会全天候更新个性化的新闻报道列表，这样你就可以知道马克何时将布兰妮斯·皮尔斯添加到了收藏夹中，或者你的暗恋对象何时恢复了单身。"[6]数十万用户反对这种将私人信息变成大众消费素材的新技术，[7]但最终还是技术获胜了。用户对隐私的重视被获得更多关注的诉求所取代，不仅有来自朋友的，还有来自全球各地的关注。然而，脸书的公告中并未提及，"消息提要"不会显示所有帖子，而是使用算法来筛选出一部分。第一个算法基于人们的喜好。给一张照片赋值 5 分，给加入某个小组这一行为赋值 1 分，然后将这个值乘以与照片或小组相关的好友数量。[8]"赞"的数量可以辅助判断人们的喜好，让粗略的算法最后演变成绝密的机器学习系统。该系统决定了用户会一眼看到哪些内容（因为这些内容会出现在"消息提要"列表的顶部），哪些内容很难找到（远离顶部），以及用户根本看不到哪些内容（因为算法确定了该内容与用户无关）。结果，因为"消息提要"的出现，用户在网站上花费了更多时间。

通知系统。通知系统会反馈点赞信息，从而吸引用户重新打开站点。有人给帖子点赞或者评论时，就会出现一个待点击的提醒。随着时间的推移，脸书增加了通知的类型，通知越多，人们登录脸书的频率就越高。

延迟点赞。通知算法有时会故意不显示点赞，这样发帖人就看不到任何点赞，或者只看到少数点赞，因此感到失望。然而，在一段时间后又会大规模显示点赞。这种延迟相当于强化版的间歇强化，人们会因此停留更长的时间。[9]

自动播放。在电影院里，人们付钱看电影，看完离开，而在 YouTube 上，一段视频播放完毕后，相关视频就会自动开始播放。这样人们就会继续观看，同时看到尽可能多的广告。YouTube 表示，人们在移动设备上浏览 YouTube 的平均时长为一个多小时，而观看时间的 70% 是由推荐系统（包括自动播放的设置）控制的，[10] 人们自己做出的选择很少。YouTube 的推荐算法不仅会诱使观众在屏幕上花费比预期更长的时间，还会将他们引向极端和不科学的观点。[11] 也就是说，人们做出的选择越少，最终获得不可靠信息的可能性就越大。

连拍。其指的是用户和朋友之间连续互相发送"快照"(照片或视频)的天数。诸如 Snapchat(色拉布)之类的平台就会显示天数以及诸如火焰表情符号之类的图标。问题是,一旦哪天没有互动,数字就会降到零。此功能会促使用户坚持和朋友互动,不这样做就会让朋友失望和气恼。因此,用户往往会向朋友发送等待回复的提醒。一些有毅力的用户已经坚持了 2 000 多天。[12] Snapchat 还会为发送或接收的每个快照奖励积分。积分低的话会令人尴尬。还有虚拟奖杯,例如用于发送特定类型快照的特定的表情符号。这些功能会鼓励用户发送快照,在平台上消耗更多时间。Snapchat 的用户平均每天会发送 30~40 条消息。[13]

需要持续关注的简单机械游戏。在脸书的游戏"农场世界"(Farm-Ville)中,玩家需要照料农场。农场里会有时间限制,比如,如果你在 16 小时内不回到游戏中收获大黄,田地就会枯萎。[14] 2010 年,该游戏拥有超过 8 000 万的月度活跃用户,每天有超过 3 000 万的活跃用户。有些人在农场里不仅花费了时间,还有金钱(游戏是免费的,但如果购买了某些功能,就能更好地耕作)。《时代》周刊将该游戏评为近几十年来"最糟糕的 50 项发明"之一,因为其中充斥着机械杂务。在脸书所有的游戏中,虚拟农场拥有最容易使用户沉迷的设置,[15] 而内容是否充实与人们上瘾无关。电子游戏设计师伊恩·博格斯特模仿"农场世界"设计了一款游戏,揭露了农场游戏的机械和繁复。这款游戏叫"点击奶牛"。玩家只需点击一头奶牛的图片,奶牛会发出"哞哞"的声音,玩家会获得再次点击的机会,在 6 个小时后可以再次点击奶牛。就是这样,通过点击获得再次点击的机会。6 个小时的时间设置会吸引用户再次回到游戏中,充值可以减少间隔时间。玩家可以邀请朋友点击他们的奶牛，这样双方都会获得一次点击的机会。每次他们点击一头奶牛时，都会在脸书上向朋友宣布。消息内容如下："我在点击一头奶牛。"博格斯特本以为这款荒谬的"点击奶牛"游戏很快就会停运，然而出乎意料的是，几周内人们就对这款游戏趋之若鹜，近乎狂热，玩家数量也增长到好几万。最后，博格斯特失望地关闭了游戏，并称关闭游戏的举动为"奶牛末世"（Cowpocalypse）。[16]

虚拟抽奖。许多视频游戏的用户可以购买虚拟抽奖礼盒，可能抽到有用的资源，例如武器和盔甲。就像过去购买战利品包裹的人一样，大多数情况下包裹里只是无用的物品，偶尔也会发现一些非常好的东西。这种间歇强化会让用户感到兴奋和惊喜，从而购买更多的礼盒。一项对7 000多名游戏玩家的调查显示，在虚拟抽奖上的消费金额与沉迷赌博的程度之间存在关联。[17]英国国家卫生局发出警告，孩子会因随机中奖机制而形成赌瘾，一些国家已经规范或禁止了该类产品的销售。[18]

这类技术的目的就在于吸引用户，让用户很难离开某个平台，或者迫使用户返回平台。对大多数人来说，该类技术会给用户带来更好的心情、提供令人喜爱的消遣方式，但同时也会浪费时间，影响注意力。而对另一些人来说，结果就是上瘾：一种失控的感觉和对正强化的持续渴望。

这些注意力技术的设计者以及数字公司的负责人都非常清楚其后果，所以严格限制了自家孩子对互联网的使用。正如苹果公司首席执行官蒂姆·库克所言："我没有孩子，但有个侄子，我对他上网也有所限制。有些事情我是不允许的，我不希望我的侄子在互联网上看到这些东西。"[19]

智能手机的力量

有人可能会反驳说，将注意力放在手机上是有意为之，比如在等消息时就会时常查看手机，如果不想被消息打扰，则只需关闭手机即可。一切似乎尽在自我掌控之中，但事实果真如此吗？

一项由 500 多名本科生参与的实验对上述问题进行了探究。[20] 第一组需要在进入实验房间之前将所有物品（包括智能手机）留在大厅。第二组在进入实验房间后，需按指示将手机放在口袋或包里。第三组进入实验房间后，需将手机翻过来放在桌子上，为进一步的实验做准备。所有参与者都关闭了铃声和振动，也都接受了标准的注意力和智力测试，比如在回答一系列数学问题的同时记住一串字母。因为没有人的智能手机会响铃或振动，所以学生的表现本应该不受手机摆放位置的影响。然而，第一组，也就是将智能手机留在另一个房间的那群人，在每一项任务中都比其他组表现得更好，把智能手机放在桌子上的那组表现最差。这说明离智能手机越近，手机所有者对手机的需求就越强烈。

那么，干脆将智能手机关闭，还会发生这种情况吗？同一实验的新版本表明，关闭智能手机也无法让人更加专注，单单是手机的存在就足够对人产生影响了。实验结束后，学生被问及他们是否认为智能手机的位置影响自己的表现时，绝大多数人认为没有，他们并没有意识到自己的注意力已经被手机控制了。但具有讽刺意味的是，智力活动受到最大影响的，正是那些表示如果没有手机，自己连一天都无法正常生活的人。

该实验表明，单单是让移动设备出现在校园里，即使没有启动，也可能会分散注意力、影响学习和考试成绩。除非上课时需要用到这些设备，否则将其放在别的房间才是最明智的学习策略。

智能手机并不是第一种影响我们注意力的技术，电视、广播、电话也曾受到如此诟病。我认为即使在静音或关机状态下，智能手机也会降低专注力，只是很少有人意识到这种问题。问题不是出在技术上，而是在于我们是否明白技术对人类产生的影响，以及人类是否能重新占据主导地位。许多人对手机的依恋甚于朋友和家人。在美国，一项由 500 名成年人参与的调查中，2/3 的人表示，他们晚上睡觉时，把手机也放在身旁。几乎一半的人表示宁愿放弃性生活，也不愿意一年都没有手机。绝大多数人（3/4）认为自己沉迷于手机，[21] 结果导致持久的分心状态，无法全神贯注于其他活动，无法充分发挥自己的才智。如果你需要专注于其他事情，那么请将手机放远一点。俗话说：眼不见，心不烦。

社交媒体成瘾就像赌博成瘾吗

38 岁的伊莎贝拉生活在拉斯维加斯，怀孕期间，她一直在赌博，把挣的钱输得精光。这种状况一直持续到她生下儿子的前几天。在给晚间治疗小组的陈述中，她写道，在分娩前后的大多数日子里，她每天都会在老虎机前度过大约 16 个小时，周围的人都在抽烟。她几乎不吃东西，因为在赌博时她不想在老虎机外浪费任何时间：

> 即使在儿子出生后，我也无法戒赌。我会让我的姐姐在家帮带我
> 孩子，一带就是好几个小时。然后，在我输光了一切后，乳房渗出的
> 乳汁会一直流到臀部。尽管孩子在家饿着肚子，我也会再赌一把。现
> 在我正尝试戒赌，但每当我在商店购买婴儿配方奶粉时，都会受商店
> 里赌博机的诱惑。我试着闭上眼睛绕过去，但并不是每次都奏效。[22]

在拉斯维加斯，不仅赌场里有老虎机等着人来玩，在加油
站、超市和药店的入口处，也有老虎机在向大家招手。伊莎贝
拉几乎无法做到视而不见。

赌博成瘾与社交媒体成瘾相似吗？确实有相似之处。

第一个相似之处是生产赌博机器的公司的目标。娜塔
莎·道·舒尔在其精彩的著作《设计成瘾》中，介绍了老虎机
工程师和开发人员为让人们紧紧盯着机器所做的努力。游戏设
计师尼古拉斯·科尼格解释道，隐藏算法对于让玩家上瘾至关
重要："一旦你让玩家上钩，就想继续从他们身上套钱，直到
分文不剩；钩子就在里面，而你正在拉钩。"[23]

为了实现这一目标，老虎机已经变得"个性化"了。外观
相似的两台机器，其算法可能因目标客户不同而有所差异。例
如，回避型玩家，即想要通过在机器上花费尽可能多的时间来
摆脱生活中不确定性的人，很可能会迷上那些被设置成随时花
点钱就可以玩玩的模式。相比之下，头奖玩家就对小额支出不
感兴趣，为了赢大钱，他们愿意输大钱，所以更喜欢稀少且高

回报的机器。对于回避型玩家来说，视频扑克是他们最喜欢的游戏。每花 100 美元，就可以在机器上玩大约两个小时，同样的价钱在普通老虎机上只能玩一半的时间。顺带说一下，这比消遣性毒品花销更大。[24] 强化会更频繁地发生，但与斯金纳实验中的食物颗粒一样，以较小的单位进行，由此赌博行为会维持在较高频率。赌博行业称这种商业模式为"设备时间"（TOD）。[25] 因此，老虎机平台和社交媒体平台的共同商业模式就是尽可能掌控用户的时间。

第二个相似之处就是运用间歇强化。比如，社交媒体设置了可以让用户滚动浏览的推文，并可以点击朋友的朋友的照片。即使没有什么特别有趣的内容，而且自知此后会产生"白费时间"的感觉，可是人们还是因为不时受到多巴胺的刺激而对老虎机上瘾。玩家会随机获得胜利，所以时常会高频率地玩老虎机。伊莎贝拉也发现，机器控制了她的行为——让她一直赌博。虽然间歇强化已经产生了足够影响力，但一些人会因为有其他影响因素存在而更容易沦为其牺牲品。就伊莎贝拉而言，她有一位酗酒和家暴的父亲，还有其他不可控因素。

赌博和社交媒体之间也有区别。老虎机类似于斯金纳训练鸽子的盒子，每个盒子里都有一只孤独的鸽子。间歇强化可以让鸽子不时啄击以获取食物，就像赌徒不时按按钮就可能得到金钱奖励。沉迷社交媒体的人则不同，社交媒体的关键在于连接、获得社会认可和进行社会比较。"赞"成为一种简单的货币，可以用来衡量一个人被接受的程度。一个赞都没有的帖子，就等于被公开谴责。你可能会好奇，为什么 2021 年闯入美国国会大厦的人会发布自拍照，从而因为身份暴露而被捕。原因可能不仅在于其愚蠢，还可能是出于对"赞"的正强化作用的需求。发布意味着被看到，而玩老虎机则不同。

上瘾的赌徒常常会因此感到羞耻。他们各玩各的，并不与他人交流。即使赌徒们坐在一起，也几乎没有社交互动。在一个案例中，监控摄像头无意中对准了桌旁的一名男子，该男子因心脏病发作，突然痛苦地倒向旁边的人。失去知觉的他就那样躺在其他玩家的脚边，身体靠在他们的椅子脚边。然而，他身旁所有的赌徒都在继续赌博，眼睛都不眨一下。[26]

很多人都很难理解伊莎贝拉等人为什么要在赌博机旁度过一生。一些研究人员认为，因为他们不懂概率。这种解释并不成立：有经验的赌徒对概率高度敏感，甚至能辨别出看似相同实则个性化的机器。其他人则认为，是胜利的渴望驱使着人们去赌博。然而，上瘾赌徒的目的并不在于赢钱，而只是单纯想在机器上花时间，机器间歇强化的算法左右了他们的行为。正如一位女士所言，在视频扑克游戏中获胜后，她又将赢得的钱放回了机器中。"人们永远不明白的是，我不是为了胜利而赌博的。"那她是为了什么？"为了继续玩——待在赌博区，其他什么都不重要。"[27]

第十章

安全和自控

我无法控制外部事件，但可以控制自己。

——米歇尔·德·蒙田（Michel de Montaigne），《随笔集》（*Essays*）

学会自控，否则就会被控。

——匿名

一位沉迷于在线扑克游戏的母亲，受到软件的间歇强化控制后，就很难退出网页与家人共度时光了，还可能会输光银行账户里的钱。一位渴望关注的年轻人，在各种社交媒体平台上受到各种正强化的刺激后，行为会越来越暴力。[1] 保持或重新找回自我控制的状态都不容易。荷马讲述过尤利西斯的故事，尤利西斯让水手将他绑在桅杆上，防止他禁不住海妖甜美但致命的歌声的引诱。可见，从那时起到现在，人们已经想了许多方法来控制自我。有些人会选择向他们所爱的已故亲友做出承诺，如母亲、父亲或朋友。其他人则向陌生的赌徒或手机成瘾者求助，形成互助小组，限制对方在网络赌博、网络色情和令人上瘾的射击游戏上浪费时间。

自控本身就是件难事，加上让人沉迷的技术设计后，会难上加难。香烟里特意添加了化学物质使人上瘾，但是吸烟本身的乐趣让那些变得多余。老虎机的设计也是为了让赌徒继续玩，但戒赌会让赌徒的生活得到好转。健康组织已要求烟草业、机器赌博业和科技公司停止利用人性弱点的行为。而且，在某种程度上，科技公司已有所行动，在它们推广的应用程序中，用户已经可以关闭通知、设置只有部分好友可以看到"赞"、设置定时休息提醒。

在本章中，我们将探讨如何培养数据时代的自控力。自控并不意味着远离游戏和批判分心的行为。自控的意思是，当一个人非常想转头做另外一件事情时，能够抑制住自己，因为他知道自己会后悔，或者知道该行为会威胁到自己和他人的健康。

分心的司机

司机的视线不放在道路上，手不在方向盘上，或注意力没有集中在安全驾驶上，都属于分心驾驶。当司机拿起手机，开车时发短信、查看电邮、拍照分享或观看视频，或者当他转身伸手去拿后座上的一袋薯片时，都会分心。司机三心二意是很致命的，但这已是常态。这种行为害死的人比恐怖分子残害的人多得多。根据美国疾控中心的数据，在美国，每天约有 8 人在司机分心导致的车祸中丧生。[2]

最后的短信

那是一个平安夜，一位年轻女子正急匆匆地往家赶，但她却再也
回不了家了。最后几英里，她一直没有踩刹车，直到撞上了一辆18个
轮子的大车。车祸发生时，路面干爽，能见度高，车流稀少。现场的
消防员不明白怎么会发生车祸。女子的尸体被从汽车残骸里抬出后，
消防员在汽车地板上发现了一部完好无损的手机。手机上是女子生前
的最后一条短信："我马上就回来。"[3]

时间转到2014年6月21日晚上8点14分，劳拉正驾驶着她的马
自达3沿着位于朗德的车站路向北行驶。她给朋友发了条短信。两分
钟后，劳拉的苹果手机"嗡嗡"响了。在接近山顶的铁路道口时，劳
拉打开了手机信息界面。十字路口红灯闪烁，钟声叮当，迎面而来的
机车鸣了四次汽笛，但劳拉丝毫没有减速。火车以每小时64英里的速
度撞上了劳拉的车。[4]

你好，我叫珍娜。有人会认为，在这个话题上，我没有什么经历
可谈。的确，我从未因为司机发短信而失去过亲友，然而，我又确实
有过类似经历。几周前，我从车里看到旁边的一辆红色汽车里，有个
男人正在边开车边发短信。他突然转向，向我们的车撞来，而且正是
撞向我坐着的那一侧。要不是父亲猛按喇叭，他可能就失去他唯一的
女儿了。最糟糕的是，那个人一脸歉意地抬了下头后，又继续发短
信！我敢打赌，他那天肯定会害死其他人的。不要再边发短信边开车
了，我才12岁，不想在这么小的年纪死去。[5]

通常，因分心驾驶而离世的人都让人惋惜。因为那些发来发去、分散注意力的消息都是微不足道的。根本原因在于人们无法控制由间歇强化导致的看手机的冲动。那么，如何找回自控力呢？我们可以花上半个小时倾听不幸之人的诉说。多年前，美国电话电报公司（AT&T）与德国传奇电影制片人维尔纳·赫尔佐格取得联系，希望制作一部关于开车发短信的危险性的纪录片。赫尔佐格同意了，制作了这部令人难以忘怀的影片：《须臾之间》。受害者公开讲述灾难的经历，犯罪之人讲述自己酿成的灾难。一位儿子瘫痪的母亲讲述了他们的生活是如何被摧毁的，一位年轻人在发短信和妻子说"我爱你"时，害死了三个孩子。还有一个案例，赫尔佐格未获准报道。一位年轻人在编辑给女朋友的信息时，碾轧了一个骑自行车的孩子，而他的女朋友当时就坐在旁边的副驾驶上。[6]

许多高中都播放了《须臾之间》，在 YouTube 上也可以看到这部影片。看完影片后，我看了播放量，目前播放量刚过五位数。相比之下，"如何系完美的领结"或"如何画眼线"这种视频的播放量可以轻松达到百万。

多任务处理

多任务处理的意思是同时执行好几项任务，而且每项任务都需要注意力。比如，开车时发短信。边驾驶边呼吸不算多任务处理，因为呼吸不需要注意力。注意力是有限且至关重要的资源，基本法则是：

如果人在执行一项需要集中注意力的任务的同时执行第二项任务，那么在第一项任务中的表现就会受到影响。[7]

　　如果仅仅是一边听播客一边修剪屋前草坪，或者一边和朋友聊天一边看电影，那么，多任务处理也没什么大不了的。然而，如果正在驾车，那么多任务处理就是一件危及生命的事情。尽管此类事故层出不穷，许多司机仍坚持认为自己不受注意力基本法则的影响，多任务处理已成为自己的第二天性。遗憾的是，心理学研究表明，这种普遍的想法其实是一种错觉。

　　例如，一项研究对比了常常进行多任务处理和不怎么进行多任务处理的人，发现常常进行多任务处理的人更容易被无关信息分散注意力，记忆力更差，并且在任务之间切换的速度也更慢。[8]可是，经验丰富的多任务处理者应该更擅长这些才对。还有，难道不是应该至少有一小部分人，是不受注意力基本法则限制的特例吗？有一项研究对此给出了解答。在此研究中，学生需要在驾驶模拟器中，戴着耳机解决简单的记忆和数学问题。结果不出所料，在同时进行多个任务时，他们的表现（刹车反应时间、保持距离、记忆力和数学思维）都不如完成单项任务时好。随后研究结果聚焦到个人：选取了200名学生，前文所述的结果适用于几乎所有的学生，除了5名"在多任务处理时，丝毫没有受到影响"的学生，他们被称为"超级任务执行者"。[9]真的如此吗？在检验该项研究时，我发现了不符合实验报告的情况。在这5名超级任务执行者中，实际上有4名在执行某项任务时受到了影响。所以，实际上200名学生中只有

1 人未受影响。但是，那个人也很可能是因为运气好，就好比让 200 个人每个人掷四次骰子，可能有一个人四次都掷到数字 6 一样。仅凭这一点，并不能肯定他每一次运气都这么好。所以这位"超级任务执行者"需要接受进一步的测试，以排除偶然因素。

总而言之，大量研究表明，人的注意力是有限的，执行需要集中注意力的额外任务会降低原任务的完成质量。练习一心多用并不能推翻注意力基本法则，也不能塑造超级任务执行者。

手握方向盘，眼睛看着路

为什么人们开车时会发短信？青少年可能会说，成年人也会这样做啊。确实如此。在美国进行的一项全国范围的调查中，受访者都已为人父母，一半是母亲，一半是父亲。在被询问时，他们都表示在过去 30 天内开车载过自己的孩子。[10] 当被问道："你认为你可以安全地边发短信边开车吗？"大多数人的回答是"根本不可能"。但实际情况是，大多数人随后又承认，在过去一个月里，他们都在开车时查看或编辑过信息。间歇强化和多巴胺的刺激已经战胜了理性，控制了人们的行为。为了提醒父母们，儿科医生和护士应该经常和他们说起开车载孩子时发短信的问题。然而，调查显示，只有 1/4 的父母表示儿科医生和护士与他们聊过该话题。

如上文所述，在美国，分心的司机每天会造成大约 8 人死亡，比恐怖分子残害的人多得多。尽管如此，许多司机还是边开车边发短信。那么有解决方法吗？可以采取一些策略，比如把手机放在视线之外，或者伸手也拿不到的位置。还有一些网站，人们可以在其上郑重承诺：他们将全神贯注地看路，开车时不使用手机，不向其他诱惑低头。许多人开始借助数字技术，抑制在路上发短信的冲动。他们购买了一款应用程序，该应用程序可以识别出用户正在驾车，在此期间屏蔽所有传入和传出的消息，并自动回复消息，避免打扰司机。在一项全国范围的调查中，1/5 的父母表示使用过这款自我控制的应用程序。这些应用程序，比可以用语音发短信的智能手机更能保障安全。因为用语音发短信时，虽然手还放在方向盘上，但实际上注意力已经不在道路上了，由此形成的是一种虚假的安全感。

相关安全问题不仅出现在驾车时，甚至出现在驾驶飞机时。在准备降落新加坡时，捷星航空空客 A321 的机组人员听到机长手机里传来短信提示声。[11] 副驾驶多次要求机长完成着陆检查表，但机长忙着看手机，没有回应。最终，由于起落架没有及时展开，飞机不得不再飞行一圈。据报道，因发短信而分心也是佛罗里达州和密苏里州直升机坠毁事故的原因之一。在科罗拉多州，一架塞斯纳 150 的飞行员和乘客在夜间使用了闪光灯进行自拍，美国国家运输安全委员会得出结论，正是该行为导致了随后的坠机事故，两名乘客因此丧生。所以，一些国家已禁止飞行员在执勤时出于个人原因使用电子设备。

三心二意的父母

有一天，耶鲁大学的一名经济学研究生带着儿子去操场玩，就在他低头查看手机的刹那，儿子跌倒了。这件事情本身并不严重，但却让这位年轻的经济学人有了一个设想。2008年，美国电话电报公司在全国推出 3G（第三代移动通信技术）网络时，他的设想有机会得到验证。美国电话电报公司在不同时间、不同地点推出了该服务，给实验创设了自然条件。这位经济学研究生发现，随着智能手机在各个地区得到普及，急诊部门报告的 5 岁以下儿童受伤（比如骨折和脑震荡）的人数不断增加，[12] 就像他自己遇到的情况一样，当然也有可能不是父母分心造成的。于是这名经济学研究生开始研究受伤儿童人数上升的原因。他发现，伤害往往发生在父母在公共游乐场、游泳池或家里照看孩子时，而不是发生在老师或教练教导孩子时。同样，德国救生协会警告称，越来越多的父母在游泳池或海滩边看护孩子时，只是盯着智能手机，而不是看着孩子，所以孩子可能会在其不注意时溺水。[13] 溺水发生的时间可能很短，而且几乎没什么动静。

　　父母在陪伴孩子时，因手机而分心已成为常态。就像这名经济学研究生一样，父母一大早就坐在操场的长椅上，滑动和点击屏幕，让小孩一个人玩。有的人则是一边推婴儿车，一边盯着手机屏幕，而不是看着婴儿并进行眼神互动。于是孩子会抱怨、央求父母，甚至干脆试图让手机消失。据说，一个 5 岁的孩子想和妈妈说说话，于是把妈妈的黑莓手机藏了起来。还有个男孩一气之下把爸爸的苹果手机冲进了马桶。不久之后，同样是这一批父母，可能开始抱怨孩子只知道整天盯着屏幕。

　　脸书的第一任总裁肖恩·帕克在谈论儿童过度使用社交媒

体时说道："只有老天知道脸书对孩子的大脑做了什么。"[14] 父母使用手机，也会对孩子的发育产生类似影响。撇开过度使用数字媒体实际上会造成多少危害不谈，有一种不可否认的直接影响就是：父母花在手机上的时间越多，育儿的时间就越少。我们尚不清楚，由此浪费的时间将对儿童的成长产生多大影响。结果可能是身体伤害，例如孩子可能会弄伤自己，但在注意到时为时已晚；还有心理创伤，比如让孩子觉得自己不值得被关注。

一半的美国青少年表示，与父母交谈时，父母会因手机而分心，所以许多人希望父母能少花些时间在手机上。1/4 的青少年表示父母沉迷于手机，[15] 很少表达温暖的情感。这样下去，可能会导致青少年产生焦虑和抑郁的情绪。然而，如前所述，这些研究反映的是相关性，而不是因果关系。父母在使用手机时，似乎察觉到孩子会表现得不那么放松，更容易感到心烦意乱，可即便如此，有些父母还是会继续使用手机。这样的行为在孩子看来，就是无论父母在智能手机上做什么事，都比陪伴孩子更重要。

相反，当孩子做某件事情时，父母的关注就会向孩子传递一种信息：他们所做的事情很重要，于是孩子会更加努力。有父母在一旁注视着时，孩子在运动方面会比父母在一旁看手机时表现得更好。一般来说，儿童需要受到关注以便更好地发展个人技能，这也是早期语言学习的关键。在一项研究中，研究人员请 38 位母亲教她们两岁的孩子学习两个新词，每个单词的教学时间为一分钟，教其中一个单词时会被手机电话打断。

打电话的时间稍后会补上，这样每个单词的教学总时间保持不变。结果是，在教学没有中断时，孩子学会了这个词。教学中断了，孩子就没有学会。[16]

研究还表明，对于早期语言发展，父母如果可以大声朗读故事给孩子听，是再好不过的了。即使孩子形成了阅读能力，父母的朗读也不要停。对于两岁以下的孩子来说，与听一个人朗读相比，观看例如《小小爱因斯坦》和《聪明宝贝》之类的婴儿视频吸收的内容更少。[17]这些所谓的早期智慧语言学习计划，主要是吸引孩子的注意力，但并不会达到预期效果。

爸爸，手机在哪里睡觉

间歇强化使得很多人不断检查手机，甚至超过了他们预期的频率。而且对于一些人来说，在瑜伽、宗教仪式或葬礼中，他们都克服不了查看手机的冲动。对他们而言，多巴胺的刺激可能比放松、祈祷或纪念已故朋友更重要。养成新的习惯可能会对重新找回自控感有所帮助。研究表明，自我控制的措施能缓解使用电子媒介导致的睡眠不足问题。[18]

我们应该尽早了解到这一点。一些父母与孩子约定了在哪些地方或在什么时间不使用智能手机；有些人则达成一致，吃饭时不把手机放在餐桌上。有些家长则为孩子的第一部智能手机购买或制作了一张小床（图 10.1）。准备睡觉时，孩子可以把手机放到特制小床上，小床则放在孩子的卧室外边。养成这一习惯，可以防止孩子晚上在被窝里发信息、发帖和看视频。这样一来，手机和人类都能在睡觉时重新进行"加载"。

图 10.1　智能手机床。孩子养成了在自己上床睡觉前，将手机放在为手机特制的小床上的习惯。"睡觉"时，智能手机就像人一样，重新积蓄能量。图中展示的是最初的德国版，由 Auerbach Foundation 发行。

　　这些习惯和措施打造了一个家庭的文化，也可以满足家庭成员的特定需求。无论商定的规则如何，父母和孩子都应该平等遵守。大家的创意是无限的。比如在朋友家的走廊里，我发现墙上挂着一个有八个口袋的袋子，主人会邀请客人把手机留在那里，这样在晚餐时就可以更愉快地交流。如果你真的想花更少的时间在手机上，花更多的时间与孩子、朋友和家人建立情感纽带，是有很多种方法的。

用进退废

　　2009 年 6 月 1 日凌晨，法航 447 航班正从里约热内卢飞往巴黎。一切如常，乘客有的在睡觉，有的在小憩，有的在阅读，还有的在看视频。该路线将穿过热带辐合带，从强大的雷暴上方经过。凌晨2：02，简短通报了一声后，机长说去休息一会儿，由两名副驾驶接管飞机。仅12分钟后，飞机就坠入了大西洋，机上228人全部遇难。

发生了什么事情？坠机前4分钟，空速传感器结冰了，自动驾驶仪断联，无法生成可靠数据，两名副驾驶只能手动驾驶飞机，而且没有可靠的空速指示。一秒钟不到，机组人员就发现飞机已经处于危险之中。如何在这种情况下于巡航高度驾驶飞机，二人都没有接受过相关培训。更糟糕的是，在自动驾驶仪断联、飞机向右翻转的那一刻，副驾驶做出了让飞机向左的操作。在如此高空，该操作会导致飞机失衡。与低海拔地区相比，高海拔地区空气更为稀薄，需要更微小的手动校正。副驾驶还试图让飞机爬升以躲避雷暴，导致飞机失速，由此引发驾驶舱内两次响起尖锐的失速警告。失速的意思是飞机失去了保持飞行所需的最小速度，因此会坠落。飞行员在训练时会被教导，如果遇到这种情况，应降低飞机的机头，以重新获得速度。然而，黑匣子的记录显示，飞行员对当时的状况感到非常不解。飞机像石头一样从高空坠落。可以想象惊恐的乘客和机组人员在最后时刻经历的一切。发生撞击前，飞机最后被记录下来的速度达到每小时120多英里。

调查的最终报告指出，高空手动飞行训练不足是造成灾难的原因之一。随着飞机自动化程度不断提高，基本的飞行技能教学却被忽视了。[19]多重原因导致了447航班的灾难，某些原因虽未完全明了，但有一点是肯定的：坠机完全可以避免。

自动化处理常规事件，人工处理意外事件

航空公司和飞机制造商是最先运用自动驾驶的。在情况稳定且可预测时，自动化可以提高安全性，例如在常规的高空巡航中。但若时常依赖自动化，可能会导致飞行员在自动驾驶仪出现故障时，因经验匮乏而不知如何处理。法航447航班坠毁和类似事故表明，飞行员已过于依赖计算机系统，所以当意外发生时可能会不知所措。作为回应，美国联邦航空管理局（FAA）于2013年向运营商发布了安全警告，建议航空公司指导飞行员减少借助自动驾驶仪飞行的时间，多运用双手和双眼。[20]

与美国联邦航空管理局一样，美国海军也意识到日益依赖自动化可能会带来致命后果。2000年前后，海军逐步停止了对服役人员进行星辰导航或使用六分仪和海图的培训，转而倾向依赖GPS（全球定位系统）等电子导航系统。[21] 最初，他们深信完美的计算机技术可以代替不完美的人类判断。后来，对计算机技术的热情冷却下来后，海军意识到，在战争中，卫星信号很可能被黑客入侵或干扰，战舰甚至可能因此被击沉。与此同时，海军学院重设了基础训练，并训练海员自己动脑处理事务。

正如第四章所述，自动驾驶汽车也存在同样的问题。计算机接管了越来越多的日常任务，例如在高速公路上停车和超车。然而，发生意外情况时，就需要人类司机的介入。与法航447航班的飞行员不同，车辆行驶时可供人类司机反应的时间甚至更短，通常只有几秒或几分之一秒。这就是为什么在日常

驾驶的过程中，司机需要足够警觉。将驾驶技能外包给车载计算机和传感器，并不意味着司机就无须抱有警觉心了。如前所述，除非建造了封闭、有序且可以适应有限自动化能力的特殊高速公路或城市。然而，对于航空来说，该方案实属不易。自动化技术之所以陷入困境，往往是因为它以稳定世界原则为前提。只要一切按规则进行，将导航任务外包给自动化技术就可以，但如遇突发事件，就需要警觉和训练有素的人。这种困境被称为自动化悖论：[22]

> 自动化系统越先进，经验丰富且细心的人工控制就越重要。

GPS 系统也陷入了类似困境。在驾车或步行方面，GPS 非常管用。但在日常生活中，如果时常依赖 GPS，就会影响人们空间推理能力的发展，包括导航能力和形成环境心理地图的能力。[23] 如果一直使用 GPS，大脑就不会努力构建周围环境的认知地图。人们不知道河流或湖泊在哪里，或者分不清南北。如果手机电池突然没电了，我们就找不到与朋友约好见面的餐厅，而且因为没有记住朋友的手机号，我们还会迷路。我们甚至可能不知道如何返回住宿地。在确定的世界里，GPS 总是可以顺利工作的，我们的空间感和记忆力可以依靠外部设备，这样方便省力。在现实世界中，GPS 还有可能失败。2015 年，由于卫星网络故障，GPS 的失效时长超过了 12 小时。[24] 其他可能的情况还有 GPS 会出现错误、电池耗尽，或成为国际黑客攻击的对象。

起初，GPS 并不是必备的，只是一种可供人们选择的工具，帮助人们在陌生的地方导航。但是，过分依赖就会导致恶性循环。曾经人们拥有的技能，如阅读地图、寻找方向、识记路标、关注地标等，都没有得到充分利用，甚至被废弃了。由此一来，人们就会更加依赖导航系统。出现意外情况时，就没有办法了。如要打破恶性循环，就需要在学会使用 GPS 技术的同时，不忘锻炼自己找路的技能。有些人只在寻找新的地点时使用 GPS，平时则依靠自己的空间记忆。有些人在驾车使用 GPS 时，会将音频关闭。

　　试着借助方位感寻找熟悉的位置，可以调动思维，使之保持活力。漫不经心地听从诸如"立即转身"之类的音频命令，并完全按照吩咐去做，不利于培养方位感。可能大家听说过一些不可思议的事情，比如有人只是去取一些杂货，却跑到了离目的地数百英里远的地方。[25] 一项关于伦敦出租车司机的著名科学研究表明，培养方向感会改变大脑结构。[26] 这些没有使用 GPS 的出租车司机，在学着自己导航时，大脑的运行方式也有所改变。大脑就像一块肌肉，是需要锻炼的，如果不用，就会生锈。

第十一章

真假难辨

必须教孩子如何思考，而不是思考什么。

——玛格丽特·米德，《萨摩亚人的成年》（*Coming of Agein Samoa*）

我不应该尝试超越人脑，而应该试着了解人心。

——李开复（谷歌中国前负责人）

人们觉得真假很容易分辨，有时的确如此，但有时却很难，尤其当听闻的内容与个人经历不符时。17世纪英国的医生、哲学家约翰·洛克讲过这样一个故事：

来自荷兰的使臣，常常和暹罗国王讲家乡荷兰的奇闻趣事。起初，国王满心好奇。然而有一天，使臣和国王说，荷兰的水在寒冷的季节会冻得很坚硬，人甚至可以在上边行走，就算有一头大象站在上边，冰面也可以承受得住。国王回答说，迄今为止，你和我说的所有奇奇怪怪的事情，我都相信。因为我觉得你是一个理智诚恳的人，但现在我敢肯定，你在撒谎。[1]

经验主义的提出者洛克认为，所有的知识，可能除了逻辑和数学，都源自经验。洛克区分了确定性（经验知识）和可能性（逻辑推理）。如果亲眼见过一个人在冰上行走，那这件事对于我们来说就属于经验知识，而不是可能性。如果没有见过，那在冰上行走就只停留在可能性的层面。对洛克来说，可能性的成立取决于两个因素：符合自己的经验以及他人经验的佐证。若暹罗国王从来没有见过水结成冰，人可以在冰上行走这件事便与其经历相悖，那么接下来就取决于见证者的可信度（见证者的人数、可信度和技能），以及是否存在相反的说法。在洛克的故事中，证人只有一位，就是那位使臣，所以国王断定使臣在骗他。

纵观历史，直到今天，甄别谎言和事实仍是个挑战。我们可以做到后知后觉，但是往往无法拥有先见之明。历史上还有个例子：1515年，德国大师级画家阿尔布雷希特·丢勒雕刻了一幅犀牛的木刻版画（图11.1，上图）。丢勒从未亲眼见过犀牛，只能凭借里斯本商人寄来的草图和新闻通讯创作。同样，英国神职人员爱德华·托普塞尔也根据他人的描述雕刻了一幅独角兽木刻版画（图11.1，下图）。[2]

想象一下，1616年，你出生在丢勒的家乡纽伦堡。那一年，罗马宗教裁判所命令伽利略摒弃其关于地球和行星围绕太阳旋转的想法。所以，在你成长的那个年代，事实是由宗教而非科学判定的，并且想离家出远门也很困难。多亏人们发明了

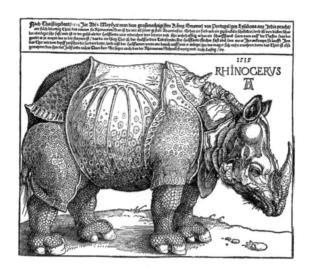

Of the *UNICORN.*

图 11.1　哪一种是真实存在的动物？阿尔布雷希特·丢勒 1515 年绘制的犀牛木刻版画和爱德华·托普塞尔 1607 年绘制的独角兽木刻版画。资料来源：Wikicommons.Unicorn:https://commons.wikimedia.org/wiki/File:Oftheunicorn.jpg; Rhinoceros:https://commons.wikimedia.org/wiki/File:D%C3%BCrer_rhino_full.png。

印刷机，你才有机会看到这两幅木刻版画，那么你会相信这样的动物是真实存在的吗？一个鼻子上长着犄角的巨兽，身披巨大护甲，体重甚至超过了最强壮的战马？还有这种身材瘦长，有着又细又长的角，长得像马的动物？人们从前就画过独角兽，最著名的要数列奥纳多·达·芬奇。人们发现过独角兽的角，并且将其展出（实际上那是独角鲸的角，可当时人们也未见过独角鲸）。所以，你可能会对这两种动物的存在半信半疑。

结冰的水、犀牛、独角兽的案例都表明，甄别真假是多么困难。印刷机出现后，欧洲出现了很多印在大幅纸张和小册子上的虚假消息。从印刷机到互联网，每一次通信技术的革命都为大量虚假信息开启了新的大门。可能有人会提出反对意见，认为现代技术让甄别真假变得更加容易了。因为如果当时有摄影技术，荷兰使臣就可以向暹罗国王展示人们在冻得硬邦邦的河面上滑冰的照片，以此来说服他。然而，照片本身也不一定完全真实。早在1917年，两位分别是10岁和16岁的约克郡女孩在为自己拍摄的照片中有小仙女在她们的头上跳舞。[3] 夏洛克·福尔摩斯的创作者阿瑟·柯南·道尔相信这些照片是真实的，与他笔下的著名角色福尔摩斯不同，道尔是唯灵论的坚定信徒。至今，仍有许多人在猜测女孩是如何让照片中出现仙女的，但女孩从未透露其中的奥秘。借助如今的软件技术，每个人都可以轻松编辑照片和视频。更夸张的是，现在甚至可以替换图像或视频中人物的脸和身体。这些已经可以在直播期间完成，比如在 Zoom 会议期间，视频中政客说的话都可以被篡改，这等于"假口于人"了。实际情况是，随着技术的进步，将真相与经过编辑的"真相"区分开来，可能会变得越来越困难。这也说明，人们需要更灵活地去理解信息，看清照片或视频的幕后推手，评估内容的可信度。

"事实核查"已经成为流行语，目前全球有100多个"事实核查"项目正在运作。4月2日是国际事实核查日，就紧挨着愚人节。然而，事实并不等同于真理。事实可能是100%正确的，但如果其背后另有目的，那么其承载的故事仍然可能具有误导性。还有，谁来核查负责事实核查的人？这也是个问题。比如，现已解散的保守派杂志《标准周刊》成为脸书认可的事实核查员后，进步党的监督组织就提出了抗议。他们曾抨击《标准周刊》刊登了有关奥巴马医改的虚假声明。[4]如今的一些事实核查组织，也曾抨击其他核查组织有偏袒党派之嫌。

谎言

在乔治·奥威尔的小说《1984》中，温斯顿·史密斯受聘于真理部，负责散播谎言。温斯顿一生中最大的乐趣就是他的工作，他需要根据实际情况，更改"老大哥"做出的空头承诺和错误预言。比如，维持稀缺和饥饿制度的富足部承诺不会降低巧克力配给，随后又食言了。于是温斯顿将原先的承诺改成了关于巧克力供给可能会减少的预警。又如，参战的和平部预测欧亚敌人不会入侵南印度，但预测失误了。"老大哥"演讲中的那一段就被改成了会发生入侵的预测。在报纸、书籍、海报、电影、配乐和照片中，过去的每时每刻都在更新。这样

"老大哥"就永远不会错。

　　小说中，在互联网出现之前，真理部雇用了数千名员工收集并销毁原有的报纸和书籍，并用修改后的版本替换。而今天，数字技术让每个人都可以更改证据、照片和视频，而且几乎不被察觉，所以真理部也成了多余。结果就是真假之间的界限不再清晰。然而，这并不符合约翰·洛克所说的：当人们没有亲身经历过某件事时，往往就只能相信他人的证言。在互联网上，即使有图片或视频为证，人们也无法确定其中有几分真、几分假。修改自己的照片已成为常态，社交媒体上到处都是精修过的面部照和全身照，这可能会让那些相貌不出众的人感到自卑，从而也去精修自己的照片。修改照片的行为如此普遍，所以未经编辑的照片在社交媒体上常常被特别标记为"无滤镜"。14~18 岁的青春期女孩看到同龄人的照片中身体部位被修得更加纤长时，会觉得这些照片比未经编辑的照片更"自然"——尽管女孩们都知道，这些照片是被修改过的。5 就好像语言的含义发生变化时，也会改变思维。"人工的"等同于"天生的"。

　　人们会因为一些世俗的因素传播虚假图片或新闻，比如出于社会中的攀比心理，或者想要获得更多的关注和点赞。然而，有些人这样做是为了排斥和惩罚某些社会群体，他们的动机既老套又具有政治性。14 世纪中叶，黑死病袭击欧洲时，犹太人就被指控故意在水井中投毒，因此于土伦、巴塞罗那、巴塞尔和欧洲其他地区遭到屠杀。在斯特拉斯堡，甚至瘟疫还未到来，犹太人就被活活烧死了，理由是为了防止瘟疫。犹太人还被指控屠杀基督教儿童，并将儿童的血用于宗教仪式。这一荒谬说法再度由匿名者 Q 和其他 21 世纪阴谋团体传播开来。[6] 新冠肺炎疫情也为一些人指责其他文明创造了条件。新冠肺炎疫情刚开始时，亚裔公民在许多非亚裔国家都遭到了袭击。一些中餐馆称，因为顾客都避而远之，所以营业额下降了50%。谣言和诋毁在社交媒体上迅速传播开来，声称一些国家的饼干、大米和红牛饮料都被病毒污染了。还有人说，新冠肺炎疫情是针对特朗普的阴谋，想让他在大选中败北。[7] 疫情期间，因为一些阴谋论，人们对口罩、疫苗、保持社交距离的接受度降低。阴谋论也曾给预防艾滋病病毒、抗击寨卡病毒和埃博拉病毒带来灾难性影响。

我说过三遍了

英国脱欧公投之前，鲍里斯·约翰逊向公众阐述了英国是如何成为欧盟的受害者的。他认为，欧盟是个官僚主义的怪物，用可笑的规则束缚自由市场，抑制公民的发展。他在《每日电讯报》上写道，其中一条愚蠢的规定，就是禁止 8 岁以下的孩子吹气球。再比如，禁止回收茶包。[8] 英国脱欧公投前的几个月，在议会财政委员会的听证会上，约翰逊被问道，他所说的这些规定出自哪些欧盟法规，他直接告诉委员会主席，欧盟委员会的网站上是这样说的。随后委员会主席将玩具的安全要求摆到他面前，安全说明里并没有这些规定——禁止孩子吹气球，甚至都没有要求父母必须在场，只是规定要在包装上贴上警告标签，说明 8 岁以下的儿童可能会因此窒息。所以，这些其实是约翰逊编造的。委员会主席还指出，欧盟并没有出台过禁止回收茶包的法律规定。此时，约翰逊才不得不承认，禁止回收茶包的决定实际上是由当地的卡迪夫市议会做出的。还有棺材一说呢？约翰逊对公众说，欧盟出台了与棺材重量、尺寸和成分相关的荒谬法律。这也是他捏造的。还有大虾（虾米）鸡尾酒味的薯条。按照约翰逊的说法，对英国食品工业的最大威胁之一，就是欧盟对大虾鸡尾酒味薯条的禁令。他讲述了自己勇闯布鲁塞尔，与负责出台禁令的专横女官僚对抗的故事，因为欧盟此举即是对英国民主的侮辱。用他自己的话说："为了保护大虾鸡尾酒味的薯片，我们将死守最后一道防线。"同样，欧盟并没有这样的裁决，专横女官僚很可能也是他编造的，因为约翰逊编造了太多关于布鲁塞尔的故事。[9]但是，这些都不重要，因为他编的故事最后都发挥了作用。

为什么人们会相信虚假新闻呢？通常的答案是，人们很愚蠢，对证据并不感兴趣，只是希望自己的观点得以证实。有时可能是这样，但还有一个基于基本心理学定律的更有趣的解释：

> 重复效应：一种说法被反复提及的频率越高，就越显得可信，不论是真还是假。

在刘易斯·卡罗尔的诗《猎鲨记》中，贝尔曼称："我说过三遍了。我跟你说过三遍的事，肯定是真的。"[10]政治类新闻想要证实人们的偏见时，重复效应是可以发挥作用的。然而，令人惊讶的是，这也适用于证实中立的新闻和一些琐事。

我也通过实验发现了这一点。在实验中，参与者需要阅读诸如"世界上的罗马天主教徒比穆斯林多"之类的说法。[11]参与者需要表明，他们在多大程度上相信这是真的。两周后，参与者会收到一组新的说法，其中包含之前就听闻的说法。两周后，又如此进行了重复。结果是，随着不断地重复，无论真假，参与者对相关说法的信任程度都会不断增加。

需要特别注意的是，重复效应发挥作用的前提是，人们不知道真假。一般来说，人们对某个话题了解越少，就越容易受到重复效应的影响。有关未来的预测总是不确定的，此时不断重复就有充分的发挥空间，可以起到说服的作用，也可以影响将要发生的事情。据说，罗马政治家卡托在每一次演讲结束时，都会发誓要摧毁迦太基，最后誓言变成了现实。又据说，俄国革命家弗拉基米尔·列宁说过：谎言重复一千遍也就成了真理。在社交媒体中，虚假新闻的泛滥往往始于谣言，并通过他人的转发继续散播。结果，人们可能会常常听到相同的消息。与此同时，重复效应发挥作用，让消息每次听起来都更可信，直到人们100%相信。

然而，重复效应不止这么简单。如果由五个不同的人来重复，那么这五次重复会比同一个人更有效。而且，这五个人中有一些可能还是机器人。这些算法伪装成真人，可以在社交媒体上影响真正的人类用户。机器人协作运营的网络被称为僵尸网络，可以将消息有效传播给真实用户。在一项研究中，僵尸网络会转发一些推特上的标签，比如＃接种疫苗＃，以鼓励用户接种疫苗；还有＃火鸡脸＃，在这个标签下的话题里，人们会将名人的脸 PS（一款图像处理软件）合成到火鸡上。[12] 很快，就有 25 000 名真正的人类用户关注了这些僵尸网络，大多数人关注的只是几个机器人而已。不仅重复消息的次数会对人类用户带来影响，有多少个机器人重复该消息也会有影响。所以，消息在社交媒体中的传播，与病毒传播疾病类似。因为无论是接触不同的感染者还是同一位感染者，每一次接触都会增加感染的概率。然而，信息通过推特传播的概率同时取决于两个因素：重复次数以及有多少不同的人和机器人重复。

讲到虚假新闻时，大家一般会想到政客的谎言，或者一些牵强附会的阴谋故事，例如新冠肺炎病毒是由中国 5G（第五代移动通信技术）移动网络中的电磁场引起的，或者是由犹太人制造的，目的是让全球股市崩盘并从内幕交易中获利。然而，还有很多我们没有意识到的"普通"虚假新闻。有的消息一眼看上去就是假的，而那些看似"普通"的虚假新闻则要微妙得多，有时甚至不是特意捏造出来的，而只是在不经意间想出来的。

疏忽

人们的疏忽可能会在无意间制造虚假新闻。某人因为没有认真思考或仔细查看来源，从而犯了个错误。这些错误虽然不是精心制造的，但同样具有误导性。通常，读者可以一眼看出某些新闻肯定写错了，即便他们希望事实确实如此。例如，如果你喜欢慢跑，可能会相信有关长寿的标题："每天慢跑 1 小时，寿命延长 7 小时。"[13]

投入 1 小时，收获 7 小时，我们还能要求更多吗？如果你是一位满怀热情的慢跑爱好者，就可以计算你会比身边的懒人多活多久了。然而，再仔细一想。如果确实如此，我们岂不是就可以实现永生了？比如，每天慢跑 4 小时就会多活 28 小时。这甚至超过了一天的 24 小时，因此预期寿命会与日俱增，显然这样计算不太合理。事实上，最初的研究并没有提出这样的说法。当时的结论是，每周（而不是每天）慢跑 2 个小时，预期寿命会增加。更确切地说，7 小时的数据是这样估算出来的：一组 44 岁的慢跑者每周跑步 2 小时，到 80 岁时总共跑了 0.43 年，预期寿命增加了 2.8 年。这些数字被写进标题中，就变成了跑步 1 小时可以增加 7 小时的寿命。而且，不是跑步时间越长就越好。相反，过度跑步会增加罹患心脏病的风险，导致寿命缩短。

只需稍加思考一下，这则关于慢跑的标题就能轻易被证伪。或者，我们可以将目光从一些标题党的网站，放到更可靠的刊载科学研究的媒体上，例如《纽约时报》。人们可以在此找到正确的说法，即预期寿命的增长上限为 3 年左右。[14]

关于算法的童话

与人工智能有关的大部分内容也充斥着虚假新闻，而且并不起眼，往往悄悄利用人们敬畏的心理来吸引人们的注意力或销售产品。整个人工智能的历史都充斥着过分夸大的承诺和希望，与股市中的金融泡沫差不多。这场直冲云霄的旅程目前遭遇的最大挫折，就是 20 世纪七八十年代的"人工智能寒冬"。

热情和炒作交替上演之后，迎来的是幻想破灭和资金削减。结果很长的一段时间内，人工智能都是人们闭口不谈的词。例如，2011年，在创建超级计算机沃森时，IBM 就因担心大家会瞧不上它而称其为"认知计算"，而不是人工智能。从那时起，我们见证了深度神经网络和计算能力真正的进步。与此同时，也产生了一些杂音，比如"技术都是优于人类的"这种无条件的过度美化的声音。然而，大多数高谈阔论是因为有人想从中获利，得到赞助，或只是想当然而已。虽然对未来做出承诺只需说说即可，但承诺的价值是很难评估的。人们总可以说，"如果现在实现不了，不久后也会实现的"。

还有一种宣传方式更加微妙也更加有趣，即通过使用观众可能误解的术语，或者重写过去来达到目的。这不禁让人想起温斯顿·史密斯在真理部的工作：通过改变现实，树立"老大哥"无所不知的形象。这里，我将简单讲几个案例，核心宗旨就是：警惕过于夸张的说法。在第一个案例中出现的说服方式，就历经了好几个世纪的考验。比如在描述某个产品时，使用一些术语来描述其性能，但该产品并不具备那些性能。

完全自动驾驶

我在第四章中讲过，汽车工程师学会规定了汽车的五个自动化级别，从巡航控制（1级）到自动驾驶汽车（5级）。5级的定义是，在任何地方和任何交通条件下，都可以在无人力监督的条件下实现自动驾驶。然而，关于这些级别的定义说法并不一致。虽然有级别规定，但汽车制造商还是常常在广告中称他们生产的2级或3级汽车属于"自动驾驶"，这种情况在各种媒体上屡见不鲜。以特斯拉为例，自2016年以来，特斯拉的营销宣传一直是"如今，特斯拉所有的汽车都配备完整的自动驾驶硬件"。[15] 埃隆·马斯克承诺，将于2018年实现"完全自动驾驶"。[16] 同时，他们的广告还是适当地留了余地，补充说明了驾驶系统仍需要司机主动监控，或称完备的软件还正在研发中。完全自动驾驶硬件这种表达，说明在驾驶过程中，计算机可以控制方向、制动和加速，但主要问题在于智能软件。特斯拉通过不断重复完全自动驾驶和自动驾驶汽车等专业术语，使越来越多的人相信这种车辆确实已经投入实际使用了。人们已经注意到了令人困惑和暗示性的语言，并发起了诉讼。例如，德国反不正当竞争中心曾起诉特斯拉向消费者做出虚假承诺。[17] 值得一提的是，该中心代表了1 000多家公司，包括特斯拉的竞争对手奥迪、宝马、戴姆勒和大众。

为什么这些公司不宣传在2级驾驶转向3级驾驶方面取得了非凡进展呢？汽车工程师应该会为这种进展感到自豪。选择诚实和谦虚可能更明智。当人们意识到那些术语名不副实，只是想引导消费时，谦虚诚实可以避免声誉再次受损。

治愈癌症

医疗保健是有关人工智能炒作最盛行的领域。IBM有关智能肿瘤会诊系统的营销，就是一种很有说服力的方法。正如第二章中所说，这与计算机实际功用几乎毫无关联。用IBM前经理彼得·格鲁利希的话来说就是，"IBM应该放弃尝试去治愈癌症。产品还在制造和搭建时，营销就已经开始了"。[18]
商业公司可以从产品销售的过程中获利，IBM的营销团队非常成功地营造了沃森可以治愈癌症的假象。它们大获成功，一些与人工智能有关的畅销书的作者，都在不知不觉中成了商业公司的销售人员。

　　第二种经典的具有说服力的方法，则是向大家展示一些错误的选择。我们将得知，最重要的医疗决策越来越多地基于IBM沃森这样的计算机，并且相比于你自己和你的医生，这些计算机更了解你。唯一的不足就是：人工智能必须了解你的一切，这样才能决定什么对你来说是最好的选择。这意味着，你将无法决定自己的饮食，或者无法决定自己得到什么样的治疗，因为这些都是治疗过程中的关键。你可以选择的是：

- 保护你在医疗保健方面的隐私，维护自主决定的权利。
- 获得更优质的医疗保健。

　　合乎常理的结果应该是，大多数人会选择更好的医疗保健，屈服于人工智能权威。[19]事实可能确实如此，但这是个错误的选择。这让我联想到一些金融广告，用这些广告的话来说，我们可以选择自己用糟糕的方式管理自己的资金，或将其交给投资经理，经理会进行更出色的投资。然而，将资金交给投资经理就是个错误的选择。因为研究发现，并没有证据表明，和自己打理相比，将资金交给投资经理会带来更多的收益。[20]这只是一种广告策略，目的在于让经理从中获利。正如财经广告不鼓励你自己管理自己的财富一样，提出上述医学选择的学者也不鼓励你自己做出有理有据的选择，更有甚者，还会劝年轻人不要去学普通医学。

正如我在第二章中所言，只有直面并治好医疗保健系统中现有的两种慢性病——利益冲突和未知风险，病人才能真正地从人工智能治疗中受益。否则，人工智能将无法被充分运用，对患者的健康也不会有什么贡献。仅靠超级计算机并不能帮助患者。人工智能始终离不开人的设计和营销。仅靠计算能力和智能算法就能产生卓越的医疗保健，这只是幻想而已。我这样说的意思是，人工智能并不知道疾病实际上很复杂，而且医疗保健系统的失调程度也比许多计算机科学家预期的更严重。

到目前为止，我们已经知道了两种经典的具有说服力的方法：使用欺骗性的术语和提出错误的选择。还有第三种方法，是通过改写众所周知的有关成功的故事，用以印证一些备受青睐的观点：算法会做出更好的决策。

点球成金

《点球成金》这本由美国作家迈克尔·刘易斯于2003年创作的畅销书，后来被改编成了由布拉德·皮特主演的电影。电影讲述了"奥克兰运动家"队的总经理比利·比恩的故事，他凭借着微薄的预算带领棒球队走向了成功。还有一位主人公是统计学家比尔·詹姆斯。他们都认为棒球本质上可以简化为数据和算法，并称之为"塞伯计量学"（棒球记录统计分析）。根据刘易斯的说法，一个多世纪以来，经理和管理者靠着胆量或有把握的猜测，发现了许多未来的棒球联盟明星运动员，[21] 而比恩使用了一种算法来发现这些"沉睡者"，即未被发现的金子，或被低估了的人才，"这只是一个使用概率法则计算可能性的问题"。[22] 在刘易斯的叙述中，算法招募的球员对"奥克兰运动家"队在21世纪初期的成功起到了决定性的作用。[23] 棒球比赛中挑选球员时，是依靠老到球探的直觉还是依靠统计数字，长期以来一直存在争论。[24]《点球成金》表明，借助棒球统计数据改变了比赛结果，是一次重要突破，象征着算法打败了专家的直觉。

　　将事实贯穿到夸张的故事情节中，好莱坞一向以此闻名。棒球专家指出，刘易斯为了讲一个好故事同样牺牲了一些事实。实际情况是，那些由算法选出的，并且刘易斯着墨很多的球员，对"奥克兰运动家"队的成功贡献并不大。球队的发展壮大，主要功劳在于三位人称"三巨头"的出色投手，但他们都是球探靠直觉和传统的判断方法发现的，而不是靠算法：

　　　　照片最中间的是三位核心的明星投手：马克·穆德、蒂姆·哈德森和巴里·齐托。这三位都是球探一眼看中的，并且被寄予厚望，给予了极高的评价——穆德和齐托在各自参加的选拔赛中，成绩都进入了前十。这与比恩发现"沉睡者"的计划几乎无关……因为比恩的算法产生的数据是细微的。事实上，关于比恩签约了三名优秀的球员，并带领"奥克兰运动家"队走向成功这件事，刘易斯并不认为塞伯计量学与之相关。甚至，刘易斯似乎忽略了"三巨头"。他只花了很少的篇幅介绍

"三巨头"（牵强附会地说比恩是出于奇怪的原因而欣赏他们的），很快就不再写他们，并过渡到了下一章……查德·布拉德福德。[25]

布拉德福德是一名非常出色的替补投手，但在回合数、胜利次数和扑救方面的表现都远不及"三巨头"。[26]事实上，在"三巨头"投手离开"奥克兰运动家"队后，球队在1998—2003年并没有顺利运转。刘易斯关于算法的讲述非常精彩，确实称得上一个好故事。然而，小说毕竟是小说，会为了讲好故事而略过一些事实。尽管如此，现在这个故事还常常会被一些有才华的叙述者和受欢迎的作家拿来举例，希望由此让读者相信，人工智能很快将在所有领域取代人类判断，即使是在一些工作性质含混的领域，比如发现未来顶级棒球运动员的球探业。[27]其实，最好的方法是要讨论如何将统计数据和专家直觉结合起来，以做出更好的决定。然而，这个待解决的难题，并不适合当作成功的英雄故事来叙述。

"奥克兰运动家"队的故事，代表了一种曲解证据的方式。这样就能创造一种假象，即算法是做出更好决策的关键，即使它只发挥了微小的一部分作用。如此夸张的演绎会让书更畅销，但并不能帮助我们了解人工智能的实际潜力和局限性。

个性化广告：即将破灭的泡沫？

谷歌有大约80%的收入来自广告，脸书甚至达到了97%。广告商会向其支付天文数字般的金额，所以，我们可能会认为，广告商会仔细衡量其收入是否值得投入那么多成本。在谷歌，埃里克·施密特会向品牌方保证，投资定会奏效："我们的业务都是可以被精确衡量的。如果你在广告上花费 X 美元，你将获得 Y 美元的收入。"[28] 然而，越来越多的证据表明情况并非如此。相反，在许多情况下，人们似乎并不清楚个性化广告是否真的奏效。

用户使用在线搜索时，网页上会出现相关信息。制造商和零售商可以对自家出现在搜索结果页面上的位置竞标，在未经投资（"原始"）的结果上方，会出现付费（"有资金赞助"）的搜索结果。自动拍卖会决定哪家公司中标。用户每点击一次被赞助的广告，谷歌等公司都会赚到钱，但如果用户点击自然搜索到的结果则不会赚到钱。此外，你在阅读一些在线内容时，比如体育新闻，品牌方就可以付费在你正在阅读的页面上展示广告。这些定向广告比非定向广告贵得多。投放广告的商家会要求平台尽可能多地收集用户数据，尽可能预测用户点击的次数。监控资本主义的核心就是对个人数据进行收集和分析。但现在，我们有充分的理由怀疑，这套体系并未兑现其所宣称的结果，而是像一个可能破裂的泡沫。

赞助商投资广告有效果吗

加州大学伯克利分校经济学教授史蒂文·泰迪里斯在易贝调研了一年，在此期间，易贝的营销顾问曾和他谈到广告有多赚钱。他了解到，最成功的营销方法就是品牌关键词广告。如果搜索包含品牌关键字，例如"易贝摩托车"，那么谷歌、必应和其他平台就会在自然搜索的结果顶部放置品牌（此处为易贝）的链接。当然，易贝需要为此付费。顾问肯定地表示，在品牌关键词广告上每花 1 美元，易贝就能赚取 12 美元。[29]

泰迪里斯与易贝的两位经济学家一起进行了许多实验来衡量实际回报。在每个实验中，易贝都会在一组城市里停止在网页上（谷歌、必应和雅虎！）投放品牌关键词广告，而同时在其他城市继续投放广告。如果赞助广告确实有效，那么在广告被删除期间，易贝在这些城市的收入应该会下降，但实际上并没有。当易贝停止竞标与品牌无关的关键词时（例如"手机"和"二手吉布森吉他"），收益也没有下降。只有新用户和不经常使用的用户会受到广告的影响，频繁使用的用户则不会。泰迪里斯和其他研究人员合作计算出，事实并不像顾问所言，易贝每花 1 美元就能赚取 12 美元，而是每花 1 美元就会损失 63 美分。[30] 得知自己实际上亏本后，易贝就从其营销预算中撤销了品牌关键字的广告。

与经济学家不同，营销顾问关注的是相关性，而不是因果关系。假设你在经营一家著名的咖啡馆，并雇用两个人——杰克和乔，分发优惠券吸引顾客。很快，有将近一半的顾客带着杰克分发的优惠券而来，很少有人带着乔分发的优惠券。因此你可能认为，杰克的营销策略或者其个人魅力卓越，带来了大约 50% 的销售额。实际是因为，乔是去市中心分发的优惠券，而杰克只是站在咖啡馆旁边将优惠券发给了出现在咖啡馆前的人。

所以，大多数拿着杰克的优惠券到店的顾客，原本就是打算去咖啡馆的。这就好比即使易贝没有投资在网站上放置链接，99.5%的用户也会访问易贝的网站。他们只需点击易贝的原始链接，或直接访问易贝的网站即可。请注意，只有当你点击赞助链接时，易贝才需要向谷歌支付费用。原始链接通常位于付费链接的下方，你点击它时，易贝是无须付款的。

其他知名品牌很可能会出现类似的结果，但这仍然是推测，因为与此相关的实验很少。有一个相关实验是与一个不太知名的品牌合作的——Edmunds.com，一个刊载汽车信息的网站。实验报告称，当品牌关键词广告被关闭时，通过自然搜索产生的流量只有原流量的一半。原来的另一半流量可能是登录了竞争对手的网站，其悄悄地对关键词"Edmunds"进行了竞标。[31] 然而，与易贝的实验不同的是，这项研究无法得出有关投资回报率的精确数据。因此，品牌认可度低的公司可能会从品牌关键词广告中获利，这样可以保护自身免受竞争对手的影响，否则竞争对手可能会抢走它们的客户。这就像你被迫在你的咖啡馆前分发优惠券一样，否则你的竞争对手就会站在那里分发自己的优惠券。

我们可以从易贝的实验中得出一般性结论：公司应该自己进行实验，来确定是否有必要为广告付费。可是，那些品牌关键词广告没有被竞争对手定期购买的公司（像易贝这样的大公司），其中也只有1/10关停了品牌关键词广告，而且大多没有进行实验研究就做出了决策。大多数公司只是继续照常投资广告。

这是为什么呢？因为对于公司自身来说，判断广告多有效，是符合利益最大化的。然而，对于公司下属的营销部门来说，情况则不一定是这样的。如果营销部门的广告活动办得出色，那么该部门就可以获得更多的预算和更多的人员。同时，他们还要和出版部门以及电视营销部门竞争，由此形成了公司内部的利益冲突。除了利益冲突，公司普遍地更看重相关性，而非实验结果，由此导致了对效果的夸大估计。[32] 例如，谷歌向客户展示，在根据投资计算回报时，使用何种方法会导致夸大的结果。[33]

投资展示类广告有效果吗

谷歌和微软的研究人员分析了 25 个数字广告领域基于知名零售商和金融服务公司的大规模实验，他们的结论是，几乎不可能衡量广告的回报。[34] 与埃里克·施密特的说法相反，即使广告真的有效果，也往往收效甚微，以至于很难证明真的有效果。同样，针对一家美国零售商的 150 万名客户进行的一项实验表明，展示服装系列广告对增加购买量的影响很小，甚至微不足道。然而，有一个例外。[35] 在 65 岁及以上的客户群体中，因为广告，其销售额增长了 20%，但这些客户几乎都去了实体店，而不是在线订购。两个后续实验也没有发现购买量的总体增加。

展示类广告可能不再像以前那样有效，因此广告的效果变得更加不确定。首先，如今的用户对广告的关注度较低。例如，自 1994 年第一个横幅广告出现以来，其点击率从最初惊人的 44% 骤降到 2018 年的 0.46%。[36] 其次，许多消费者对源源不断的广告感到恼火，所以更加注重广告拦截。最后，投放广告的商家面临着"点击骗局"。僵尸网络和人工"点击农场"会被雇用来点击广告，让广告的宣传效果看起来比实际更好。一些狡猾的广告投放商甚至使用类似的服务来点击竞争对手的广告，让竞争对手高估广告的效果，以增加投入，这样就能耗尽竞争对手公司的预算。研究估计，超过 1/4 网站的流量显示出非人为信号，并且用在展示类广告上的所有广告费中，有一半以上将会因"点击骗局"而白费。[37] 结果是，广告平台从每一次点击中获利，包括非人为的点击。

总而言之，对于赞助类广告和展示类广告是否或何时会增加销售额，以及如果确实增加了销售额，是否可以证明加大投资是合理的，其中仍存在相当大的不确定性。用户注意力降低、广告拦截功能和虚假点击，使广告效果与平台方宣传的严重不符，无法做到如他们所说的那样获取巨大收益。这让人想起 2008 年金融危机前几年的那一番场景，当时大型全球评级机构对银行的毒贷给予了 AAA 评级，使得银行能够以高价将其出售。评级机构不是中立的；银行付款给评级机构，就会得到想要的评分，就像广告公司从被夸大的广告效果中获利一样。高昂的广告价格也促使易贝反思它实际获得的收益。[38]

如果有足够多的公司效仿易贝，摆脱内部利益冲突，开展自己的实验，那么广告泡沫很可能变得像 2008 年前的金融泡沫一样。这不仅有利于广告商减少预算，而且有可能改变整个社会。这将解放目前专注于预测点击的年轻聪明的研究人员的脑力，让他们可以将才能发挥在更有用的事情上。

至关重要的是，如果进一步的实验证实，许多广告活动并没有兑现承诺，那么更多公司可能会重新考虑投资此类个性化广告。因为耗资很多，收益却很少。用户用数据付费的模式将会崩溃，随后，科技公司将会设想出售用户的注意力和时间。我们知道，这将终结基于广告的监控资本主义。

检查可信度

检查消息来源的可信度不仅需要核查消息是否符合事实，还需要调查是谁将信息传递给了我们，潜在的意图是什么，以及信息是否正确。从传统观点来看，调查记者一直捍卫着新闻的可靠性。然而，自 20 世纪 80 年代大型媒体集团崛起以来，该类记者的人数一直在减少。对他们而言，公布有关腐败或公司犯罪的真相，可能并不符合自身的经济利益。如今，刊登广告的公司已经减少了其在防止媒体披露不利细节方面的商业投入。社交媒体的兴起让传统媒体的影响力越来越小，在带来积极作用的同时也带来了消极影响。一方面，人们可以自己报道媒体集团还未披露的腐败或侵犯人权的事件。另一方面，每个人都可以轻易散布谣言和编造骗局。现在，所有人都需要成为自己的调查记者，但又有多少人真的准备好了？

数字时代原住民

人们普遍认为，在社交媒体上畅通无阻，就等于能够规避互联网的诡计和陷阱。数字时代原住民知道如何让多种信息触手可及，他们在给朋友发短信并将自拍照上传到 Instagram 时，还可以做到在抖音和 Snapchat 之间流畅切换。人们可能认为，自己每天都有数小时的在线时间，判断信息可信度的能力自然会提高。

为了了解这些数字时代原住民的实际能力，斯坦福大学的研究人员对来自美国 12 个州的初中、高中和大学的约 900 名学生进行了评估。[39] 他们要求学生基于诸如"证据是什么""谁是信息背后的人"之类的问题来评估在线资源。例如，中学生阅读了一篇名为《千禧一代有良好的金钱习惯吗》的在线文章。文章由一位银行高管撰写，美国银行赞助发行。文章认为，许多千禧一代需要财务规划方面的帮助。被试者需要考虑这篇文章可能不值得信任的原因。令人惊讶的是，大多数学生并没有将作者和赞助人的身份，以及由此会产生的利益冲突，纳入怀疑的原因。在另一项测试中，被试者需要查看在线杂志 *Slate* 的主页，并确定其中的内容是广告还是新闻报道。中学生可以很容易地识别出带有优惠券代码的传统广告，但超过 80% 的人认为，明确标有"赞助内容"字样的本地（付费）广告是真实的新闻报道。

那么高中生是否更擅长评估在线内容呢？还是在这项研究中，他们需要评估两篇宣布唐纳德·特朗普竞选总统的脸书帖子，一篇来自福克斯新闻网，另一篇来自一个看起来相似的虚假账号。真实帖子包含一个蓝色选择标记，表明脸书已认证该账号。只有 1/4 的高中生知道蓝色选择标记的重要性，1/3 的人认为假福克斯新闻账号更值得信赖。

照片共享网站 Imgur 向高中生展示的另一篇帖子中，有一张畸形的雏菊照片，并称这些在日本福岛核灾难后生长出的花朵存在核出生缺陷（图 11.2）。实验者提出的问题是，这张照片是否提供了证明其是在核电站附近拍摄的有力证据。天真的学生会被这张引人注意的照片吸引，而具有批判思维的学生则会更加警惕，并注意到，没有证据可以表明这张照片是在福岛附近拍摄的。正如一位具有批判思维的学生所说：

> 不，它并没有真正提供强有力的证据。陌生人在网上发布的照片几乎没有可信度。这张照片很容易被 PS 处理或转载自另一个完全不同的来源，因为我们不知道该照片的相关信息，所以它并不可靠。

图 11.2　核出生缺陷？变异的花朵，类似于公民在线推理测试中会用到的花朵图片。资料来源：Perduejn/WikimediaCommons, https://commons.wikimedia.org/wiki/File:MulesEarFasciated_107393.jpg。

但只有少数高中生指出这张照片来历不明，证据不足。相比之下，3/4 的人根本没有质疑消息的来源是否有证据。他们的想法就如其中一位学生所言：

这张网图提供了强有力的证据，因为从中我们可以看到，灾难对微小而美丽的事物产生了多么深重的影响，花朵的外观和生长方式与预期完全不同。此外，这说明花朵的遭遇也可能发生在人类身上。[40]

总而言之，绝大多数高中生从未学会对帖子进行批判性推理，尽管他们出生在数字时代。

那么大学生呢？在实验过程中，大学生需要根据 minimum-wage.com 上的一篇题为《丹麦的 41 美元菜单》的文章评估这个网站是不是有关最低工资信息的可靠来源（图 11.3）。这篇文章回答了《纽约时报》提出的一个问题：如果丹麦可以向其工人支付相对较高的最低工资，为什么美国不能？这篇文章反对提高最低工资，因为这会增加劳动力成本，巨无霸汉堡的成本也会变得更高。丹麦的"美元菜单"上，巨无霸汉堡是 1.41美元。此举也会大大降低丹麦快餐店的利润。因此，最低工资将提高美国的物价，并减少十万个工作岗位。

该网站看起来很可靠，在"关于我们"页面上，它声称自己是"就业政策研究所（EPI）的一个项目"：我们是"一个致力于研究就业增长的公共政策问题的非营利机构"。[41]针对这篇文章，《纽约时报》报道称，就业政策研究所"由广告和公共关系主管理查德·B.伯曼领导，他从事的业务与美国企业有关，在华盛顿赚了数百万美元"。记者走访了就业政策研究所总部，发现那里根本没有人工作，就业政策研究所只是伯曼众多的在线实体之一。当然，在 minimumwage.com 上是找不到该信息的。如果要找到该信息，学生必须退出网站，并根据

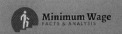

Denmark's Dollar Forty-One Menu

Thursday, October 30, 2014, 9:00 am

Proponents of raising the minimum wage often point to Scandinavian countries like Denmark as models for American labor policy. But the devil is in the details. Take this week's *New York Times profile* of the comparatively high Danish minimum wage, for example. The authors ask, if the Danes can do it, why can't the United States?

In the midst of a mostly-fawning piece on Danish labor policy, the authors unwittingly answer their own question: It would lead to higher prices and fewer job opportunities.

The piece points out that the associated higher labor costs mean that a Big Mac in Denmark costs 17 percent more than in the United States – $5.60 versus $4.80. Other analyses put the price discrepancy at around double that. For example, the equivalent of the "Dollar Menu" in Denmark is $1.41, and an extra value meal is nearly 40 percent more.

OCTOBER 30, 2014
Bernie's $15 Plan Will Cost Georgia 106k Jobs

OCTOBER 30, 2014
No Blue Wave is a Good Sign for Minimum Wage

OCTOBER 30, 2014
Fact-Checking Biden on Minimum Wage

图 11.3　这些关于最低工资的信息，来源可靠吗？任务之一：公民在线推理测试。资料来源：https://www.minimumwage.com/2014/10/denmarks-dollar-forty-one-menu/。

目前已知的信息搜索其来源——这一过程被称为横向阅读（与垂直阅读相对，垂直阅读就是我们阅读印刷文本的方式）。然而，尽管在实验说明中明确提到了可能如此才能核实信息，但绝大多数学生只是停留在该网站内。他们相信网站的表面内容，还有"关于我们"页面上的介绍。一名学生解释道：

> 我阅读了 minimumwage.com 和就业政策研究所的"关于我们"页面。由就业政策研究所赞助的 minimumwage.com 是一家致力于研究就业政策问题的非营利机构，它资助全国经济学家开展"无党派"研究。该组织是个非营利组织，且赞助无党派研究，其网站上也包含提高最低工资的优点和缺点。这些因素都让我相信这一信息来源。

这名学生的推理很合理，但完全是基于这一组织的自我描述。只有不到 10% 的大学生和高中生可以跳出该网页，并且对该网站进行批判性评价。

暂且不管人们对最低工资的看法，我们需要明白，可以通过调查网站背后的人，发现其隐藏事务。然而，从中学生到大学生，很少有学生关注是谁在背后支持在线资源，他们没有考虑支撑信息的依据，也没有参考独立的来源来核实这些信息。相反，他们听信了表面上的话，而且被生动的照片和图形设计吸引。即使别人鼓励他们通过互联网进行搜索，大多数人也没有去参考其他网站。总而言之，他们很容易上当受骗。数字时代原住民的身份并不能证明他们真的了解数字时代。

专业人士和精英学生

来自顶尖大学的专业人士和学生一定更擅长评估可信度和证据吗？为了回答这个问题，两名参与了前一个实验的研究人员，邀请了 10 名受雇于知名新闻和政治事实核查机构的专业事实核查人员——其工作是辨别数字媒体中的真相，还邀请了 10 名历史学家，他们的日常工作是评估书面文本的可信度及其创作环境。[42] 另外，他们还邀请了斯坦福大学的 25 名本科生。斯坦福大学坐落于硅谷中心，是世界上最具竞争力的大学之一。这些学生代表着我们数字化的未来。

每位事实核查员、历史学家和大学生都有 8 分钟的时间来评估 minimumwage.com 和其他两个网站。所有的事实核查员都发现了是哪些赞助商在资助该网站和就业政策研究所，但只有 60% 的历史学家和 40% 的大学生做到了这一点。此外，事实核查员的速度要快得多，平均在 205 秒内完成，而大学生则需要两倍多的时间（419 秒），历史学家则在两者之间（361 秒，图 11.4）。

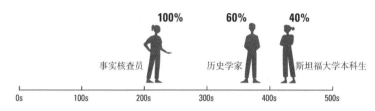

图 11.4　专业事实核查人员、历史学家和数字时代的原住民（斯坦福大学本科生）需要找出谁是 minimumwage.com 网站和就业政策研究所幕后之人所需的平均时间。每个组的成员找到答案的百分比显示在每个组的图标顶部，平均时间以秒为单位显示（见正文）。资料来源：Wineburg and McGrew，"Lateral Reading"。

事实核查员的秘诀是什么？让我们将目光聚焦到速度最快的事实核查员身上。她在《丹麦的 41 美元菜单》这篇文章上停留了 6 秒钟，然后就转到"关于"选项卡，在那里她得知该站点是就业政策研究所的项目，然后，在打开 minimumwage. com 的同时，新选项卡里打开了一个能进入该网址的链接。在就业政策研究所主页上只停留了 3 秒钟，她就点击了页面上的"关于"选项，上面标明了其成立时间是 1991 年，是"一个致力于研究公共政策的非营利机构"。"这完全说明不了什么。"她说，然后用谷歌搜索了就业政策研究所。阅读过一些片段后，她跳过第一个结果，选择了 SourceWatch 上就业政策研究所的条目，并打趣道："所以这表明它是公关公司创建的几个前线小组之一。"她滚动鼠标翻看页面，直到找到了《纽约时报》的报道。报道中说，记者曾想去探访就业政策研究所办公室，但发现办公室并不存在。她点击了 SourceWatch 提供的引文，并访问了国家公共广播电台的网站，对该声明进行了核查，该网站提供了对这位记者的采访记录。短短两分钟内，她就发现 minimumwage.com 和就业政策研究所虚有其表：

> 显然，根据《纽约时报》记者的报道，这并不是个正规的组织。记者说他去实地调查，可根本没有发现任何证据表明该组织有办公室，那里也没有员工。所有员工实际上都在为公关公司工作。[43]

为什么仅是所有的事实核查员发现了该网站不为人知的一面，而不是所有的大学生和历史学家呢？因为许多大学生和历史学家虽然使用了不同策略，但都没有离开原始页面，而且完整地阅读了整个页面。即使他们确实离开了该页面，也是过了很久以后，才点击了符合他们个人兴趣的链接。毫无疑问，所有人都明白网站是经过精心设计的，并且可能由某些为达到特定利益的团体（通常是党派利益）资助。只是大多数人不具备发现问题的技能。然而，掌握该项技能只需了解一些规则即可。

判断可信度的妙招

假设有一个新网站联系你，而可供你调查该网站的时间有限。该网站可能会要求你报名签署与呼吁降低最低工资、提高烟草税、大麻合法化、反对同性婚姻相关的请愿书，为他们的事业捐款，或者只是要求你宣传一些新闻。如果你想知道该网站是否值得信赖，可以参考专业事实核查员使用的四个规则：

横向阅读。在阅读完网站上的所有内容前，就尽早离开该网站，进行横向阅读。意思是，我们只需大致浏览一下内容，就可以转到其他站点对其凭据和主要目的进行背景检查。

尝试克制点击的冲动。当你得到搜索结果时，不要点击第一页的第一个条目。用已显示的信息列表搜索与网站可靠性相关的细节，即扫视整个首页（甚至更多页）的结果，这样在首次点击时就能点击到正确的页面。

反复阅读。在对网站背后的组织有了更多了解后，请回头仔细阅读文本并了解其意图。

忽略表面特征。不要关注网站的设计及 .com 或 .org 等一级域名。

快速找出网站幕后之人的方法，就是先转到网站上的"关于"页面，然后离开该网站在其他地方搜索相关组织的名称，查找独立来源，然后从那里继续搜索。这一步需要更加深入地了解信息来源和相关组织，例如它们是如何与政党或社会事务保持同步的。"克制点击的冲动"需要对网站的结构有所了解，比如搜索引擎上显示的第一个结果不一定是关联性最强的。占据搜索结果首位的，可能会是一个在线团体（例如 MMRanti-vaxxers），而不是更可靠的内容。变相的广告也可能位居搜索结果的榜首。用户的首次点击，可能是"决定搜索命运的"点击。第一步点错，可能就此走上歧路。所以，在点击之前，我们总是要三思而后行。

不太巧妙的辨识规则

以上四种方法已被证明可以帮助学生对在线资源的可靠性做出正确判断。[44] 然而，许多数字时代的原住民似乎并不在意。相反，他们可能还在遵循一些以列表形式呈现的老套方法。让我们看看以下这个经常被用于评估网页的问卷列表。我们可以在数百个网站上看到它，包括许多大学的网站。这个问卷列表会要求你根据五个标准评估页面：

准确性。页面是否列出了发布该页面的作者和机构，并提供了联系方式。

权威性。页面作者的资历和首选域名是否为大众所认可（.edu 或 .gov 或 .org 或 .net）。

客观性。网页是否提供了准确的信息，没有过多的广告，且在呈现信息时是客观的。

时效性。页面是不是最新的，会定期更新（如页面上所述），并且链接（如果有）也是最新的。

覆盖范围。是否可以正确查看信息（不受限于费用、浏览器技术或软件要求）。

如都满足，那么这可能是一个对你的研究有价值的网页！[45] 如有一条不符合，则该页面对你来说不具备研究价值。然而，这份问卷没有要求用户离开页面，寻求独立于该网页的信息，而是假定所有相关信息都显示在了页面上，仔细调查就足矣。这份问卷聚焦网站的功能和外观，而这些都是公司可以改进的。然而，事实核查员依据的规则，是围绕我们如何审视网站的可靠性，与公司本身做的任何改进都无关。此问卷的最早版本可以追溯到 1998 年，即互联网发展初期。虽然该问卷可以提供判断信息是否可靠的依据，但无法适应如今的说服和欺骗策略。

针对这种类型的问卷列表，许多想要隐藏其意图的网站都尝试完美满足问卷列出的标准。以最低工资 minimumwage. com 网站为例，除了域名，该网站满足其他所有标准。该网站列出了作者和机构，并提供了联系方式以满足对准确性的要求。网站上没有广告，信息看起来也很客观，因此客观性测试也通过了。最后，网站和链接都有所更新，无须付费就可以很好地查看其信息，所以大家会对其时效性和覆盖范围表示认可。因此，浏览这样的问卷列表后，就可能产生虚假的安全感。事实核查员之所以不被蒙骗，是因为他们知道，想要隐藏意图的网站设计者会一丝不苟地尽可能满足这个诞生于 20 世纪的问卷列表。

从触屏黑板到交互式白板，政府投入数百万美元为学生配备数字教学工具。然而，与此同等重要的是需要投资一些通识课程，让学生可以在这个智能世界里保持聪慧。迄今为止，很少有政府意识到其中的重要性。芬兰在幸福指数、新闻自由、社会公正和性别平等方面一直位居世界前列，芬兰的学校在有关数学、科学和语言的国际测试中也一直表现出色，所以芬兰在教导学生辨别事实与谎言、伪科学与科学、谣言与信息方面也处于领先地位，这一点似乎不足为奇。芬兰的数字素养工具包也非常出名，称为 Faktabaari（事实压缩包），从小学到高中都开展了相关教学。[46] 芬兰还推出了屡获殊荣的大型开放在线课程"人工智能元素"，并提供了多种语言版本。各地学生在学校都应该有机会学习如何理解数字时代，而不应该仅限于在芬兰。

社会的黏合剂

信任是社会的黏合剂。在几个世纪前的小村庄里，每个人都可以密切关注其他人，人们彼此都知根知底。在这种情况下，社会几乎不需要信任。正如马丁·路德所言，除了对上帝的信任。[47] 如果有人行骗、偷窃或撒谎，这个人很快就会被揪出来，受到惩罚或被驱逐出去。当人类社会规模更大、流动性更高时，信任就变得尤为重要。[48] 跨越国界和洲界进行贸易的商人必须依靠信任——没有信任，就没有贸易。

互联网的发明让我们的社会和经济关系更加依赖于信任。相比以前漫长的人类历史，今天我们与可能只有一面之缘的陌生人互动的次数可谓前所未有的频繁。我们应该相信在网上认识的人吗？我们应该相信计算谁应该获得工作、贷款或社会福利的秘密算法吗？我们在购买产品时，有多少五星级好评是真实的，有多少是买来的？如果社交媒体平台的业务是向刊登广告的品牌方出售我们的注意力和时间，那么社交媒体值得信赖吗？各国政府呢？牛津大学的一个研究小组称，全球约有 70 个国家的政府建立了社交媒体错误信息小组来散布谎言和掩盖真相。[49] 我们是否应该对此不屑一顾，然后滚动鼠标浏览消息提要，让身体产生更多的多巴胺？或者选择睁一只眼闭一只眼，继续做快乐的消费者，凡事往好处想？

还有一种选择是成为热衷于数字化的居民。如果家庭、工厂和城市都可以变得智能，为什么人不能呢？数字世界使虚假信息比以往任何时候都更容易泛滥、更具有发挥空间。[50] 然而，与此同时，数字世界也为我们了解人员和信息来源的可信度提供了多条路径。我们可以借此了解人工智能可以轻松做什么和不能做什么，可以思考以数据为货币的商业模式是如何销售用户的时间和注意力的。我们可以给那些希望与公众齐心协力，以更好地理解人工智能的好处，抑制其潜在危害的政治家投票。欧盟的《通用数据保护条例》是赢得信任的第一步。政治家需要更强大的政治魄力，才能将对透明度和尊严的向往转化为具体措施。目前，许多平台都在尝试打破规则。例如，使"接受所有 cookies"成为只需点击一次的选项，而其他选项则需要长时间滚动鼠标和多次点击，十分恼人。

提高透明度可以从简单具体的行动做起。例如，让人们在点击"我接受"时更容易理解他们实际同意的内容。许多信息平台将答案藏在冗长的、有时长达 20 页的使用协议中，而且字体几乎无法辨认，让人难以理解。人们要么给予不知情的同意，要么在进入新平台之前花费数小时试图理解这些超长的文件，不过二者都不是什么好的选择。这种被迫的选择是对人类尊严的侮辱。

我认为，有一个简单的方案可以解决这种问题：要求科技公司用一页纸的内容替换这些没有可读性的文件，诚实和清楚地解释哪些个人信息会被提取出来，发送给哪些第三方，并需要明确征求用户的同意，方可成为用户图片和数据的所有者。[51]为了实现这一目标，我们需要愿意为该变革而奋斗的政策制定者。然而，争取人类尊严的斗争还在更深层次上继续着。社交媒体平台为少数特别富有的人所拥有，它们的目标是收购竞争对手而不是促进市场竞争。正如置身于金融危机中的银行一样，这些平台会变得过于有影响力、规模过大，一旦倒闭，就可能对运作良好的民主结构造成威胁。经济的蓬勃健康发展源于更有竞争力的创新和更少的集中化行为。与其向朋友抱怨孩子睡眠太少，自己被社交媒体所困扰，不如说服政府从根本上解决问题，禁止监控商业模式。[52]

前文提到的措施都可以让科技公司和政客重新赢得公众的信任。更多的人已经意识到秘密和错误信息的量有多大，受到商业和政府监控的程度有多深，我们应该享受社交媒体，而不是让成千上万的工程师和心理学家不断研究让人进一步成瘾的方法。人工智能可以比人类更好更快地交付任务，我们应该从中受益，而不是受到误导，以为人工智能可以预测人类所有行为并可以改善生活的方方面面。

互联网最初的梦想是打开信息时代的大门。如今，我们却发现自己不仅身处信息时代，而且是虚假信息的时代。后者是对人类进化的严重威胁，会削弱我们对一些机构和领域的信任，这些机构和领域往往关系着所有人的福祉，例如政府、科学领域、调查性新闻领域和司法系统。我们需要修复互联网，消除监视商业模式，重获隐私和尊严。我们应该以冷静的敬意而不是毫无根据的敬畏或怀疑来看待数字技术，让数字世界成为我们想要生活的世界。

致　谢

　　创作这本书的初衷，是希望大众读者能够应对数字世界中的挑战。这本书是在我较早的两本畅销书《直觉思维》和《风险认知》的基础上创作而成的。《直觉思维》让读者理解了直觉，并且让直觉在科学领域也得到了认可。《风险认知》则有助于读者应对风险和不确定性。在算法日益普及的世界中，这本新书可以指导我们学会把握自己的方向盘。虽然本书并不是学术类书籍，但我借鉴了大量研究成果，包括我在柏林马克斯·普朗克人类发展研究所关于不确定性决策的研究。我很幸运能得到研究所慷慨的独特支持，研究所浓厚的学术氛围让我受益匪浅，那里就像是研究的天堂。我还要感谢大卫和克劳迪娅·哈丁夫妇对哈丁风险识别中心的长期支持，该中心由我主导，现在位于波茨坦大学。想要了解更多相关基础研究的读者，我建议大家去阅读这两本书：《野外分类》(*Classification in the Wild*)（卡齐科普洛斯、西姆赛克、巴克曼和吉仁泽，2020 年，麻省理工学院出版社）和《简单的理性：现实生活中的决策》(*Simply Rational：Descision Making in the Real World*)(吉仁泽，2015年，牛津大学出版社)。本书的参考书单中列出的一些相关的学术读物可供读者继续阅读。

在此，我要感谢汤姆·陈、艾里·芬克尔、沃尔夫冈·盖斯梅尔、苏菲·哈特曼、吉塞拉·亨克斯、拉尔夫·海德薇格、康斯坦蒂诺斯·卡齐科普洛斯、加里·克莱因、布雷顿·雷克、栾胜华、萨拉·麦格鲁、约翰·莫纳什、让·切尔林斯基·奥尔特加、菲利克斯·雷比契克、劳尔·罗哈斯、辛西娅·鲁丁、娜塔莎·舒尔、凯瑟琳娜·舒勒、斯蒂芬·施拉多弗、奥兹古尔·西门塞克、艾米·斯莱普、艾萨克·斯坦利－贝克尔、里卡尔多·维亚莱、山姆·温伯格、杰森·约辛斯基和约翰·泽里利，他们给我提出了许多宝贵意见。我要特别感谢罗娜·昂劳，罗娜是本书的编辑，并辅助我进行了资料收集工作，还一遍遍地修改书稿，感谢她一直以来的大力支持。我还要感谢设计图表的莎拉·奥特斯泰特，以及来自麻省理工学院出版社的瑞秋·福吉对书中细节敏锐的洞察。最后，我要感谢妻子罗琳·达斯顿、女儿塔利亚·吉仁泽和女婿凯尔·陈，多年以来（包括这不平凡的2020年），他们一直在为本书的创作提供想法和情感支持。由于新冠肺炎疫情，计划中的许多会谈和旅行都不得不取消。然而，对我来说，在茫茫乌云中也有一丝光亮：我忽然有了更多的时间来写书。

注　释

前　言

1. 肖珊娜·祖博夫对监控资本主义的开创性分析具有深远意义，她认为人工智能确实具有这种能力。比如她曾谈道"以前所未有的精确性监控和塑造人类的行为"（"Surveillance Caitalism"，2019a, p. 17），还写道"关于我们，监控资本家无所不知"（*Age of Surveillance Capitalism*, 2019b, p. 11）。

2. Breakstone, Smith, Connors et al.（2021）; McGrew et al.（2018）; Wineburg and McGrew（2019）; and Chapter 11.

3. Rogers（2012）.

4. National Consortium for the Study of Terrorism and Responses to Terrorism（2020）.

5. Centers for Disease Control and Prevention（2020）.

6. Britt（2015）.

7. ERGO（2019）.

8. https://www.youtube.com/watch?v=t7911kgJJZc.

9. 例如，德国警察工会主席在支持大规模监控时写道：0.1% 的误报率是非常低的，低到"几乎察觉不到，是可以接受的程度"。新闻稿可访问：https://www.bmi.bund.de/SharedDocs/pressemitteilungen/DE/2018/10/gesichtserkennung-suedkreuz.html。

10. 缺乏风险识别能力引发了激烈辩论。例如，推特上的一位评论员指出，0.1% 的误报率和出现犯罪嫌疑人的低概率意味着绝大多数警报是假的。下面我们来证明这一点，假设有 500 名嫌疑人在火车站闲逛，其中系统正确识别出 400 人（80% 的准确率）。如果将所有人都鉴定为嫌疑人，那么在总人数有 12 400 人时，就有 400

人被纳入了正确的归类，其他的 12 000 人则归类错误，这意味大约 97% 的分类是错误的。作为回应，欧洲议会的一名成员在为该系统辩护的推特上写道："您应该在数学上努努力：0.1% 的错误率意思是在适宜的情况下，其命中率为 99.9%。我们强调的是适宜的情况。"她错误地认为 0.1% 的误报率意味着 99.9% 的分类是正确的。当被纠正时，她坚称自己知道计算概率。但这无关紧要，因为关键在于人脸识别系统在预防和教育方面的作用。政治家需要识别风险的能力，以及承认错误的谦逊。

11. Tolentino（2019），p. 71.

12. 俗话说，"如果不付费购买产品，你自己就会变成产品"。准确地说，有关你的预测就是产品。咖啡馆故事的灵感来关于企业监控的有趣演讲，请参阅：https://idlewords.com/talks/internet_with_a_human_face.htm。

13. Brin and Page（2012）；Wu（2016）. 吴修铭曾在《注意力商人》这本书中讲述了谷歌创始人的故事：一位加拿大数学家比佩奇还讨厌广告，但在他的协助下，谷歌这个最强大的基于广告的平台诞生了。

14. 包括火狐和 Google Contributor 在内的各种公司都在尝试小额支付［梅伦德兹（Melendez），"火狐和知识共享"（"Mozilla and Creative Commons"）］。奈飞也想让观众继续关注它，但它的目的在于维持较高的订阅率，而不是满足广告投资方的需求。一些平台的用户可以通过付费的方式免受广告泛滥的困扰，但这些付费的人也无法保证不被广告盯上。例如，领英和德国职业社交平台 Xing 等商业平台就有推出高级会员的资格，会员可以访问其他成员的数据（例如，谁访问了自己的页面），但也无法保护自己的数据。

15. 欧盟委员会的报告中探讨了加深用户理解程度的问题（Lewandowsky et al., 2020）。DQ 研究所等私人组织已经解决了儿童面临的数字时代的风险（Chawla, 2018）。

16. 更准确地说，这些广告位会被拍卖并出售给竞标者，算法会计算出该技术公司的最高回报。这个算法是一个与竞标和预期将看到或点击广告的用户数量有关的函数。广告投资方向谷歌支付点击费用，所以显然，谷歌希望你点击广告。

17. https://www.samsung.com/hk_en/info/privacy/smarttv/. Fowler（2019, 18 September）.

18. https://www.searchenginewatch.com/2016/04/27/do-50-of-adults-really-not-recognise-ads-in-search-results/.

19. Kawohl and Becker（2017）.

20. Economist（2018）.

21. 德国联邦司法和消费者保护部消费者事务咨询委员会：《数字主权》（*Digital Sovereignty*）。巴伐利亚公共广播公司的记者透露，评分系统的核查依据的是信用机构自己授权的报告。

22. 参见"2045 倡议"(http://2045.com/ideology/)。一些作家想象人们可以将大脑上传到这个巨型的智能系统中。一旦成为现实，人类的大脑就可以永生。

23. Daniel and Palmer（2007）。

24. 这些有关算法的说法都是没有依据的夸张表述。例如尤瓦尔·赫拉利在《未来简史》中的论述。我在本书的第十一章中举了相关的例子。

25. 更广泛的意见参见 Brockman（2019）。此外，卡尼曼也提出了一个问题，即人工智能最终是否可以做所有人类可以做的事情（"Comment"，609）："会有什么事情是只有人类才可以做到的吗？坦白地说，我找不到任何理由去限制人工智能的能力。""您应该尽可能用算法代替人类"（610）。

26. Gigerenzer（2014）。

27. 有关恐惧循环可参见 Orben（2020）。

第一章　点击一下鼠标就能找到真爱？

1. Anderson et al.（2020）。

2. Grzymek and Puntschuh（2019）。

3. Parship 每年在电视、网站和海报广告上的花费约为 1 亿欧元，专业模特会在这些广告中扮演成单身。Theile（2020）。

4. Deutsches Institut für Service-Qualität（2017）。

5. https://www.unstatistik.de。

6. 转引自 Finkel et al.（2012），p. 24。

7. https://www.jdate.com/en/jlife/success-stories/shlomit-ryan.Finkel et al.（2012），p. 3.

8. Finkel et al.（2012）。

9. 爱泼斯坦："关于网上约会的真相。"eHarmony 的工作人员发表了一篇研究论文，声称通过 eHarmony 相识结婚的夫妇比通过其他方式相识的夫妇更幸福。然而，他们选择的代表 eHarmony 的夫妇刚刚新婚（平均刚结婚六个月），而对照组的夫妇平均已经结婚两年多了。结果，该研究既没有通过科学审查程序，也没有发表。我们可以猜到个中原因。

10. 例如，为了写这本书，我联系 ElitePartner 的工作人员想进行采访，他们要求我先向他们发送采访的问题。于是，我提交了 10 个问题。他们对此给出的回应是，其中有一半的问题他们不方便回答：比如他们每年新增多少付费会员，每年有多少人通过该平台坠入爱河。我还在等他们对另一半问题的回复。我们有理由怀疑婚介机构公布的数据是否可信；Zoe Strimpel（2017）分析了关于婚介行业的双曲线说法："婚介行业"（"Matchmaking Industry"）。

11. Cacioppo et al.（2013）.

12. Danielsbacka et al.（2020）；Potarca（2020）；Paul（2014）.

13. Potarca（2020）；Thomas（2020）；Brown（2019）.

14. Tinder 还有一种算法，尽管该算法不是基于配置文件的。Tinder 的算法会根据每个用户获得的滑动（swipe）次数，以及从谁那里得到的滑动，秘密地给用户打一个魅力值分数。

15. https://www.youtube.com/watch?v=m9PiPlRuy6E.

16. 为了方便解释，我在这里使用了算术平均值。OKCupid 的算法计算的是几何平均数，它将值相乘并取平方根。

17. Bruch and Newman（2018）.

18. Rudder（2014）.

19. Buss（2019）.

20. Finkel et al.（2012），p. 30.

21. Joel et al.（2017）.

22. Todd et al.（2007）. 另请参见 Finkel et al.（2012）。

23. Montoya et al.（2008）.

24. Dyrenforth et al.（2010）.

25. Finkel et al.（2012），p. 44.

26. Sales（2016）.

27. Epstein（2013）.

28. Hancock et al.（2007）.

29. Hitsch et al.（2010）.

30. Epstein（2013）.

31. Epstein（2013）.

32. Anderson（2016）.

33. Epstein（2013）.

34. Lea et al.（2009），p. 42.

35. 脸书如今已禁止了误导性广告，但诈骗者会使用一种称为"斗篷"的技术，给脸书的机器人显示一些无害的内容而蒙混过关，受害者（真正读到信息的人）看到的则是不一样的内容（Kayser-Bril, 2019）。

36. Office of Fair Trading, United Kingdom（2007）.

37. Whitty and Buchanan（2015）.

38. Suarez-Tangil et al.（2019）.

39. Whitty and Buchanan（2015）.

40. Tsvetkova et al.（2017）.

41. Brown（2015）.

42. Federal Trade Commission（2019）.

43. Bostrom（2015），p. 211.

44. Youyou et al.（2015）.

第二章　人工智能最擅长什么：稳定世界原则

1. 来自理查德·费曼在加州理工学院毕业典礼上的讲话（引述来源不明）。

2. 转引自 Boden（2008），p. 840。西蒙关于决策和相对理性（侧重不确定性）的研究，与他关于人工智能方面的研究（侧重一些明确定义的问题，如国际象棋等），这二者之间存在着复杂的张力。在关于相对理性的著作中，西蒙区分了什么是不确定性，什么是明确定义的问题。而在其关于人工智能的著作中，并没有提及这个问题（Gigerenzer, 2021）。

3. Dreyfus（1979），p. 33.

4. 参见 Katsikopoulos et al.（2020）。在这本书中，该原则被称为"不稳定世界原则"，其实二者是一样的。

5. Kay and King（2020）；Taleb（2010）.

6. Makoff（2011）.

7. Ferrucci et al.（2010）.

8. Lee（2018）.

9. Russell（2019），pp. 47–48.

10. Kumar et al.（2009）. 在这个实验中，50% 的配对结果显示的是同一个人，另外 50% 显示的是不同的人。

11. 对于此示例和以下示例，请参阅 Katsikopoulos et al.（2020），Chapter 4。

12. Chiusi（2020），p. 195.

13. Simon and Newell（1958）.

14. Krauthammer（1997）.

15. 参见 Katsikopoulos et al.（2020）。

16. Aikman et al.（2021）.

17. Gigerenzer et al.（2011）；Katsikopoulos et al.（2020）.

18. Wachter（2017）.

19. Kellermann & Jones（2013）.

20. Kellermann & Jones（2013）.

21. Wachter（2017）.

22. Schulte & Fry（2019）.

23. 参见 Carr（2014）。

24. Young et al.（2018）.

25. Wachter（2017）.

26. Schulte & Fry（2019）.

27. AFP（2020）.

28. Wachter（2017）, p. 71.

29. Gigerenzer & Muir Gray（2011）.

30. Gottman & Gottman（2017）, p. 10；https://www.gottman.com/about/research/；Gottman et al.（1998）.

31. 参见 Heyman &Slep（2001）。

32. https://www.gottman.com. 另请参见 Barrowman（2014）。

33. Roberts & Pashler（2000）.

34. Heyman & Slep（2001）.

35. Heyman & Slep（2001）.

36. Heyman & Slep（2001）. 65% 和 21% 之间的差异称为过度拟合。

37. 对于行为经济学领域，例如，参见 Berg and Gigerenzer（2010）。

38. 拟合也是统计中的规则，比如《美国统计学会杂志》中就有写道，参见 Breiman（2001）。

39. 直到 20 世纪 90 年代，人们才不得不在一般认知的模型中寻找可预测性。参见 Roberts & Pashler（2000）；Brandstätter et al.（2008）.

40. Bailey et al.（2014）.

41. https://quoteinvestigator.com/tag/niels-bohr/.

42. Russell & Norvig（2010）.

43. Strickland（2019）.

44. Ross & Swetlitz（2018）.

45. Topol（2019）.

46. Best（2013）.

47. Schwertfeger（2019）.

48. Brown（2017）.

第三章　机器影响我们对智能的看法

1. Gigerenzer & Goldstein（1996）；Gigerenzer & Murray（2015）.

2. Daston（1994）；Gigerenzer & Goldstein（1996）.

3. 英国纺织业引入的劳动分工的举措也对巴贝奇产生了影响，纺织业使用穿孔卡片对织机进行编程。这给巴贝奇和他那个时代的人都留下了深刻的印象，从此，"工厂旅游"流行开来。参见 Daston（1994）；Gigerenzer（2001）.

4. 这个故事有很多版本。此精简版基于 Franz Mathé 在 1906 年讲述的第一个版本，这个版本中提到了从 1 到 100 的数字。参见 Hayes（2006）.

5. 引自 Wood（2005），这句话亚历克爵士也说过，即亚历克·吉尼斯（Alec Guinness）。另见美国前总统巴拉克·奥巴马的评论（Martosko, 2013）以及德国前总理施罗德的评论（Stadler, 2006）.

6. Gleick（1992）.

7. Daston（2018）.

8. https://www.computerscience.org/resources/women-in-computer-science/.

9. Von Neumann（1958）；Turing（1950）. 有关冯·诺依曼、图灵和西蒙关于计算机与大脑或思维之间关系的观点之间的差异，请参阅 Gigerenzer & Goldstein（1996）.

10. Newell et al.（1958b）；Newell & Simon（1972）.

11. 西蒙阐释得很清楚："现在我们提出的假设是：我刚刚描述的物理符号系统完全有可能达到通用智能的水平。"

12. Simon（1991）.

13. Cohen（1998）.

14. Gigerenzer & Goldstein（1996）.

15. Gigerenzer（1991）；Gigerenzer and Murray（2015）.

第四章　自动驾驶汽车会成为现实吗？

1. 优步于 2020 年 12 月出售了公司的自动驾驶汽车部（Uber ATG）.

2. National Transportation Safety Board（2019）；Stern（2018）.

3. Stilgoe（2019）.

4. Efrati（2018）.

5. Stilgoe（2019）.

6. 例如，2016 年，日产首席执行官卡洛斯·戈恩（Carlos Ghon）在谈到他与微软的合作时宣称："到 2020 年，人们将拥有我们所说的完全自动驾驶的汽车。"然后补充道："这与无人驾驶汽车不同……2020 年自动驾驶汽车将在城里通行，可能在2025 年会实现无人驾驶。"（Dillet, 2016.）另请参见 Elias（2019）。

7. Dickmanns & Zapp（1987）.

8. Shladover（2016）.

9. Shladover（2016）.

10. Daston（2022）.

11. 有关捷径学习请参见 Geirhos et al.（2020）。

12. Simonite（2018）.

13. Szegedy et al.（2014）.

14. 以下是一些统计学家对人工智能新术语的抱怨：在如今的统计学中，统计学中的自变量被称为所谓的输入层，而因变量则被另一个新名词替代：输出层。神经网络本质上与非线性回归或判别分析相同，分别用于数值估计和分类。此外，会学习的算法也是很久以前开发的。回归算法就是其中之一，意思是从数据中学习权重，就像监督式学习一样。在统计学中，无监督学习也有着悠久的传统，其中包含聚类分析和因子分析等多种方法。尽管经典的统计学和人工智能之间存在相似性，但一个关键的不同之处就是统计应用程序通常将其模型拟合到给定的数据样本中，而神经网络则会依次获取数据，并且每次在得到反馈后都会更新算法。参见 Sarle（1994）。

15. Kosko（2015）.

16. Szegedy et al.（2014）.

17. 在升级后，算法可以帮忙找到这些欺骗深度神经网络的微小系统扰动。该技术也被称为难分样本挖掘（hard-negative mining），即识别网络错误地将其附加为正确数字或对象的低概率的"对抗性示例"。相同的扰动不仅会导致此处显示的示例出现错误分类，还会导致其他训练集和其他网络出现错误分类。为了保护网络，一种策略试图在训练集中包含对抗性示例，但这种方法仍然容易受到反驳 (Tramer et al., 2018）。

18. Wang et al.（2019）.

19. 使用进化算法或梯度上升的方法可以生成欺骗深度神经网络的图（Nguyen et al., 2015）。

20. Su et al.（2019）. 关于对抗网络的逻辑，请参阅 Rocca（2019）。

21. Brooks（2015）.

22. Titz（2018）.

23. Ranjan et al.（2019）.

24. Dingus et al.（2016）.

25. Webb（2019），p. 183. 为了解决这些问题，工程师正在研究多感官系统。该系统使用视觉、激光（激光雷达）和位置等综合测量方式。例如，该位置与包含限速信息的地图相关联，因此可以忽略视觉系统"看到"的每小时 65 英里的限速标志。

26. Gleave（2020）.

27. Luetge（2017）.

28. Awad et al.（2018）.

29. Fleischhut et al.（2017）.

30. 2020 年 12 月与史蒂文·施多福的私下交谈。

31. https://www.sparkassen-direkt.de/auto-mobilitaet/telematik/. 该例子源自德国第一家远程信息处理保险公司：Sparkassen.direkt. 快速加速度被定义为超过 0.235g=2.3m/sec^2，以及超过 0.286g=2.8m/sec^2 的剧烈制动。由于黑匣子的成本太高，该公司最终停止提供远程信息处理保险。尽管如此，公司在财务方面还是取得了成功。但这还有其他原因：通过宣传吸引到了新客户。根据欧盟的新规定，所有新车都必须有 e-call 系统，即在发生严重车祸时可以通知警察的黑匣子。该法规的颁布使远程信息处理保险盈利更多。

32. ERGO（2019）. 该研究使用了居住在德国的 3 200 人的代表性样本。

33. Medvin（2019）.

34. Doll（2016）.

35. Fowler（2019, 27 December）.

36. Maack（2020）.

37. Bliss（2019）.

38. National Geographic（2014）.

39. Branwen（2011）.

40. Geirhos et al.（2020）.

41. Szabo（2019）.

42. Zech et al.（2018）.

43. Youyou et al.（2015）.

44. Koh（2021）；Geirhos et al.（2020）.

第五章　常识和人工智能

1. Church（2019）. 大脑中的 850 亿个神经细胞消耗了身体大约 20% 的能量；因此，成年人的平均功耗为 100 瓦。

2. Tomasello, *Becoming Human*.

3. Gigerenzer, *Gut Feelings*.

4. Kruglanski&Gigerenzer, "Intuitive and Deliberate Judgments."

5. Judea Pearl 可能是最著名的专注于人工智能因果推理的研究人员，但我们离将这种能力添加到算法中还差得很远。

6. Poibeau（2017）.

7. 有关从中文、法文和德文翻译成英文的阐述，请参阅 Hofstadter（2018）。

8. https://www.deepl.com/en/translator#de/en/Papstschuss. DeepL 上的信息是流动的，这意味着这些翻译可能会随之改变。

9. Poibeau（2017）.

10. Poibeau,（2017）, p. 71.

11. Kayser-Bril（2020）.

12. Niven and Kao（2019）. 同样，Gururangan et al.（2018）一文中得出的结论是：借助神经网络能够发现数据中虚假但有效的线索，由此人们发现自己高估了自然语言模型迄今为止的成果。

13. Kurzweil（2012）, p. 7.

14. Quinn et al.（2001）.

15. Sinha et al.（2006）.

16. Brunswik（1956）.

17. Sinha & Poggio（1996）.

18. Asch（1951）.

19. Szegedy et al.（2014）.

20. Burell（2016）.

21. Lake et al.（2017）.

22. Nguyen et al.（2015）.

23. Lake et al.（2017）.

24. Hsu（2015）.

25. Luria（1968）.

第六章　一个数据点可以击败大数据

1. Daston（2017）.

2. Daston（2017），pp. 161–162.

3. 谷歌工程师用 2003—2007 年的数据训练算法，并用 2007—2008 年的数据来测试。Ginsberg et al.（2009）。

4. Olson et al.（2013）.

5. Lazer et al.（2014）.

6. Copeland et al.（undated）.

7. 尽管如此，畅销书作者还是继续向公众暗示：谷歌流感趋势就像 IBM 的智能肿瘤会诊系统一样，是大数据的大获成功。我记得 2014 年 5 月，维克多·迈尔·舍恩伯格在慕尼黑发表演讲，他是 2014 年畅销书《大数据时代》的第一作者。在演讲中，他提及谷歌流感趋势，仍然将其作为有关大数据的例子。尽管到那时，谷歌流感趋势早已无法洞察流感的发展趋向。在场的数百名企业高管都对这次演讲印象深刻。两年后，赫拉利（《未来简史》，2015, pp. 390–391; 2016）仍在谈论谷歌的"魔力"，并以类似的方式呈现故事以打动大众读者。

8. Anderson（2008）.

9. Brown（1838）.

10. Katsikopoulos et al.（2020, 2021）.

11. Katsikopoulos et al.（2020, 2021）我们的分析受到拉泽（Lazer）等人附录的启发。（"谷歌流感趋势的寓言"）作者论述了各式各样复杂程度不一的规则，这些规则都比谷歌流感趋势预测得更好。对数据细节感兴趣的人，这里需要注意的是，作为唯一的与就近启发式规则误差相同的预测因子，这些规律包括一个滞后了两周的简单回归。回归模型与就近启发式模型的不同之处在于，每次进行预测时仍需要计算和更新回归系数。和就近启发式规则相比，这里没有任何改进。拉泽表示，将谷歌流感趋势与滞后数据相结合的混合模型效果最好。然而，这种混合模型首先需要谷歌流感趋势执行过的所有的精细计算。

12. Artinger et al.（2018）；Green & Armstrong（2015）；Katsikopoulos et al.（2020）.

13. Dosi et al.（2020）.

14. Porter（2004）.

15. Anderson（2008）.

16. Ginsberg et al.（2009）.

17. Vigen（2015）.

18. Aschwanden（2016）.

19. Advisory Council for Consumer Affairs at the Federal Ministry of Justice and Consumer Protection（2018）, p. 62. 在金融界，被随机性愚弄是常事；参见 Taleb（2001）。

20. Mullard（2011）；Begley（2012）.

21. Chalmers & Glasziou（2009）.

22. Leetaru（2018）.

23. Bergin（2018）.

24. Anderson（2013）.

25. Neumann et al.（2019）.

26. Salganik et al.（2020）.

27. Clayton et al.（2020）.

28. Chiusi（2020）. 例如，在数据保护当局出面干预之前，丹麦市政当局一直在试验一种算法来识别贫困家庭的孩子。

29. IstitutoSuperiore di Sanità（2020）. 该报告基于 2020 年 11 月 18 日的可用数据。

30. Gigerenzer（2014）.

第七章　透明度

1. Loomis v. Wisconsin, 881 N.W.2d 749（Wis. 2016）, cert. denied, 137 S.Ct. 2290（2017）.

2. Liptak（2017）.

3. Gigerenzer（2003）, Chapter 11, p. 186.

4. Grisso& Tomkins（1996）, p. 928.

5. 该研究分析了八位以色列法官的 1 000 多项裁决（Danziger et al., 2011）。有关其结论的批评，请参阅 Weinshall-Margel and Shapard（2011）；Glöckner（2016）。

6. DeMichele et al.（2020）.

7. Epstein（1995）.

8. Dressel & Farid（2018）.

9. Dressel & Farid（2018）.

10. Matacic（2018）.

11. 这是个人投票（63%）和 20 人一组的多数投票 (67%) 结果的平均值。

12. Geraghty and Woodhams（2015）. Lin 等人重复了德雷斯尔（Dressel）和法里德

（Farid）的研究。（"人类预测的极限"）结果相似，只有当累犯的基本比率很低（只有 11%），而且人类参与者没有得到反馈，因此不知道基准率很低时，结果会不同。由于基本的累犯率很低，COMPAS 的表现并不比最简单的总是预测没有累犯的算法更好。

13. DeMichele et al.（2020）；Rudin et al.（2020）.

14. Angelino et al.（2018）.

15. Rudin and Radin（2019）. 如果您有兴趣更深入地了解机器学习工具是如何提取最重要特征的，请参阅 Katsikopoulos et al.（2020），本节中对透明度的定义也得益于这项工作。

16. https://advancingpretrial.org/psa/factors/#fta.

17. 我和我的同事一直致力于通过缩减决策列表来使决策列表更加透明，而这在机器学习中往往是不受限制的。Katsikopoulos et al.（2020）。

18. https://advancingpretrial.org/psa/research/.

19. 有关衡量算法风险评估工具性能的问题和陷阱，参见 Stevenson（2018）。

20. Grossman et al.（2011）.

21. Peteranderl（2020）.

22. Gorner & Sweeney（2020）.

23. Peteranderl（2020）.

24. Thomas（2016）.

25. Hauber et al.（2019）.

26. Snook et al.（2005）.

27. Bennell et al.（2007）；Paulsen（2006）.

28. Gigerenzer et al.（2011）.

29. Sergeant & Himonides（2019）.

30. Dastin（2018）. 有关大数据是如何加剧不平等的相关论述，参见 O'Neil（2016）。

31. Buolamwini & Gebru（2018）.

32. Raji and Buolamwini（2019）.

33. Zhao et al.（2017）. 这篇文章还采取了一些措施，成功地将性别偏见的增量减少了近一半，但仍无法将其完全消除。

34. 在 2/3 归类为"女性"的图片中，估计有 2/3 是正确的（因为所有图片中有 2/3 是女性）。同样，在分类为"男人"的 1/3 图片中，估计 1/3 是正确的（因为所有图片中只有 1/3 是男人），结果为 2/3 × 2/3 + 1/3 × 1/3 = 5/9，正确答案约 56%。

35. Chin（2018）. 谷歌表示，超过 20% 的技术职位由女性担任，但在机器学习领域并非如此。

36. Hao（2020）.

37. https://googlewalkout.medium.com/standing-with-dr-timnit-gebru-isupporttimnit-believeblackwomen-6dadc300d382.

38. Gigerenzer et al.（2007）.

39. https://www.hardingcenter.de/en.

40. Benoliel & Becher（2019）.

41. McDonald & Cranor（2008）.

42. Zuboff（2019b）, pp. 166–168.

43. Advisory Council for Consumer Affairs at the Federal Ministry of Justice and Consumer Protection（2017）.

44. Rudin & Radin（2019）.

45. https://www.fico.com/en/newsroom/fico-announces-winners-inaugural-xml-challenge.

46. Rudin（2019）. 有关医疗领域请参见 Holzinger et al.（2017）。

47. Katsikopoulos et al.（2020）.

48. Turek（undated）, pp. 7–10. 另请参见 Gunning and Aha（2019）。

49. Gigerenzer et al.（2011）; Green & Armstrong（2015）; Jung et al.（2017）; Katsikopoulos et al.（2020, 2021）.

50. Artinger et al.（2018）; Wubben & Wangenheim（2008）.

51. 在机器学习中，这些规则被称为 1- rules（1- 规则），由 1R 程序学习。参见 Holte（1993）。

52. Rivest（1987）.

53. 自从道威斯（Dawes）和柯瑞根（Corrigan）（"线性模型"）、艾因霍恩（Einhorn）和贺加斯（Hogarth）（"单位加权方案"）以及切尔林斯基等人的这些文章发表以来，心理学领域就已经发现，在不确定的情况下，计数可以与黑盒子算法一样甚至更准确。这本书中论述了计数和机器学习算法之间的比较：Katsikopoulos et al.（2020）。

54. Markman（2016）.

55. Silver（2016）.

56. Lichtman（2016）. 以下展示内容改编自 Katsikopoulos et al.（2020）。

57. Stevenson（2016）.

58. 在 2020 年美国总统大选中，"白宫之钥"正确地预测了拜登会获胜。民意调查再次低估了特朗普，但大多数人猜对了最终结果。

59. Spinelli & Crovella（2020）。

60. Pasquale（2015）。

61. Gigerenzer（2003），p. 91.

62. Advisory Council for Consumer Affairs at the Federal Ministry of Justice and Consumer Protection（2018）。评分服务应该兼顾所有特点，还是只关注与公众最密切相关的特点？就这一点，委员会成员仍存在着分歧。

63. 参见欧盟《通用数据保护条例》第 13 条和第 22 条。European Union, 2016。

64. https://docs.google.com/forms/d/e/1FAIpQLSfdmQGrgdCBCexTrpne7KXUzpbiI9LeEtd 0Am-qRFimpwuv1A/viewform.

第八章　梦游着进入监控

1. Nasiopoulos et al.（2015）。研究报告称，佩戴智能眼镜确实会让人们在社会中的行为更加规范，但前提是人们不要忘记自己佩戴着智能眼镜。关于安全摄像头对规范社会行为的作用，参见 van Rompay et al.（2009）。

2. Cho（2020）。有关委内瑞拉的情况，参见 Berwick（2018）。

3. Kostka& Antoine（2019）。

4. Kostka（2019）。

5. Advisory Council for Consumer Affairs at the Federal Ministry of Justice and Consumer Protection（2018）。

6. ERGO（2019）。

7. Rötzer（2019）。

8. Christl（2017）。

9. Leetaru（2018）。

10. Barnes（2006）。

11. Vodafone Institut für Gesellschaft und Kommunikation（2016）。

12. Norton LifeLock（2019）。

13. ERGO（2019）。

14. Freed et al.（2018）。

15. 在《圆环》中，大卫·艾格斯（Dave Eggers）表达了对硅谷的讽刺，称其是谷歌和脸书的混合体，是一个正统治世界的类似邪教的互联网公司。在公司集会上，员工高呼"分享代表关怀"和"隐私等于盗窃"。

16. Farnham（2014）。

17. Johnson（2010）；Sengupta（2011）.

18. Economist（2018）.

19. Zuboff（2020）.

20. Brin and Page（2012），p. 3832.

21. Zuboff（2019b），pp. 71–75.

22. Zuckerman（2014）.

23. Zuboff（2019b）.

24. Zuboff（2019b），p. 87.

25. Zuboff（2019b），pp. 118–120.

26. 技术透明度项目，"谷歌的旋转门"，https//www.techtransparencyproject.org/articles/googles-revolving-door-us。

27. Baltrusaitis（2019）.

28. Elliott & Meyer（2013）.

29. Cahall et al.（2014）.

30. 更多细节请参见 Zuboff（2019b）。

31. Watson（2015）.

32. Smith et al.（2011）.

33. Twenge（2017）. 在这里我需要指出，这些关联是否呈因果关系以及产生了多大影响，是心理学领域激烈讨论的问题。参见 Turkle（2016）。

34. Lanier & Weyl（2018）；Lanier（2019）.

35. Felix Stalder（2014）. 在这里，我更新了菲力克斯·斯塔尔德（Felix Stalder）在文章"付费用户"中做的计算。

36. Noyes（2020）.

37. Facebook，"四季度与全年结果"（2020）。

38. 有关其他估计，请参阅 Munro（2019）。一些更大的估值是基于脸书的收入除以用户数量算出的，这种计算方式没有考虑到税款并不算收入，而且脸书需要保留部分收入以获取利润。

39. Melendez（2019）；Pogue（2016）.

40. Eames（1990）. 美泰已经售出了超过 10 亿个芭比娃娃。

41. Dittmar et al.（2006）.

42. K. Bondy, 转引自 Gigerenzer（2003），pp. 23, 260。

43. Praschl（2015）.

44. Digital Courage（2016）. 其他公司紧随其后生产了自己的智能玩偶，例如"My

Friend Cayla"，德国将其列为非法发射器的一种，并已禁售该产品。非法发射器因"冷战"电影而广为人知。电影中，间谍会使用内置隐藏麦克风的钢笔和打火机记录私人对话。

45. Hu（2018）.

46. Tzezana（2016）.

47. University of Michigan（2016）.另请参见 Davis et al.（2020）。

48. Elsberg（2017）.

49. https://www.samsung.com/hk_en/info/privacy/smarttv/.2015 年，人们发现三星电视具有窃听功能。从那以后，该公司坚称系统已做更改，电视只会记录用户对着电视说的话。事情的发展往往都是如此：公司不断测试开发设备的先进功能，不断压低公众对隐私期望的底线。只有在公众抗议后，公司才会有所收敛。2017 年，联邦贸易委员会指责电视行业的欺骗性和不公平性，要求该行业与客户坦诚相待，使客户也具有主导权。然而，电视行业供给用户看的条例的字号却越来越小了，所以大多数人只会直接点击"同意"。Fowler（2019, 18 September）；Nguyen（2017）.这里提到的调查是在 2019 年与德国的保险公司 ERGO 共同完成的。

50. https://www.washingtonpost.com/news/the-switch/wp/2017/03/08/ex-cia-chief-to-stephen-colbert-no-the-government-is-not-spying-on-you-through-your-microwave/.

51. Weiser（1991）.

52. 可以在 Rebonato（2012）一书中找到关于助推及其基本理念的最佳说明。

53. Epstein & Robertson（2015）.

54. Epstein & Robertson（2015）；Zweig（2017）.

55. 有 10% 的选民没有决定选谁，这一数据是 2016 年和 2012 年两次美国总统选举的平均值。Silver（2018）。

56. Bond et al.（2012）.

57. Zuboff（2019a, 2019b）.

58. Coppock et al.（2020）.另请参见 Howard（2020）。

59. Kramer et al.（2014）.一份期刊上刊载了与脸书相关的文章，期刊的编辑也明确地表达了其对道德问题的担忧。

60. Booth（2014）；McNeal（2014）.

61. Snowden（2019）.

62. Zuckerberg（2018）.另请参见 Morozov（2013）。

63. Shahin & Zheng（2020）.

64. Kostka（2019）.

65. Zuckerman（2014）.

66. Greenwald（2014）.

67. Snowden（2019）.

68. Snowden（2019）.

69. Lotan（2014）.

70. https://www.youtube.com/watch?v=A6e7wfDHzew.

71. Kostka and Zhang（2018）.深圳是一座靠近香港的城市，拥有超过 1 200 万居民，是世界上第一座出租车和公共汽车完全依靠电力运行的大城市。

72. 比如，在厄瓜多尔，监控摄像头就悬挂在屋顶和电线杆上，从亚马孙丛林一直到加拉帕戈斯群岛。厄瓜多尔已经运行了一个名为 ECU-911 的系统，一些国家似乎也在效仿。

第九章　吸引用户的心理效应

1. 斯金纳区分了两种间歇（可变）强化和两种固定强化，产生了四种强化时间表：（1）固定比率表：一个行为在它恰好发生 X 次后得到强化；（2）可变比率时间表：一个行为在随机发生好几次后得到强化；（3）固定间隔时间表：某行为发生后的固定时间内，该行为得到强化；（4）可变间隔时间表：某行为发生后隔一段时间该行为得到强化，间隔时间不确定。两个可变的强化方案生成了稳定的行为率，其中可变比率时间表则生成了最快的反应率。固定间隔时间表导致最慢响应率，并且在强化之后，行为消失了，而且重新拾起该行为习惯也需要花较长时间。

2. Halpern（2014）.

3. Lindström et al.（2021）.

4. 参见 Lindström et al.（2021）。

5. Solon（2017）.

6. https://www..com/notes//-gets-a-facelift/2207967130.

7. Zuboff（2019b），p. 458.

8. Luckerson（2015）.

9. Haynes（2018）.

10. Solsman（2018）.

11. Spinelli & Crovella（2020）.这些作者还表明，与登录谷歌账号的用户相比，YouTube 的推荐系统更有可能将重视隐私的用户（例如，禁用 cookie 或使用 Tor 的用户）引导至不可靠的来源。2019 年，YouTube 的政策变化在一定程度上已经减少了这种"误导"效应，但仍未完全清除。

12. 但是请注意，没有官方分数；所有都是自我报告的（不同的网站列出了完全不同的获奖者：https://suntrics.com/tech-blogs/longest-snapchat-streak-a-brief-guide/）。由于每日活跃用户如此之多，每天发送的快照如此之多，跟踪最长的连续记录是一项麻烦的工作。这可以通过应用程序中的官方记分牌轻松解决 250 条笔记，但在此之前，全世界的用户都必须自己跟踪。

13. https://99firms.com/blog/snapchat-statistics/.

14. Tanz（2011）.

15. Fletcher（2010）.

16. Eyal（2014），p. 175.

17. Zendle& Cairns（2018）.

18. https://www.england.nhs.uk/2020/01/countrys-top-mental-health-nurse-warns-video-games-pushing-young-people-into-under-the-radar-gambling/.

19. Gibbs（2018）.

20. Ward et al.（2017）.

21. Newport（2015）.

22. Schüll（2012），p. 215.

23. Schüll（2012），p. 109.

24. AddictionResource.net（2020）.

25. Schüll（2012），p. 58. 除了视频扑克，多线视频老虎机也是一款逃避式赌博游戏，促使用户将大把的时间花在设备上。

26. Schüll（2012），p. 33.

27. Schüll（2012），p. 2.

第十章　安全和自控

1. Smith（2020）.

2. Centers for Disease Control and Prevention（2020）.

3. Kleinhubbert（2013）.

4. Gendron（2016）.

5. http：//www.txtresponsibly.org/share-your-stories/.

6. Kleinhubbert（2013）.

7. Tombu and Jolicoeur（2004）.

8. Ophir et al.（2009）.

9. Watson & Strayer（2010）.引自摘要。

10. Gliklich et al.（2019）.

11. https://www.flightsafetyaustralia.com/2018/07/flying-to-distraction/.

12. Kim（2015）.

13. Connolly（2018）.

14. Allen（2017）.

15. 要了解此处报告的这些研究概要，可参见 McDaniel（2019）。

16. Reed et al.（2017）.

17. Zimmerman et al.（2007）.

18. 参见 Clifford et al.（2020）与 Kozyreva et al.（2020）有关数字自控的相关综述。

19. BEA, Final Report AF 447, p. 185, 引自 Hartmann（2017）。

20. Federal Aviation Administration（2013）.另请参见 Carr（2014），pp. 1–2。

21. Brumfiel（2016）.

22. Brainbridge（1983）.

23. Ruginski et al.（2019）.

24. Baraniuk（2016）.

25. Milner（2016）；CNS/ATM（2017）.

26. Woollett and Maguire（2011）.

第十一章　真假难辨

1. Locke（1975），pp. 656–657.

2. Topsell（1967）.

3. Simanek（2009）.

4. Newton（2018）.

5. Götz et al.（2019）.

6. Lavin（2020）.

7. Islam et al.（2020）.

8. O'Toole（2018）.

9. O'Toole（2018）.

10. Carroll（2020）.关于一般的重复和说服方式，参见 Armstrong（2010）。

11. Gigerenzer（1984）.

12. Mønsted et al.（2017）.

13. 参见 https://www.unstatistik.de（2017 年 4 月）；媒体标题来自 https://www.ispo.com ；
    https://www.woman.at. 原创研究见 Lee et al.（2017）。

14. Reynolds（2017）.

15. Tesla（2016）.

16. Hawkins（2019）.

17. Ewing（2020）.

18. Topol（2019）.

19. 例如，可以在 Harari（2016）一文中找到这种向人工智能权威投降的论点。

20. Gigerenzer（2014），Chapter 5.

21. Lewis（2003）.

22. Lewis（2003），p. 247.

23. Hirsch & Hirsch（2011）.

24. Gigerenzer et al.（1989）.

25. Hirsch & Hirsch（2011），p. 32.

26. Barra（2011）.

27. Harari（2015），p. 374.

28. Frederik & Martijn（2019）.

29. Frederik & Martijn（2019）.

30. Blake et al.（2015）.

31. Coviello et al.（2017）.

32. 一项研究对脸书上 15 个广告进行了实验分析，每个实验涉及 200 万到 1.4 亿用户，
    每个实验都独立证明了相关方法高估了广告的效果。参见 Gordon et al.（2019）。

33. Blake et al.（2015）. 一个相关的论点是，即使广告的直接影响无法直接衡量，也可
    能会对品牌认知度产生长期影响。但是，像易贝这样拥有高知名度品牌的公司将
    大部分广告预算花在已经熟悉如何搜索该品牌的客户身上，就会使品牌关键词广
    告变得多余。

34. Lewis & Rao（2014）.

35. Lewis & Reiley（2014）.

36. Huang et al.（2020）.

37. Huang et al.（2020）.

38. Frederik & Martijn（2019）.

39. McGrew et al.（2018）.

40. McGrew et al.（2018），p. 178.

41. https://www.minimumwage.com/2014/10/denmarks-dollar-forty-one-menu/.

42. Wineburg & McGrew（2019）.

43. Wineburg & McGrew（2019）.

44. McGrew et al.（2019）；Breakstone, Smith, Wineburg,（2021）.

45. https://ccconline.libguides.com/c.php?g=242130&p=1609638. 参见 Kapoun（1998）。

46. https://www.faktabaari.fi/assets/FactBaR_EDU_Fact-checking_for_educators_and_future_voters_13112018.pdf. 要了解行为科学在促进技术悟性方面的作用，可参见 Lorenz-Spreen et al.（2020）；Kozyreva et al.（2020）。

47. Weltecke（2003）.

48. Mercier & Sperber（2011）.

49. Howard（2020）.

50. Rid（2020）.

51. Advisory Council for Consumer Affairs at the Federal Ministry of Justice and Consumer Protection（2017）.

52. Helbing et al.（2017）.

参考文献

AddictionResource.net. "The Average Cost of Illegal Street Drugs." March 5, 2020. https://www.addictionresource.net/blog/cost-of-illegal-drugs/.

Advisory Council for Consumer Affairs at the Federal Ministry of Justice and Consumer Protection. *Consumer-Friendly Scoring: Recommendations for Action.* Berlin: Federal Ministry of Justice and Consumer Protection, 2018. https://www.svr-verbr aucherfragen.de/en/wp-content/uploads/sites/2/Recommandations-for-action.pdf.

Advisory Council for Consumer Affairs at the Federal Ministry of Justice and Consumer Protection. *Digital Sovereignty.* Berlin: Federal Ministry of Justice and Consumer Protection, 2017. https://www.svr-verbraucherfragen.de/wp-content/uploads /English-Version.pdf.

AFP. "'Shocking' Hack of Psychotherapy Records in Finland Affects Thousands." *Guardian*, October 26, 2020. https://www.theguardian.com/world/2020/oct/26/tens -of-thousands-psychotherapy-records-hacked-in-finland.

Aikman, D., M. Galesic, G. Gigerenzer, S. Kapadia, K. V. Katsikopoulos, A. Kothiyal, E. Murphy, and T. Neumann. "Taking Uncertainty Seriously: Simplicity Versus Complexity in Financial Regulation." *Industrial and Corporate Change* 30 (2021): 317–345.

Allen, M. "Sean Parker Unloads on Facebook: 'God Only Knows What It's Doing to Our Children's Brains.'" *Axios*, November 9, 2017. https://www.axios.com/sean -parker-unloads-on-facebook-god-only-knows-what-its-doing-to-our-childrens-brains -1513306792-f855e7b4-4e99-4d60-8d51-2775559c2671.html.

Anderson, C. "The End of Theory: The Data Deluge Makes the Scientific Method Obsolete." *Wired*, June 23, 2008. https://www.wired.com/2008/06/pb-theory/.

Anderson, G. "What Happens to Big Data If the Small Data Is Wrong?" *RetailWire*, September 10, 2013. https://retailwire.com/discussion/what-happens-to-big-data-if -the-small-data-is-wrong/.

Anderson, M., E. A. Vogels, and E. Turner. "The Upsides and Downsides of Online Dating." Pew Research Center, February 6, 2020. https://www.pewresearch.org /internet/2020/02/06/the-virtues-and-downsides-of-online-dating/.

Anderson, R. "The Ugly Truth about Dating: Are We Sacrificing Love for Convenience?" *Psychology Today*, September 6, 2016. https://www.psychologytoday.com /us/blog/the-mating-game/201609/the-ugly-truth-about-online-dating.

Angelino, E., N. Larus-Stone, D. Alabi, M. Seltzer, and C. Rudin. "Learning Certifiably Optimal Rule Lists for Categorial Data." *Journal of Machine Learning Research* 18 (2018): 1–78.

Armstrong, J. S. *Persuasive Advertising: Evidence-Based Principles*. London: Palgrave Macmillan, 2010.

Artinger, F. M., N. Kozodi, F. Wangenheim, and G. Gigerenzer. "Recency: Prediction with Smart Data." In *2018 AMA Winter Academic Conference: Integrating Paradigms in a World Where Marketing Is Everywhere*, AMA Educators Proceedings, vol. 29, edited by J. Goldenberg, J. Laran, and A. Stephen, L-2–6. Chicago: American Marketing Association, 2018.

Asch, S. E. "Effects of Group Pressure on the Modification and Distortion of Judgments." In *Groups, Leadership, and Men*, edited by H. Guetzkow, 177–190. Pittsburgh: Carnegie Press, 1951.

Aschwanden, C. "You Can't Trust What You Read about Nutrition." *FiveThirtyEight*, January 6, 2016. https://fivethirtyeight.com/features/you-cant-trust-what-you-read -about-nutrition/.

Awad, E., S. Dsouza, R. Kim, J. Schulz, J. Heinrich, A. Shariff, J.-F. Bonnefon, and I. Rahwan. "The Moral Machine Experiment." *Nature* 563 (2018): 59–64.

Bailey, D. H., J. M. Borwein, M. Lopez de Prado, and Q. Zhu. "Pseudo-Mathematics and Financial Charlatanism: The Effect of Backtest Overfitting on Out-of-Sample Prediction." *Notices of the American Mathematical Society* 61 (2014): 458–471.

Baltrusaitis, J. "Top 10 Countries and Cities by Number of CCTV Cameras." *Precise Security*, December 4, 2019 (updated June 20, 2020). https://www.precisesecurity .com/articles/Top-10-Countries-by-Number-of-CCTV-Cameras.

Baraniuk, C. "GPS Error Caused '12 Hours of Problems' for Companies." *BBC News*, February 4, 2016. https://www.bbc.com/news/technology-35491962.

Barnes, S. B. "A Privacy Paradox: Social Networking in the United States." *First Monday* 11, no. 9 (2006). https://firstmonday.org/article/view/1394/.

Barra, A. "The Many Problems with 'Moneyball.'" *Atlantic*, September 27, 2011. https://www.theatlantic.com/entertainment/archive/2011/09/the-many-problems -with-moneyball/245769/.

Barrowman, N. "Correlation, Causation, and Confusion." *The New Atlantis*, 2014. https://www.thenewatlantis.com/publications/correlation-causation-and-confusion.

Begley, S. "In Cancer Science, Many 'Discoveries' Don't Hold Up." *Science News*, March 28, 2012. https://www.reuters.com/article/us-science-cancer-%20idUSBRE82R12P20120328.

Bennell, C., P. J. Taylor, and B. Snook. "Clinical Versus Actuarial Geographic Profiling Strategies: A Review of the Research." *Police Practice & Research* 8 (2007): 335–345.

Benoliel, U., and S. I. Becher. "The Duty to Read the Unreadable." *Boston College Law Review* 60 (2019): 2255–2296.

Berg, N., and G. Gigerenzer. "As-if Behavioral Economics: Neoclassical Economics in Disguise?" *History of Economic Ideas* 18 (2010): 133–165.

Bergin, T. "How a Data Mining Giant Got Me Wrong." *Reuters*, March 29, 2018. https://www.reuters.com/article/us-data-privacy-acxiom-insight/how-a-data-mining-giant-got-me-wrong-idUSKBN1H513K.-

Berwick, A. "How ZTE Helps Venezuela Create China-Style Social Control." *Reuters*, November 14, 2018. https://www.reuters.com/investigates/special-report/venezuela-zte/.

Best, J. "IBM Watson: The Inside Story of How the Jeopardy-Winning Supercomputer Was Born, and What It Wants to Do Next." *TechRepublic*, September 9, 2013. https://www.techrepublic.com/article/ibm-watson-the-inside-story-of-how-the-jeopardy-winning-supercomputer-was-born-and-what-it-wants-to-do-next/.

Blake, T., C. Nosko, and S. Tadelis. "Consumer Heterogeneity and Paid Search Effectiveness: A Large Scale Field Experiment." *Econometrica* 83 (2015): 155–174.

Bliss, L. "How Utrecht Became a Paradise for Cyclists." *Bloomberg CityLab*, July 5, 2019. https://www.bloomberg.com/news/articles/2019-07-05/how-the-dutch-made-utrecht-a-bicycle-first-city.

Boden, M. *Mind as Machine: A History of Cognitive Science*. Oxford: Oxford University Press, 2008.

Bond, R. M., C. J. Fariss, J. J. Jones, A. D. I. Kramer, C. Marlow, J. E. Settle, and J. H. Fowler. "A 61-Million-Person Experiment in Social Influence and Political Mobilization." *Nature* 489 (2012): 295–298.

Booth, R. "Facebook Reveals News Feed Experiment to Control Emotions." *Guardian*, June 30, 2014. https://www.theguardian.com/technology/2014/jun/29/facebook-users-emotions-news-feeds.

Bostrom, N. *Superintelligence*. Oxford: Oxford University Press, 2015.

Brainbridge, L. "Ironies of Automation." *Automatica* 19 (1983): 775–779.

Brandstätter, E., G. Gigerenzer, and R. Hertwig. "Risky Choice with Heuristics: Reply to Birnbaum (2008), Johnson, Schulte-Mecklenbeck, and Willemsen (2008), and Rieger and Wang (2008)." *Psychological Review* 115, no. 1 (2008): 281–289.

Branwen, G. "The Neural Net Tank Urban Legend." Blog post, 2011. https://www.gwern.net/Tanks.

Breakstone, J., M. Smith, P. Connors, T. Ortega, D. Kerr, and S. Wineburg. "Lateral Reading: College Students Learn to Critically Evaluate Internet Sources in an Online Course." *Harvard Kennedy School (HKS) Misinformation Review* (2021). https://doi.org/10.37016/mr-2020-56.

Breakstone, J., M. Smith, S. Wineburg, A. Rapaport, J. Carle, M. Garland, and A. Saavedra. "Students' Civic Online Reasoning: A National Portrait." *Educational Researcher* (May 2021). https://doi.org/10.3102/0013189X211017495.

Breiman, L. "Statistical Modeling: The Two Cultures (with Comments and a Rejoinder by the Author)." *Statistical Science* 16 (2001): 199–231.

Brin, S., and L. Page. "Reprint of: The Anatomy of a Large-Scale Hypertextual Web Search Engine." *Computer Networks* 56 (2012): 3825–3833.

Britt, R. R. "Drivers on Cell Phones Kill Thousands, Snarl Traffic." *Live Science*, February 1, 2015. https://www.livescience.com/121-drivers-cell-phones-kill-thousands-snarl-traffic.html.

Brockman, J., ed. *Possible Minds*. New York: Penguin, 2019.

Brooks, R. "Mistaking Performance for Competence." In *What to Think about Machines That Think*, edited by J. Brockman, 108–111. New York: Harper, 2015.

Brown, A. "Couples Who Meet Online Are More Diverse Than Those Who Meet in Other Ways, Largely Because They're Younger." Pew Research Center, June 24, 2019. https://www.pewresearch.org/fact-tank/2019/06/24/couples-who-meet-online-are-more-diverse-than-those-who-meet-in-other-ways-largely-because-theyre-younger/.

Brown, J. "Why Everyone Is Hating on IBM Watson—Including the People Who Helped Make It." *Gizmodo*, August 20, 2017. https://gizmodo.com/why-everyone-is-hating-on-watson-including-the-people-w-1797510888.

Brown, K. V. "We Talked to 24 Victims of the Ashley Madison Hack about Their Exposed Secrets." *Splinter*, August 19, 2015. https://splinternews.com/we-talked-to-24-victims-of-the-ashley-madison-hack-abou-1793850144.

Brown, T. *Lectures on the Philosophy of the Human Mind*. London: William Tait, 1838.

Bruch, E. E., and M. E. J. Newman. "Aspirational Pursuit of Mates in Online Dating Markets." *Science Advances* 4, no. 8 (2018): eaap9815.

Brumfiel, G. "U.S. Navy Brings Back Navigation by the Stars for Officers." *NPR*, February 28, 2016. https://text.npr.org/467210492.

Brunswik, E. *Perception and the Representative Design of Psychological Experiments*. Los Angeles: University of California Press, 1956.

Buolamwini, J., and T. Gebru. "Gender Shades: Intersectional Accuracy Disparities in Commercial Gender Classification." *Proceedings in Machine Learning Research* 81 (2018): 1–15.

Burell, J. "How the Machine 'Thinks': Understanding Opacity in Machine Learning Algorithms." *Big Data & Society* (January–June 2016): 1–12.

Buss, D. *Evolutionary Psychology: The New Science of the Mind*. 6th ed. New York: Routledge, 2019.

Cacioppo, J., S. Cacioppo, G. C. Gonzaga, E. L. Ogburn, and T. J. VanderWeele. "Marital Satisfaction and Break-Ups Differ Across On-Line and Off-Line Meeting Venues." *PNAS* 110 (2013): 10135–10140.

Cahall, B., P. Bergen, D. Sterman, and E. Schneider. "Do NSA's Bulk Surveillance Programs Stop Terrorists?" *New America*, January 13, 2014. https://www.newamerica.org/international-security/policy-papers/do-nsas-bulk-surveillance-programs-stop-terrorists/.

Calaprice, A. *The Ultimate Quotable Einstein*. Princeton, NJ: Princeton University Press, 2011.

Carr, N. *The Glass Cage*. New York: Norton, 2014.

Carroll, L. *The Hunting of the Snark*. London: Macmillan and Co., 1876. Reprint, Copenhagen: SAGA Egmont, 2020.

Centers for Disease Control and Prevention. "Transportation Safety: Distracted Driving." October 6, 2020. https://www.cdc.gov/transportationsafety/distracted_driving/.

Chalmers, I., and P. Glasziou. "Avoidable Waste in the Production and Reporting of Research Evidence." *Lancet* 374, no. 9683 (2009): 86–89.

Chawla, D. S. "The Need for Digital Intelligence." *Nature* 562 (2018): S15–S16.

Chin, C. "AI Is the Future—But Where Are the Women?" *Wired*, August 17, 2018. https://www.wired.com/story/artificial-intelligence-researchers-gender-imbalance/.

Chiusi, F. "Life in the Automated Society: How Automated Decision-Making Systems Became Mainstream, and What to Do about It." In *Automating Society Report 2020*. AlgorithmWatch/Bertelsmann Stiftung, 2020. https://automatingsociety.algorithmwatch.org/.

Cho, E. "The Social Credit System: Not Just Another Chinese Idiosyncrasy." *Journal of Public and International Affairs*, May 1, 2020. https://jpia.princeton.edu/news/social-credit-system-not-just-another-chinese-idiosyncrasy.

Christl, W. *Corporate Surveillance in Everyday Life: How Companies Collect, Combine, Analyze, Trade, and Use Personal Data on Billions*. Vienna: Cracked Labs, 2017. https://crackedlabs.org/dl/CrackedLabs_Christl_CorporateSurveillance.pdf.

Church, G. M. "The Rights of Machines." In *Possible Minds*, edited by J. Brockman, 240–253. New York: Penguin, 2019.

Clayton, V., M. Sanders, E. Schoenwald, L. Surkis, and D. Gibbons. *Machine Learning in Children's Services*. What Works for Children's Social Care, September 2020. https://whatworks-csc.org.uk/wp-content/uploads/WWCSC_technical-_report_machine_learning_in_childrens_services_does_it_work_Sep_2020.pdf.

Clifford, S., L. D. Doane, R. Breitenstein, K. J. Grimm, and K. Lemery-Chalfant. "Effortful Control Moderates the Relation Between Electronic-Media Use and Objective Sleep Indicators in Childhood." *Psychological Science* 31 (2020): 822–834.

CNS/ATM. *CNS/ATM Resource Guide* (chapter 8). Canberra: Civil Aviation Safety Authority, 2017. https://www.casa.gov.au/book-page/chapter-8-human-factors.

Cohen, I. B. "Howard Aiken on the Number of Computers Needed for the Nation." *IEEE Annals of the History of Computing* 20 (1998): 27–32.

Coleridge, S. T. *The Literary Remains of Samuel Taylor Coleridge*. Vol. 3. London: H. Pickering, 1838. Accessed April 5, 2021. https://archive.org/details/literaryremainso03coleuoft/page/186/mode/2up.

Connolly, K. "Child Drowning in Germany Linked to Parents' Phone 'Fixation.'" *Guardian*, August 15, 2018. https://www.theguardian.com/lifeandstyle/2018/aug/15/parents-fixated-by-phones-linked-to-child-drownings-in-germany.

Copeland, P., R. Romano, T. Zhang, G. Hecht, D. Zigmond, and C. Stefansen. "Google Disease Trends: An Update." https://storage.googleapis.com/pub-tools-public-publication-data/pdf/41763.pdf.

Coppock, A., S. J. Hill, and L. Vavreck. "The Small Effects of Political Advertising Are Small Regardless of Context, Message, Sender, or Receiver: Evidence From 59 Real-Time Randomized Experiments." *Science Advances* 6 (2020): eabc4046.

Coviello, L., U. Gneezy, and L. Götte. *A Large-Scale Field Experiment to Evaluate the Effectiveness of Paid Search Advertising*. CESifo Working paper 6684, Center for Economic Studies and ifo Institute, Munich, 2017.

Czerlinski, J., G. Gigerenzer, and D. G. Goldstein. "How Good Are Simple Heuristics?" In *Simple Heuristics That Make Us Smart*, by G. Gigerenzer, P. M. Todd, and the ABC Research Group, 97–118. New York: Oxford University Press, 1999.

Daniel, C., and M. Palmer. "Google's Goal: To Organise Your Daily Life." *Financial Times*, May 27, 2007. https://www.ft.com/content/c3e49548–088e-11dc-b11e-000b 5df10621.

Danielsbacka, M., A. O. Tanskanen, and F. C. Billari. "Meeting Online and Family-Related Outcomes: Evidence from Three German Cohorts." *Journal of Family Studies* (2020). https://doi.org/10.1080/13229400.2020.1835694.

Danziger, S., J. Levav, and L. Avnaim-Pesso. "Extraneous Factors in Judicial Decisions." *PNAS* 108 (2011): 6889–6892.

Dastin, J. "Amazon Scraps Secret AI Recruiting Tool That Showed Bias against Women." *Reuters*, October 11, 2018. https://www.reuters.com/article/us-amazon -com-jobs-automation-insight-idUSKCN1MK08G.

Daston, L. "Calculation and the Division of Labor, 1750–1950." *Bulletin of the German Historical Institute* 62 (2018): 9–30.

Daston, L. "Enlightenment Calculations." *Critical Inquiry* 21 (1994): 182–202.

Daston, L. "The Immortal Archive: Nineteenth-Century Science Imagines the Future." In *Science in the Archives: Pasts, Presents, Futures*, edited by L. Daston, 159–182. Chicago: University of Chicago Press, 2017.

Daston, L. *Rules: A Short History of What We Live By.* Princeton, NJ: Princeton University Press, 2022.

Davis, B. D., J. C. Mason, and M. Anwar. "Vulnerability Studies and Security Postures of IoT Devices: A Smart Home Case Study." *IEEE Internet of Things Journal* 7 (2020): 10102–10110.

Dawes, R., and B. Corrigan. "Linear Models in Decision Making." *Psychological Bulletin* 81, no. 2 (1974): 95–106.

DeMichele, M., P. Baumgartner, M. Wenger, K. Barrick, and M. Comfort. "Public Safety Assessment: Predictive Utility and Differential Prediction by Race in Kentucky." *Criminology & Public Policy* 19 (2020): 409–431.

Deutsches Institut für Service-Qualität. "Kundenbefragung Online-Partnerbörsen" [Survey on Dating Services]. 2017. https://disq.de/2017/20170426-Online-Partner boersen.html#GesamtP.

Dickmanns, E. D., and A. Zapp. "Autonomous High Speed Road Vehicle Guidance by Computer Vision." *IFAC Proceedings Volumes* 20 (1987): 221–226.

Digital Courage. "'Stasi-Barbie'—Der Spion in der Spielzeugkiste" ["Stasi Barbie": The Spy in the Toybox]. Press release, January 26, 2016. https://digitalcourage.de /blog/2016/stasi-barbie-der-spion-in-der-spielzeugkiste.

Dillet, R. "Renault-Nissan CEO Carlos Ghosn on the Future of Cars." *TechCrunch*, October 13, 2016. https://techcrunch.com/2016/10/13/renault-nissan-ceo-carlos-ghosn -on-the-future-of-cars/.

Dingus, T. A., F. Guo, S. Lee, J. F. Antin, M. Perez, M. Buchanan-King, and J. Hankey. "Driver Crash Risk Factors and Prevalence Evaluation Using Naturalistic Driving Data." *Proceedings of the National Academy of Sciences* 113, no. 10 (2016): 2636–2341.

Dittmar, H., E. Halliwell, and S. Ive. "Does Barbie Make Girls Want to Be Thin? The Effect of Experimental Exposure to Images of Dolls on the Body Image of 5- to 8-Year-Old Girls." *Developmental Psychology* 42, no. 2 (2006): 283–292.

Doll, N. "Moderne Autos Sind Datenkraken" [Modern Cars Are Data Leeches]. *Welt*, November 22, 2016. https://www.welt.de/print/die_welt/finanzen/article159 665896.

Dosi, G., M. Napoletano, A. Roventini, J. E. Stiglitz, and T. Treibich. "Rational Heuristics? Expectations and Behaviors in Evolving Economies with Heterogeneous Interacting Agents." *Economic Inquiry* 53 (2020): 1487–1516.

Dressel, J., and H. Farid. "The Accuracy, Fairness, and Limits of Predicting Recidivism." *Science Advances* 4, no. 1 (2018): eaao5580.

Dreyfus, H. L. *What Computers Can't Do*. Rev. ed. New York: Harper, 1979.

Dyrenforth, P. S., D. A. Kashy, M. B. Donnellan, and R. E. Lucas. "Predicting Relationship and Life Satisfaction from Personality in Nationally Representative Samples from Three Countries: The Relative Importance of Actor, Partner, and Similarity Effects." *Journal of Personality and Social Psychology* 99 (2010): 690–702.

Eames, S. S. *Barbie Doll Fashion: 1959–1967*. Paducah, KY: Collector Books, 1990.

Efrati, A. "How an Uber Whistleblower Tried to Stop Self-Driving Car Disaster." *The Information*, December 10, 2018. https://www.theinformation.com/articles/how-an -uber-whistleblower-tried-to-stop-self-driving-car-disaster.

Eggers, D. *The Circle*. New York: Knopf, 2013.

Einhorn, H. J., and R. Hogarth. "Unit Weighting Schemes for Decision Making." *Organizational Behavior and Human Performance* 13, no. 2 (1975): 171–192.

Elias, J. "Alphabet Exec Says Self-Driving Cars 'Have Gone through a Lot of Hype,' but Google Helped Drive That Hype." *CNBC*, October 23, 2019. https://www.cnbc .com/2019/10/23/alphabet-exec-admits-google-overhyped-self-driving-cars.html.

Elliott, J., and T. Meyer. "Claim on 'Attacks Thwarted' by NSA Spreads Despite Lack of Evidence." *ProPublica*, October 23, 2013. https://www.propublica.org/article /claim-on-attacks-thwarted-by-nsa-spreads-despite-lack-of-evidence.

Elsberg, M. *Blackout*. London: Penguin Books, 2017.

Epstein, R. *Simple Rules for a Complex World*. Cambridge, MA: Harvard University Press, 1995.

Epstein, R. "The Truth about Online Dating." In *Disarming Cupid: Love, Sex, and Science*, edited by Editors of Scientific American. New York: Scientific American, 2013.

Epstein, R., and R. E. Robertson. "The Search Engine Manipulation Effect (SEME) and Its Possible Impact on the Outcomes of Elections." *PNAS* 112, no. 33 (2015): E4512–E4521.

ERGO. *ERGO Risiko-Report* [ERGO Risk Report]. 2019. Accessed April 5, 2021. https://www.ergo.com/en/Media-Relations/Pressemeldungen/PM-2019/20190912-ERGO-Risiko-Report.

European Commission. *Artificial Intelligence—A European Approach to Excellence and Trust*. 2020. https://ec.europa.eu/info/sites/info/files/commission-white-paper-artificial-intelligence-feb2020_en.pdf.

European Union. *General Data Protection Regulation*. 2016. https://gdpr-info.eu/art-5-gdpr/.

Ewing, J. "German Court Says Tesla Self-Driving Claims Are Misleading." *New York Times*, July 14, 2020. https://www.nytimes.com/2020/07/14/business/tesla-autopilot-germany.html.

Eyal, N. *Indistractable: How to Control Your Attention and Choose Your Life*. London: Bloomsbury, 2019.

Eyal, N. *Hooked*. London: Penguin, 2014.

Facebook. "Facebook Reports Fourth Quarter and Full Year 2019 Results." Press release, January 29, 2020. https://investor.fb.com/investor-news/press-release-details/2020/Facebook-Reports-Fourth-Quarter-and-Full-Year-2019-Results/default.aspx.

Farnham, A. "Hot or Not's Co-Founders: Where Are They Now?" *ABC News*, June 2, 2014. https://abcnews.go.com/Business/founders-hot-today/story?id=23901082.

Federal Aviation Administration. "Safety Alert for Operators: Manual Flight Operations (SAFO 13002)." January 4, 2013. https://www.faa.gov/other_visit/aviation_industry/airline_operators/airline_safety/safo/all_safos/media/2013/SAFO13002.pdf.

Federal Trade Commission. "FTC Sues Owner of Online Dating Service Match.Com for Using Fake Love Interest Ads to Trick Consumers into Paying for a Match.Com Subscription." Press release, September 25, 2019. https://www.ftc.gov/news-events/press-releases/2019/09/ftc-sues-owner-online-dating-service-matchcom-using-fake-love.

Ferrucci, D., E. Brown, J. Chu-Carroll, J. Fan, D. Gondek, A. A. Kalyanpur, A. Lally, et al. "Building Watson: An Overview of the DeepQA Project." *AI Magazine* 31, no. 3 (2010): 59–79.

Feynman, R. P., R. Leighton, and E. Hutchings. *"Surely You're Joking, Mr. Feynman!":* *Adventures of a Curious Character.* New York: W. W. Norton, 1985.

Finkel, E. J., P. W. Eastwick, B. R. Karney, H. T. Reis, and S. Sprecher. "Online Dating: A Critical Analysis from the Perspective of Psychological Science." *Psychological Science in the Public Interest* 13 (2012): 3–66.

Fleischhut, N., B. Meder, and G. Gigerenzer. "Moral Hindsight." *Experimental Psychology* 64 (2017): 110–123.

Fletcher, D. "The 50 Worst Inventions: Farmville." *Time*, May 27, 2010. http://content .time.com/time/specials/packages/article/0,28804,1991915_1991909_1991768,00 .html.

"Flying to Distraction." *Flight Safety Australia*, July 6, 2018. https://www.flightsafety australia.com/2018/07/flying-to-distraction/.

Fowler, G. A. "What Does Your Car Know about You? We Hacked a Chevy to Find Out." *Washington Post*, December 27, 2019. https://www.washingtonpost.com /technology/2019/12/17/what-does-your-car-know-about-you-we-hacked-chevy -find-out/.

Fowler, G. A. "You Watch TV. Your TV Watches Back." *Washington Post*, September 18, 2019. https://www.washingtonpost.com/technology/2019/09/18/you-watch-tv -your-tv-watches-back/.

Frederik, J., and M. Martin. "The New Dot.com Bubble Is Here: It's Online Advertising." *The Correspondent*, November 6, 2019. https://thecorrespondent.com/100/the -new-dot-com-bubble-is-here-its-called-online-advertising/13228924500–22d5fd24.

Freed, D., J. Palmer, D. Minchala, K. Levy, T. Ristenpart, and N. Dell. "'A Stalker's Paradise': How Intimate Partner Abusers Exploit Technology." In *CHI '18*. New York: ACM Press, 2018. http://nixdell.com/papers/stalkers-paradise-intimate.pdf.

Geirhos, R., J.-H. Jacobsen, C. Michaelis, R. Zemel, W. Brendel, M. Bethge, and F. A. Wichmann. "Shortcut Learning in Deep Neural Networks." *Nature Machine Intelligence* 2 (2020): 665–673.

Gendron, S. "Croisade Contre les Textos au Volant" [A Crusade against Texting while Driving]. *Le Journal de Montréal*, May 4, 2016. https://www.journaldemontreal .com/2016/05/04/croisade-contre-les-textos-au-volant.

Geraghty, K., and J. Woodhams. "The Predictive Validity of Risk Assessment Tools for Female Offenders: A Systematic Review." *Aggression and Violent Behavior* 21 (2015): 25–38.

Gibbs, S. "Apple's Tim Cook: 'I Don't Want My Nephew on a Social Network.'" *Guardian*, January 19, 2018. https://www.theguardian.com/technology/2018/jan/19 /tim-cook-i-dont-want-my-nephew-on-a-social-network.

Gigerenzer, G. *Calculated Risks: How to Know When Numbers Deceive You.* New York: Simon & Schuster, 2002.

Gigerenzer, G. "Digital Computer: Impact on the Social Sciences." In *International Encyclopedia of the Social and Behavioral Sciences*, vol. 6, edited by N. J. Smelser and P. B. Baltes, 3684–3688. Amsterdam: Elsevier, 2001.

Gigerenzer, G. "The Frequency-Validity Relationship." *American Journal of Psychology* 97 (1984): 185–195.

Gigerenzer, G. "From Tools to Theories: A Heuristic of Discovery in Cognitive Psychology." *Psychological Review* 98 (1991): 254–267.

Gigerenzer, G. *Gut Feelings: The Intelligence of the Unconscious.* New York: Viking, 2007.

Gigerenzer, G. *Risk Savvy: How to Make Good Decisions.* New York: Viking, 2014.

Gigerenzer, G. "What Is Bounded Rationality?" In *Routledge Handbook of Bounded Rationality*, edited by R. Viale, 55–69. London: Routledge, 2021.

Gigerenzer, G., W. Gaissmaier, E. Kurz-Milcke, L. M. Schwartz, and S. W. Woloshin. "Helping Doctors and Patients Make Sense of Health Statistics." *Psychological Science in the Public Interest* 8 (2007): 53–96.

Gigerenzer, G., and D. G. Goldstein. "Mind as Computer: Birth of a Metaphor." *Creativity Research Journal* 9 (1996): 131–144.

Gigerenzer, G., R. Hertwig, and T. Pachur, eds. *Heuristics: The Foundations of Adaptive Behavior.* New York: Oxford University Press, 2011.

Gigerenzer, G., W. Krämer, and T. K. Bauer. "Eine Stunde Joggen, Sieben Stunden Länger Leben" [One Hour of Jogging Adds Seven Hours to Your Life]. *Unstatistik*, 28 April, 2017. https://www.rwi-essen.de/unstatistik/66/.

Gigerenzer, G., and J. A. Muir Gray, eds. *Better Doctors, Better Patients, Better Decisions.* Cambridge, MA: MIT Press, 2011.

Gigerenzer, G., and D. J. Murray. *Cognition as Intuitive Statistics.* Mahwah, NJ: Erlbaum, 1987. Reprint, New York: Psychology Press, 2015.

Gigerenzer, G., Z. Swijtink, T. Porter, L. Daston, J. Beatty, and L. Kruger. *The Empire of Chance: How Probability Changed Science and Everyday Life.* Cambridge: Cambridge University Press, 1989.

Ginsberg, J., M. H. Mohebbi, R. S. Patel, L. Brammer, M. S. Smolinski, and L. Brilliant. "Detecting Influenza Epidemics Using Search Engine Query Data." *Nature* 457 (2009): 1012–1014.

Gleave, A. "Physically Realistic Attacks on Deep Reinforcement Learning." Berkeley Artificial Intelligence Research blog, March 27, 2020. https://bair.berkeley.edu /blog/2020/03/27/attacks/.

Gleick, J. *Genius: The Life and Science of Richard Feynman*. New York: Pantheon, 1992.

Gliklich, J., R. Maurer, and R. W. Bergmark. "Patterns of Texting and Driving in a US National Survey of Millennial Parents vs Older Parents." *JAMA Pediatrics* 173 (2019): 689–690.

Glöckner, A. "The Irrational Hungry Judge Effect Revisited: Simulations Reveal that the Magnitude of the Effect Is Overestimated." *Judgment and Decision Making* 11 (2016): 601–610.

Gordon, B. R., F. Zettelmeyer, N. Bhargave, and D. Chapsky. "A Comparison of Approaches to Advertising Measurement: Evidence from Big Field Experiments at Facebook." *Marketing Science* 38 (2019): 193–364.

Gorner, J., and A. Sweeney. "For Years Chicago Police Rated the Risk of Tens of Thousands Being Caught Up in Violence. That Controversial Effort Has Quietly Been Ended." *Chicago Tribune*, January 24, 2020. https://www.chicagotribune.com/news /criminal-justice/ct-chicago-police-strategic-subject-list-ended-20200125-spn4k jmrxrh4tmktdjckhtox4i-story.html.

Gottman, J., and J. Gottman. "The Natural Principles of Love." *Journal of Family Theory & Review* 9 (2017): 7–26.

Gottman, J. M., J. Coan, S. Carrere, and C. Swanson. "Predicting Marital Happiness and Stability from Newlywed Interactions." *Journal of Marriage and the Family* 60 (1998): 5–22.

Götz, M., E. Wunderer, J. Greithanner, and E. Maslanka. "'Warum Kann Ich Nicht so Perfekt Sein?'" [Why Can't I Be as Perfect?]. *Televizion* 32, no. 1 (2019). https://www .br-online.de/jugend/izi/deutsch/publikation/televizion/32_2019_1/Goetz_Wunderer -perfekt_sein.pdf.

Green, K. C., and J. S. Armstrong. "Simple Versus Complex Forecasting: The Evidence." *Journal of Business Research* 68, no. 1 (2015): 678–685.

Greenwald, G. *No Place to Hide: Edward Snowden, the NSA and the Surveillance State*. London: Penguin Books, 2014.

Griffiths, J. *The Great Firewall of China*. London: Zed Books, 2019.

Grisso, T., and A. J. Tomkins. "Communicating Violence Risk Assessments." *American Psychologist* 51, no. 9 (1996): 928–930.

Grossman, L., M. Thompson, J. Kluger, A. Park, B. Walsch, C. Suddath, E. Dodds, et al. "The 50 Best Inventions." *Time*, November 28, 2011. http://content.time.com /time/subscriber/article/0,33009,2099708-1,00.html.

Grzymek, V., and M. Puntschuh. *What Europe Knows and Thinks about Algorithms: Results of a Representative Survey*. Gütersloh: Bertelsmann Stiftung, 2019. https://www.bertelsmann-stiftung.de/fileadmin/files/BSt/Publikationen/GrauePublikationen/WhatEuropeKnowsAndThinkAboutAlgorithm.pdf.

Gunning, D., and D. W. Aha. "DARPA's Explainable Artificial Intelligence Program." *AI Magazine* 40, no. 2 (2019): 44–58.

Gururangan, S., S. Swayamdipta, O. Levy, R. Schwartz, S. Bowman, and N. A. Smith. "Annotation Artifacts in Natural Language Inference Data." *Proceedings of the 2018 Conference of the North American Chapter of the Association for Computational Linguistics: Human Language Technologies 2* (2018): 107–112. https://www.aclweb.org/anthology/N18-2017/.

Halpern, S. "The Creepy New Wave of the Internet." *New York Review of Books*, November 20, 2014, 22–24.

Hancock, J. T., C. Toma, and N. Ellison. "The Truth about Lying in Online Dating Profiles." *CHI 2007 Proceedings*. San Jose, CA: CHI, 2007. https://collablab.northwestern.edu//CollabolabDistro/nucmc/p449-hancock.pdf.

Hao, K. "We Read the Paper That Forced Timnit Gebru Out of Google. Here's What It Says." *MIT Technology Review*, December 4, 2020. https://www.technologyreview.com/2020/12/04/1013294/google-ai-ethics-research-paper-forced-out-timnit-gebru/.

Harari, Y. N. *Homo Deus: A Brief History of Tomorrow*. New York: Harper, 2015.

Harari, Y. N. "Yuval Noah Harari on Big Data, Google and the End of Free Will." *Financial Times*, August 16, 2016. https://www.ft.com/content/50bb4830-6a4c-11e6-ae5b-a7cc5dd5a28c.

Harford, T. "Big Data: Are We Making a Big Mistake?" *Financial Times*, March 28, 2014. https://www.ft.com/content/21a6e7d8-b479-11e3-a09a-00144feabdc0.

Hartmann, S. "Risikobewältigung in der Luftfahrt und in der Medizin—Eine Vergleichende Untersuchung" [Managing Risk in Air Traffic and Medicine: A Comparative Analysis]. PhD diss., Humboldt University Berlin, 2017.

Hauber, J., E. Jarchow, and S. Rabitz-Suhr. *Prädiktionspotenzial Schwere Einbruchskriminalität: Ergebnisse einer Wissenschaftlichen Befassung mit Predictive Policing* [The Potential of Predicting Serious Burglary Offences: Results of a Scientific Investigation on Predictive Policing]. Hamburg: Landeskriminalamt Hamburg, 2019. https://www.polizei.hamburg/contentblob/13755082/74aff9285c340ad260ed65fe912caa17/data/abschlussbericht-praediktionspotenzial-schwere-einbruchskrminalitaet-do.pdf.

Hawkins, A. J. "Here Are Elon Musk's Wildest Predictions about Tesla's Self-Driving Cars." *The Verge*, April 22, 2019. https://www.theverge.com/2019/4/22/18510828/tesla-elon-musk-autonomy-day-investor-comments-self-driving-cars-predictions.

Hayes, B. "Gauss's Day of Reckoning." *American Scientist* 94 (2006): 200–205.

Haynes, T. "Dopamine, Smartphones, and You: A Battle for Your Time." Harvard University, May 1, 2018. http://sitn.hms.harvard.edu/flash/2018/dopamine-smart phones-battle-time/.

Helbing, D., B. S. Frey, G. Gigerenzer, E. Hafen, M. Hagner, Y. Hofstetter, J. van den Hoven, R. V. Zicari, and A. Zwitter. "Will Democracy Survive Big Data and Artificial Intelligence?" *Scientific American*, February 25, 2017. https://www.scientificamerican .com/article/will-democracy-survive-big-data-and-artificial-intelligence/.

Heyman, R. E., and A. M. S. Slep. "The Hazards of Predicting Divorce without Cross-validation." *Journal of Marriage and the Family* 63 (2001): 473–479.

Hirsch, S., and A. Hirsch. *The Beauty of Short Hops: How Chance and Circumstance Confound the Moneyball Approach to Baseball.* Jefferson, NC: McFarland, 2011.

Hitsch, G. J., A. Hortaçsu, and D. Ariely. "Matching and Sorting in Online Dating." *American Economic Review* 100 (2010): 130–163.

Hofstadter, D. "The Shallowness of Google Translate." *Atlantic*, January 30, 2018. https://www.theatlantic.com/technology/archive/2018/01/the-shallowness-of -google-translate/551570/.

Holte, C. H. "Very Simple Classification Rules Perform Well on Most Commonly Used Datasets." *Machine Learning* 11 (1993): 63–91.

Holzinger, A., C. Biemann, C. S., Pattichis, and D. B. Kell. "What Do We Need to Build Explainable AI Systems for the Medical Domain?" *ArXiv*, December 28, 2017. https://arxiv.org/abs/1712.09923.

Howard, P. N. *Lie Machines.* New Haven, CT: Yale University Press, 2020.

Hsu, J. W. "Transasia Pilot Shut Down Wrong Engine Before Taiwan Crash." *Wall Street Journal*, July 2, 2015. https://www.wsj.com/articles/transasia-pilot-shut-down -working-engine-before-taiwan-crash-1435815552.

Hu, J. C. "How One Light Bulb Could Allow Hackers to Burgle Your Home." *Quartz*, December 18, 2018. https://qz.com/1493748/how-one-lightbulb-could-allow-hackers -to-burgle-your-home/.

Huang, S., S. Aral, Y. J. Hu, and E. Brynjolfsson. "Social Advertising Effectiveness Across Products: A Large-Scale Field Experiment." *Marketing Science* 39(2020): 1142–1165.

Hwang, T. *Subprime Attention Crisis: Advertising and the Time Bomb at the Heart of the Internet.* New York: Macmillan, 2020.

Instituto Superiore di Sanità. *Characteristics of COVID-19 Patients Dying in Italy.* Report based on available data from November 18, 2020. https://www.epicentro.iss .it/en/coronavirus/sars-cov-2-analysis-of-deaths.

Isaac, M. "Facebook Said to Create Censorship Tool to Get Back into China." *New York Times*, November 22, 2016. https://www.nytimes.com/2016/11/22/technology /facebook-censorship-tool-china.html.

Islam, M. S., T. Sarkar, Hossain S. Khan, A.-H. Mostofa Kamal, Murshid S. M. Hasan, A. Kabir, and D. Yeasmin. "COVID-19-Related Infodemic and Its Impact on Public Health: A Global Social Media Analysis." *American Journal of Tropical Medicine and Hygiene* 103 (2020): 1621–1629.

Joel, S., P. W. Eastwick, and E. J. Finkel. "Is Romantic Desire Predictable? Machine Learning Applied to Initial Romantic Attraction." *Psychological Science* 28 (2017): 1478–1489.

Johnson, B. "Privacy No Longer a Social Norm, Says Facebook Founder." *Guardian*, January 11, 2010. https://www.theguardian.com/technology/2010/jan/11/facebook -privacy.

Jung, J., C. Concannon, R. Shroff, S. Goel, and D. G. Goldstein. "Simple Rules for Complex Decisions." *ArXiv*, February 15, 2017. https://arxiv.org/abs/1702.04690.

Kahneman, D. "Comment on 'Artificial Intelligence and Behavioral Economics.'" In *The Economics of Artificial Intelligence*, edited by A. Agrawal, J. Gans, and A. Goldfarb, 608–610. Chicago: University of Chicago Press, 2019.

Kapoun, J. "Teaching Web Evaluation to Undergrads." *College and Research Libraries News* (August 1998): 522–523.

Katsikopoulos, K., O. Şimşek, M. Buckmann, and G. Gigerenzer. *Classification in the Wild*. Cambridge, MA: MIT Press, 2020.

Katsikopoulos, K., O. Şimşek, M. Buckmann, and G. Gigerenzer. "Transparent Modeling of Influenza Incidence: Big Data or a Single Data Point from Psychological Theory?" *International Journal of Forecasting* (2021).

Kawohl, J. M., and J. Becker. *Verfügen Deutsche Vorstände über die Zukunftsfähigkeit, die die Digitale Transformation Erfordert?* [Can German CEOs Meet the Future Demands of Digital Transformation?]. Heilbronn: Investment Lab, 2017. https:// docs.wixstatic.com/ugd/63eb59_4465a197bb6f4f34b784c3c52e1456fb.pdf.

Kay, J., and M. King. *Radical Uncertainty*. London: Bridge Street Press, 2020.

Kayser-Bril, N. "Facebook Enables Automated Scams, but Fails to Automate the Fight Against Them." *Algorithm Watch*, November 4, 2019. https://algorithmwatch.org /en/story/facebook-enables-automated-scams-but-fails-to-automate-the-fight-against -them/.

Kayser-Bril, N. "Female Historians and Male Nurses Do Not Exist, Google Translate Tells Its European Users." *Algorithm Watch*, September 17, 2020. https://algorithm watch.org/en/story/google-translate-gender-bias/.

Kellermann, A. L., and S. S. Jones. "What It Will Take to Achieve the As-Yet-Unfilled Promises of Health Information Technology." *Health Affairs* 32 (2013): 63–68.

Kim, M. "Are Smartphones Causing More Kid Injuries?" *Philly Voice*, January 8, 2015. https://www.phillyvoice.com/cell-phone-too-deadly-kids/.

Kleinhubbert, G. "Abgelenkt" [Distracted]. *Der Spiegel*, November 25, 2013. https://www.spiegel.de/spiegel/print/d-122579480.html.

Koh, P. W. "WILDS: A Benchmark of In-the-Wild Distribution Shifts." *ArXiv*, March 9, 2021. https://arxiv.org/abs/2012.07421v2.

Kosko, B. "Thinking Machines = Old Algorithms on Faster Computers." In *What to Think about Machines That Think*, edited by J. Brockman, 423–426. New York: Harper, 2015.

Kostka, G. "China's Social Credit System and Public Opinion: Explaining High Levels of Approval." *New Media & Society* 21 (2019): 1565–1593.

Kostka, G., and L. Antoine. "Fostering Model Citizenship: Behavioral Responses to China's Emerging Social Credit Systems." *Policy & Internet* 12 (2019): 256–289.

Kostka, G., and C. Zhang. "Tightening the Grip: Environmental Governance under Xi Jinping." *Environmental Politics* 27 (2018): 769–781.

Kozyreva, A., S. Lewandowsky, and R. Hertwig. "Citizens Versus the Internet: Confronting Digital Challenges with Cognitive Tools." *Psychological Science in the Public Interest* 21 (2020): 103–156.

Kramer, A. D. I., J. E. Guillory, and J. T. Hancock. "Experimental Evidence of Massive-Scale Emotional Contagion through Social Networks." *Proceedings of the National Academy of Sciences* 111 (2014): 8788–8790.

Krauthammer, C. "Be Afraid." *Washington Examiner*, May 26, 1997. https://www.washingtonexaminer.com/weekly-standard/be-afraid-9802.

Kruglanski, A., and G. Gigerenzer. "Intuitive and Deliberate Judgments Are Based on Common Principles." *Psychological Review* 118 (2011): 97–109.

Kumar, N., A. C. Berg, P. N. Belhumeur, and S. K. Nayar. "Attribute and Simile Classifiers for Face Verification." *2009 IEEE 12th International Conference on Computer Vision*, Kyoto (2009): 365–372.

Kurzweil, R. *How to Create a Mind*. New York: Penguin, 2012.

Lake, B. M., T. D. Ulman, J. B. Tenenbaum, and S. J. Gershman. "Ingredients of Intelligence: From Classic Debates to an Engineering Roadmap." *Behavioral and Brain Sciences* 40 (2017): e281.

Lanier, J. "Jaron Lanier Fixes the Internet." *New York Times*, September 23, 2019. https://www.nytimes.com/interactive/2019/09/23/opinion/data-privacy-jaron -lanier.html.

Lanier, J., and E. G. Weyl. "A Blueprint for a Better Digital Society." *Harvard Business Review*, September 26, 2018. https://hbr.org/2018/09/a-blueprint-for-a-better-digital -society.

Lavin, T. "QAnon, Blood Libel, and the Satanic Panic." *New Republic*, September 29, 2020. https://newrepublic.com/article/159529/qanon-blood-libel-satanic-panic.

Lazer, D., R. Kennedy, G. King, and A. Vespignani. "The Parable of Google Flu: Traps in Big Data Analysis." *Science* 343 (March 14, 2014): 1203–1205.

Lea, S., P. Fischer, and K. Evans. *The Psychology of Scams: Provoking and Committing Errors of Judgement.* Report 1070. University of Exeter for the Office of Fair Trading, 2009. https://webarchive.nationalarchives.gov.uk/20140402205717/http://oft.gov.uk /shared_oft/reports/consumer_protection/oft1070.pdf.

Lee, D.-C., A. G. Brellenthin, P. D. Thompson, X. Sui, I.-M. Lee, and C. J. Lavie. "Running as a Key Lifestyle Medicine for Longevity." *Progress in Cardiovascular Diseases* 60, no. 1 (2017): 45–55.

Lee, K.-F. *AI Superpowers: China, Silicon Valley, and the New World Order.* Boston: Houghton Mifflin Harcourt, 2018.

Leetaru, K. "The Data Brokers So Powerful That Even Facebook Bought Their Data— But They Got Me Wildly Wrong." *Forbes*, April 4, 2018. https://www.forbes.com /sites/kalevleetaru/2018/04/05/the-data-brokers-so-powerful-even-facebook-bought -their-data-but-they-got-me-wildly-wrong/#3d727faf3107.

Lewandowsky, S., L. Smillie, D. Garcia, R. Hertwig, J. Weatherall, S. Egidy, R. E. Robertson, et al. *Technology and Democracy: Understanding the Influence of Online Technologies on Political Behaviour and Decision-Making.* EUR 30422 EN. Luxembourg: Publications Office of the European Union, 2020.

Lewis, M. *Moneyball.* New York: W. W. Norton, 2003.

Lewis, R. A., and J. M. Rao. "On the Near Impossibility of Measuring the Returns of Advertising." Paper presented at the AEA Annual Meeting, January 4, 2014. https:// www.aeaweb.org/conference/2014/preliminary.php.

Lewis, R. A., and D. Reiley. "Advertising Effectively Influences Older Users: How Field Experiments Can Improve Measurement and Targeting." *Review of Industrial Organization* 44 (2014): 147–159.

Lichtman, A. J. *Predicting the Next President: The Keys to the White House.* Lanham, MD: Rowman and Littlefield, 2016.

Lin, Z. J., J. Jung, S. Goel, and J. Skeem. "The Limits of Human Prediction of Recidivism." *Science Advances* 6 (2020): eaaz0652.

Lindström, B., M. Bellander, D. T. Schultner, A., P. N. ChangTobler, and D. M. Amodio. "A Computational Reinforcement Learning Account of Social Media Engagement." *Nature Communications* 12 (2021): 1311.

Liptak, A. "Sent to Prison by a Software Program's Secret Algorithms." *New York Times*, May 1, 2017. https://www.nytimes.com/2017/05/01/us/politics/sent-to-prison-by-a-software-programs-secret-algorithms.html.

Locke, J. *An Essay Concerning Human Understanding*. London: Tegg & Son, 1690. Reprint, Oxford: Oxford University Press, 1975.

Lorenz-Spreen, P., S. Lewandowsky, C. R. Sunstein, and R. Hertwig. "How Behavioral Sciences Can Promote Truth, Autonomy and Democratic Discourse." *Nature Human Behavior* 4 (2020): 1102–1109.

Lotan, G. "Israel, Gaza, War, and Data—The Art of Personalizing Propaganda." *Global Voices*, August 4, 2014. https://globalvoices.org/2014/08/04/israel-gaza-war-data-the-art-of-personalizing-propaganda/.

Luckerson, V. "Here's How Facebook's News Feed Actually Works." *Time*, July 9, 2015. https://time.com/collection-post/3950525/facebook-news-feed-algorithm/.

Luetge, C. "The German Ethics Code for Automated and Connected Driving." *Philosophy of Technology* 30 (2017): 547–558.

Luria, A. R. *The Mind of a Mnemonist*. New York: Basic Books, 1968.

Maack, N. "Diese Stadt Ist ein Großer Roboter" [This City Is a Big Robot]. *Frankfurter Allgemeine*, January 22, 2020. https://www.faz.net/aktuell/feuilleton/debatten/toyotas-smart-city-diese-stadt-ist-ein-grosser-roboter-16588460.html.

Makoff, J. "Computer Wins on 'Jeopardy!': Trivial, It's Not." *New York Times*, February 16, 2011. https://www.nytimes.com/2011/02/17/science/17jeopardy-watson.html.

Markman, J. "Big Data and the 2016 Election." *Forbes*, August 8, 2016. https://www.forbes.com/sites/jonmarkman/2016/08/08/big-data-and-the-2016-election/#29fe5d7b1450.

Martosko, D. "I'm Bad at Math, Says Obama—But So Is Congress—During Visit to Brooklyn School." *Daily Mail*, October 25, 2013. https://www.dailymail.co.uk/news/article-2477130/Im-bad-math-says-Obama--Congress--visit-Brooklyn-school.

Matacic, C. "Are Algorithms Good Guides?" *Science* 359 (2018): 263.

McDaniel, B. T. "Parent Distraction with Phones, Reasons for Use, and Impacts on Parenting and Child Outcomes: A Review of the Emerging Research." *Human Behavior and Emerging Technologies* 1 (2019):72–80.

McDonald, A. M., and L. F. Cranor. "The Cost of Reading Privacy Policies." *Journal of Law and Policy for the Information Society* 4 (2008): 543–568.

McGrew, S., J. Breakstone, T. Ortega, M. Smith, and S. Wineberg. "Can Students Evaluate Online Sources? Learning from Assessments of Civic Online Reasoning." *Theory and Research in Social Education* 46 (2018): 165–193.

McGrew, S., M. Smith, J. Breakstone, T. Ortega, and S. Wineburg. "Improving University Students' Web Savvy: An Intervention Study." *British Journal of Educational Psychology* 89, no. 4 (2019): 85–500.

McNeal, G. S. "Facebook Manipulated User News Feeds to Create Emotional Responses." *Forbes*, June 28, 2014. https://www.forbes.com/sites/gregorymcneal/2014/06/28/facebook-manipulated-user-news-feeds-to-create-emotional-contagion/.

Mead, M. *Coming of Age in Samoa*. New York: William Morrow, 1928.

Medvin, M. "Your Vehicle Black Box: A 'Witness' against You in Court." *Forbes*, January 8, 2019. https://www.forbes.com/sites/marinamedvin/2019/01/08/your-vehicle-black-box-a-witness-against-you-in-court-2/#461a443831c5.

Melendez, S. "Mozilla and Creative Commons Want to Reimage the Internet without Ads, and They Have $100M to Do It." *Fast Company*, September 16, 2019. https://www.fastcompany.com/90403645/mozilla-and-creative-commons-want-to-reimagine-the-internet-without-ads-and-they-have-100m-to-do-it.

Mercier, H., and D. Sperber. "Why Do Humans Reason? Arguments for an Argumentative Theory." *Behavioral and Brain Science* 34 (2011): 57–74.

Messerli, F. H. "Chocolate Consumption, Cognitive Function, and Nobel Laureates." *New England Journal of Medicine* 367 (2012): 1562–1564.

Milner, G. "Death by GPS: Are Satnavs Changing Our Brains?" *BBC*, June 25, 2016. https://www.bbc.com/news/technology-35491962.

Mønsted, B., P. Sapiezynski, E. Ferrara, and S. Lehmann. "Evidence of Complex Contagion of Information in Social Media: An Experiment Using Twitter Bots." *PLOS ONE* 12, no. 9 (2017): e0184148.

Montaigne, M. de. *Essays*. Translated by Jonathan Bennett, 2017. https://www.earlymoderntexts.com/assets/pdfs/montaigne1580book2_2.pdf.

Montoya, R. M., R. S. Horton, and J. Kirchner. "Is Actual Similarity Necessary for Attraction? A Meta-Analysis of Actual and Perceived Similarity." *Journal of Social and Personal Relationships* 25 (2008): 889–922.

Morozov, E. *To Save Everything, Click Here: The Follies of Technological Solutionism*. New York: Public Affairs, 2013.

Mullard, A. "Reliability of 'New Drug Target' Claims Called into Question." *Nature Reviews: Drug Discovery* 10, no. 9 (2011): 643–644.

Munro, D. "Should Tech Firms Pay People for Their Data?" Centre for International Governance Innovation, November 28, 2019. https://www.cigionline.org/articles /should-tech-firms-pay-people-their-data.

Nasiopoulos, E., E. F. Risko, T. Foulsham, and A. Kingstone. "Wearable Computing: Will It Make People Prosocial?" *British Journal of Psychology* 106 (2015): 209–216.

National Consortium for the Study of Terrorism and Responses to Terrorism. *Global Terrorism Overview: Terrorism in 2019*. Baltimore: University of Maryland, 2020. https://www.start.umd.edu/pubs/START_GTD_GlobalTerrorismOverview2019_July 2020.pdf.

National Geographic. "Greendex 2014: Consumer Choice and the Environment: A Worldwide Tracking Survey." Globescan, 2014. https://globescan.com/wp-content /uploads/2017/07/Greendex_2014_Full_Report_NationalGeographic_GlobeScan.pdf.

National Transportation Safety Board. *Preliminary Report Highway*. HWY18MH010, 2019. https://www.ntsb.gov/investigations/AccidentReports/Reports/HWY18MH010 -prelim.pdf.

Neumann, N., C. E. Tucker, and T. Whitfield. "Frontiers: How Effective Is Third-Party Consumer Profiling? Evidence from Field Studies." *Marketing Science* 38 (2019): 918–926.

Neuvonen, M., K. Kivinen, and M. Salo, eds. *Elections Approach—Are You Ready? Fact-Checking for Educators and Future Voters*. FactBarEDU, 2018. https://www.faktabaari .fi/assets/FactBar_EDU_Fact-checking_for_educators_and_future_voters_13112018 .pdf.

Newell, A., J. C. Shaw, and H. A. Simon. "Chess-Playing Programs and the Problem of Complexity." *IBM Journal of Research and Development* 2, no. 4 (1958): 320–335.

Newell, A., J. C. Shaw, and H. A. Simon. "Elements of a Theory of Human Problem Solving." *Psychological Review* 65 (1958): 151–166.

Newell, A., and H. A. Simon. *Human Problem Solving*. Englewood Cliffs, NJ: Prentice-Hall, 1972.

Newport, F. "Most U.S. Smartphone Owners Check Phone at Least Hourly." *Gallup*, July 9, 2015. https://news.gallup.com/poll/184046/smartphone-owners-check-phone -least-hourly.aspx.

Newton, C. "A Partisan War over Fact-Checking Is Putting Pressure on Facebook." *The Verge*, September 12, 2018. https://www.theverge.com/2018/9/12/17848478 /thinkprogress-weekly-standard-facebook-fact-check-false.

Nguyen, A., J. Yosinski, and J. Clune. "Deep Neural Networks Are Easily Fooled: High Confidence Predictions for Unrecognizable Images." *2015 IEEE Conference on Computer Vision and Pattern Recognition*, 2015. https://ieeexplore.ieee.org/document /7298640.

Nguyen, N. "If You Have a Smart TV, Take a Closer Look at Your Privacy Settings." *CNBC*, March 9, 2017. https://www.cnbc.com/2017/03/09/if-you-have-a-smart-tv -take-a-closer-look-at-your-privacy-settings.html.

NHS. "Country's Top Mental Health Nurse Warns Video Games Pushing Young People Into 'Under the Radar' Gambling." January 18, 2020. https://www.england .nhs.uk/2020/01/countrys-top-mental-health-nurse-warns-video-games-pushing -young-people-into-under-the-radar-gambling/.

99 Content. "Snapchat Statistics." N.d. https://99firms.com/blog/snapchat-statistics/.

Niven, T., and H-Y. Kao. "Probing Neural Network Comprehension of Natural Language Arguments." *Proceedings of the 57th Annual Meeting of the Association for Computational Linguistics* (2019): 4658–4664. https://www.aclweb.org/anthology /P19–1459.pdf.

Norton LifeLock. *Norton LifeLock Cyber Safety Insights Report: Global Results*. Symantec Corporation, 2019. https://now.symassets.com/content/dam/norton/campaign /NortonReport/2020/2019_NortonLifeLock_Cyber_Safety_Insights_Report_Global _Results.pdf.

Noyes, D. *The Top 20 Valuable Facebook Statistics*. Zephoria Digital Marketing, October 2020. https://zephoria.com/top-15-valuable-facebook-statistics/.

OECD. *Key Issues for Digital Transformation in the G20*. Berlin: OECD, January 12, 2017. https://www.oecd.org/g20/key-issues-for-digital-transformation-in-the-g20.pdf.

Office of Fair Trading, United Kingdom. *Research on Impact of Mass Marketed Scams: A Summary of Research into the Impact of Scams on UK Consumers*. OFT Report 883, 2007. https://webarchive.nationalarchives.gov.uk/20140402214439/http:/www.oft .gov.uk/shared_oft/reports/consumer_protection/oft883.pdf.

Olson, D. R., K. J. Konty, M. Paladini, C. Viboud, and L. Simonsen. "Reassessing Google Flu Trends Data for Detection of Seasonal and Pandemic Influenza: A Comparative Epidemiological Study at Three Geographic Scales." *PLOS Computational Biology* 9, no. 10 (2013): e1003256.

O'Neill, C. *Weapons of Mass Destruction*. London: Allen Lane, 2016.

Ophir, E., C. Nass, and A. D. Wagner. "Cognitive Control in Media Multitaskers." *Procedeedings of the National Academy of Sciences* 106, no. 37 (2009): 15583–15587.

Orben, A. "The Sisyphean Cycle of Technology Panics." *Perspectives on Psychological Science* 15 (2020): 1143–1157.

Orwell, G. *1984*. London: Secker & Warburg, 1949. Reprint, London: Penguin, 2008.

O'Toole, F. *Heroic Failure: Brexit and the Politics of Pain*. London: Head of Zeus, 2018.

Pasquale, F. *The Black Box Society*. Cambridge, MA: Harvard University Press, 2015.

Paul, A. "Is Online Better Than Offline for Meeting Partners? Depends: Are You Looking to Marry or to Date?" *Cyberspychology, Behavior, and Social Networking* 17 (2014): 664–667.

Paulsen, D. "Human Versus Machine: A Comparison of the Accuracy of Geographic Profiling Methods." *Journal of Investigative Psychology and Offender Profiling* 3 (2006): 77–89.

Peteranderl, S. *Under Fire: The Rise and Fall of Predictive Policing*. 2020. https://www .acgusa.org/wp-content/uploads/2020/03/2020_Predpol_Peteranderl_Kellen.pdf.

Pogue, D. "How to End Online Ads Forever." *Scientific American*, January 1, 2016. https://www.scientificamerican.com/article/how-to-end-online-ads-forever/.

Poibeau, T. *Machine Translation*. Cambridge, MA: MIT Press, 2017.

Porter, T. M. *Karl Pearson: The Scientific Life in a Statistical Age*. Princeton, NJ: Princeton University Press, 2004.

Potarca, G. "The Demography of Swiping Right. An Overview of Couples Who Met through Dating Apps in Switzerland." *PLOS ONE* 15, no. 12 (2020): e0243733.

Praschl, P. "Eine Barbie mit WLAN is das Ende der Kindheit" [A Wi-Fi Barbie Means the End of Childhood]. *Welt*, April 22, 2015. https://www.welt.de/kultur /article139863883/.

Quinn, P. C., P. D. Eimas, and M. J. Tarr. "Perceptual Categorization of Cat and Dog Silhouettes by 3- to 4-Month-Old Infants." *Journal of Experimental Child Psychology* 79 (2001): 78–94.

Raji, I. D., and J. Buolamwini. "Actionable Auditing: Investigating the Impact of Public Naming Biased Performance Results of Commercial AI Products." *Conference on Artificial Intelligence, Ethics, and Society*. 2019. https://www.media.mit.edu /publications/actionable-auditing-investigating-the-impact-of-publicly-naming -biased-performance-results-of-commercial-ai-products/.

Ranjan, A. J. Janai, A. Geiger, and M. J. Black. "Attacking Optical Flow." *Proceedings International Conference on Computer Vision (ICCV)* (2019): 2404–2413. https://arxiv .org/abs/1910.10053.

Rebonato, R. *Taking Liberties. A Critical Examination of Libertarian Paternalism*. Basingstoke, UK: Palgrave Macmillan, 2012.

Reed, J., K. Hirsh-Pasek, and R. M. Golinkoff. "Learning on Hold: Cell Phones Sidetrack Parent-Child Interactions." *Developmental Psychology* 53 (2017): 1428–1436.

Reynolds, G. "An Hour of Running May Add 7 Hours to Your Life." *New York Times*, April 12, 2017. https://www.nytimes.com/2017/04/12/well/move/an-hour-of-running-may-add-seven-hours-to-your-life.html.

Rid, T. *Active Measures*. London: Profile Books, 2020.

Rilke, R. M. *Letters to a Young Poet*. Translated by M. D. Herter Norton. New York: Norton, 1993.

Rivest, R. L. "Learning Decision Lists." *Machine Learning* 2, no. 2 (1987): 29–246.

Roberts, S., and H. Pashler. "How Pervasive Is a Good Fit? A Comment on Theory Testing." *Psychological Review* 107 (2000): 58–367.

Rocca, J. "Understanding Generative Adversarial Networks (GANs)." *Towards Data Science*, January 7, 2019. https://towardsdatascience.com/understanding-generative-adversarial-networks-gans-cd6e4651a29.

Rogers, S. "Census in Pictures: From Suffragettes to Arms Protesters." *Guardian*, December 11, 2012. https://www.theguardian.com/uk/datablog/gallery/2012/dec/11/census-2011-pictures-suffragettes-arms-protesters.

Rompay, T. J. L. van, D. J. Vonk, and M. L. Fransen. "The Eye of the Camera: Effects of Security Cameras on Prosocial Behavior." *Environment and Behavior* 41 (2009): 60–74.

Ross, C., and I. Swetlitz. "IBM Watson Health Hampered by Internal Rivalries and Disorganization, Former Employees Say." *STAT+*, June 14, 2018. https://www.statnews.com/2018/06/14/ibm-watson-health-rivalries-disorganization/.

Rötzer, F. "Jeder Sechste Deutsche Findet ein Social-Scoring System Gut [Every Sixth German Finds the Social Scoring System Good]." *Telepolis*, February 4, 2019. https://www.heise.de/tp/features/Jeder-sechste-Deutsche-findet-ein-Social-Scoring-System-nach-chinesischem-Vorbild-gut-4297208.html.

Rudin, C. "Stop Explaining Black Box Machine Learning Models of High Stakes Decisions and Use Interpretable Models Instead." *Nature Machine Intelligence* 1 (2019): 206–215.

Rudin, C., and J. Radin. "Why Are We Using Black Box Models in AI When We Don't Need To? A Lesson from an Explainable AI Competition." *Harvard Data Science Review* 1, no. 2 (2019). https://hdsr.mitpress.mit.edu/pub/f9kuryi8/release/6.

Rudin, C., C. Wang, and B. Coker. "The Age of Secrecy and Unfairness in Recidivism Prediction." *Harvard Data Science Review* 2, no. 1 (2020). https://hdsr.mitpress.mit.edu/pub/7z10o269/release/4.

Rudder, C. *Dataclysm*. London: Harper, 2014.

Ruginski, I. T., S. H. Creem-Regeht, J. K. Stefanucci, and E. Cashdan. "GPS Use Negatively Affects Environmental Learning through Spatial Transformation Abilities." *Journal of Environmental Psychology* 64 (2019): 12–20.

Russell, S. *Human Compatible: Artificial Intelligence and the Problem of Control*. New York: Viking, 2019.

Russell, S., and R. Norvig, eds. *Artificial Intelligence: A Modern Approach*. 3rd ed. Upper Saddle River, NJ: Pearson Education, 2010.

Sales, N. J. *American Girls: Social Media and the Secret Lives of Teenagers*. New York: Knopf, 2016.

Salganik, M. J., I. Lundberg, A. T. Kindel, C. E. Ahearn, K. Al-Ghoneim, A. Almaatouq, D. M. Altschul, et al. "Measuring the Predictability of Life Outcomes with a Scientific Mass Collaboration." *Proceedings of the National Academy of Sciences* 117, no. 15 (2020): 8398–8403.

Sarle, W. S. "Neural Networks and Statistical Models." In *Proceedings of the Nineteenth Annual SAS Users Group International Conference*, 1538–1550. Cary, NC: SAS Institute, 1994.

Sattelberg, W. "Longest Snapchat Streak." *TechJunkie*, November 16, 2020. https://social.techjunkie.com/longest-snapchat-streak/.

Schmidt. E. "Google CEO Eric Schmidt on Privacy." December 12, 2009. https://www.youtube.com/watch?v=A6e7wfDHzew

Schüll, N. D. *Addiction by Design*. Princeton, NJ: Princeton University Press, 2012.

Schulte, F., and E. Fry. "Death by 1,000 Clicks: Where Electronic Health Records Went Wrong." *Fortune*, March 18, 2019. https://fortune.com/longform/medical-records/.

Schwertfeger, B. "Künstliche Intelligenz Trifft 'Künstliche Dummheit'" [Artificial Intelligence Meets "Artificial Stupidity"]. Interview with Gert Antes. *wirtschaft + weiterbildung* 9 (2019): 46–49.

Sergeant, D. C., and E. Himonides. "Orchestrated Sex: The Representation of Male and Female Musicians in World-Class Symphony Orchestras." *Frontiers in Psychology* 10 (2019): 1760.

Shahin, S., and P. Zheng. "Big Data and the Illusion of Choice: Comparing the Evolution of India's Aadhaar and China's Social Credit System as Technosocial Discourses." *Social Science Computer Review* 38 (2020): 25–41.

Shladover, S. E. "The Truth about 'Self-Driving' Cars." *Scientific American* 29 (2016): 80–83.

Silver, N. "Election Update: Where Are the Undecided Voters?" *FiveThirtyEight*, October 25, 2018. https://fivethirtyeight.com/features/election-update-where-are-the-undecided-voters/.

Silver, N. "Election Update: Why Our Model Is More Bullish Than Others on Trump." *FiveThirtyEight*, October 24, 2016. https://fivethirtyeight.com/features/election-update-why-our-model-is-more-bullish-than-others-on-trump/.

Simanek, D. E. "Arthur Conan Doyle, Spiritualism, and Fairies." January 2009. https://www.lockhaven.edu/~dsimanek/doyle.htm.

Simon, H. A. *Models of My Life*. New York: Basic Books, 1991.

Simon, H. A. *The Sciences of the Artificial*. Cambridge, MA: MIT Press, 1969.

Simon, H. A, and A. Newell. "Heuristic Problem Solving: The Next Advance in Operations Research." *Operations Research* 6 (1958): 1–10.

Simonite, T. "When It Comes to Gorillas, Google Photos Remains Blind." *Wired*, November 1, 2018. https://www.wired.com/story/when-it-comes-to-gorillas-google-photos-remains-blind/.

Sinha, P., B. J. Balas, Y., Ostrovskyand R. Russell. "Face Recognition by Humans." In *Face Recognition: Advanced Modeling and Methods*, edited by W. Zhao and R. Chellappa, 257–291. London: Academic Press, 2006.

Sinha, P., and T. Poggio. "I Think I Know that Face . . ." *Nature* 384 (1996): 404.

Skinner, B. F. *Beyond Freedom and Dignity*. New York: Bantham, 1972.

Skinner, B. F. *Contingencies of Reinforcement: A Theoretical Analysis*. New York: Appleton-Century-Crofts, 1969.

Smith, B. "We Worked Together on the Internet. Last Week, He Stormed the Capitol." *New York Times*, January 20, 2020. https://www.nytimes.com/2021/01/10/business/media/capitol-anthime-gionet-buzzfeed-vine.html.

Smith, T., E. Darling, and B. Searles. "2010 Survey on Cell Phone Use while Performing Cardiopulmonary Bypass." *Perfusion* 26 (2011): 375–380.

Snook, B., M. Zito, C. Bennel, and P. J. Taylor. "On the Complexity and Accuracy of Geographic Profiling Strategies." *Journal of Quantitative Criminology* 21 (2005): 1–25.

Snowden, E. *Permanent Record*. New York: Metropolitan Books/Henry Holt, 2019.

Society of Automotive Engineers (SAE). "SAE Issues Update Visual Chart for Its 'Levels of Driving Automation' Standard for Self-Driving Vehicles." December 11, 2018. https://www.sae.org/news/press-room/2018/12/sae-international-releases-updated-visual-chart-for-its-%E2%80%9Clevels-of-driving-automation%E2%80%9D-standard-for-self-driving-vehicles.

Solon, O. "Ex-Facebook President Sean Parker: Site Made to Exploit Human 'Vulnerability.'" *Guardian*, November 9, 2017. https://www.theguardian.com/technology/2017/nov/09/facebook-sean-parker-vulnerability-brain-psychology.

Solsman, J. E. "YouTube's AI Is the Puppet Master of Most of what You Watch." *CNET*, January 10, 2018. https://www.cnet.com/news/youtube-ces-2018-neal-mohan/.

Spinelli, L., and M. Crovella. "How YouTube Leads Privacy-Seeking Users Away from Reliable Information." *Adjunct Publication of the 28th ACM Conference on User Modeling, Adaptation and Personalization* (2020): 244–251. https://dl.acm.org/doi /10.1145/3386392.3399566.

Stadler, R. "Jetzt Wird Abgerechnet" [Now's the Day of Reckoning]. *Süddeutsche Zeitung*, May 9, 2006. https://sz-magazin.sueddeutsche.de/gesellschaft-leben/jetzt -wird-abgerechnet-73071.

Stalder, F. "Paying Users for Their Data." *Mail Archive*, July 24, 2014. https://www .mail-archive.com/nettime-l@mail.kein.org/msg02721.html.

Stern, R. "Self-Driving Uber Crash 'Avoidable,' Driver's Phone Playing Video Before Woman Struck." *Phoenix News*, June 21, 2018. https://www.phoenixnewtimes.com /news/self-driving-uber-crash-avoidable-drivers-phone-playing-video-before-woman -struck-10543284.

Stevenson, M. "Assessing Risk Assessment in Action." *Minnesota Law Review* 103 (2018): 303–384.

Stevenson, P. W. "Trump Is Headed for a Win, Says Professor Who Has Predicted 30 Years of Presidential Outcomes Correctly." *Washington Post*, September 23, 2016. https://www.washingtonpost.com/news/the-fix/wp/2016/09/23/trump-is-headed -for-a-win-says-professor-whos-predicted-30-years-of-presidential-outcomes-correctly /?utm_term=.e3a8b731325c.

Stilgoe, J. "Who Killed Elaine Herzberg?" *OneZero*, December 12, 2019. https:// onezero.medium.com/who-killed-elaine-herzberg-ea01fb14fc5e.

Strickland, E. "How IBM Watson Overpromised and Underdelivered on AI Health Care." *IEEE Spectrum*, April 2, 2019. https://spectrum.ieee.org/biomedical/diagnostics /how-ibm-watson-overpromised-and-underdelivered-on-ai-health-care.

Strimple, Z. "The Matchmaking Industry and Singles Culture in Britain 1970–2000." PhD thesis submitted to University of Sussex, 2017. http://sro.sussex.ac.uk/id /eprint/71609/1/Strimpel%2C%20Zoe.pdf.

Su, J., D. V. Vargas, and K. Sakurai. "One Pixel Attack for Fooling Deep Neural Networks." *IEEE Transactions on Evolutionary Computation* 23 (2019): 828–841.

Suarez-Tangil, G., M. Edwards, C. Peersman, G. Stringhini, A. Rashid, and M. Whitty. "Automatically Dismantling Online Data Fraud." *IEEE Transactions on Information Forensics and Security* 15 (2019): 1128–1137.

Szabo, L. "Artificial Intelligence Is Rushing into Patient Care—and Could Raise Risks." *Scientific American*, December 24, 2019. https://www.scientificamerican.com /article/artificial-intelligence-is-rushing-into-patient-care-and-could-raise-risks/.

Szegedy, C., W. Zaremba, I. Sutskever, J. Bruna, D. Erhan, I. Goodfellow, and R. Fergus. "Intriguing Properties of Neural Networks." In *Proceedings of International Conference on Learning Representations (ICLR)*, 2014. https://arxiv.org/abs/1312.6199.

Taleb, N. N. *The Black Swan*. 2nd ed. New York: Random House, 2010.

Taleb, N. N. *Fooled by Randomness*. New York: Random House, 2001.

Tanz, J. "The Curse of Cow Clicker: How a Cheeky Satire Became a Videogame Hit." *Wired*, December 20, 2011. https://www.wired.com/2011/12/ff-cowclicker/.

Tech Transparency Project. "Google's Revolving Door (US)." April 26, 2016. https://www.techtransparencyproject.org/articles/googles-revolving-door-us.

Tesla. "All Tesla Cars Being Produced Now Have Full Self-Driving Hardware." October 19, 2016. https://www.tesla.com/de_DE/blog/all-tesla-cars-being-produced-now-have-full-self-driving-hardware.

Theile, G. "Parship-Chef im Gespräch: 'Gut Ausgebildete Frauen Haben Es Schwerer'" [Interview with Head of Parship: "It's More Difficult for Highly Educated Women"]. *Frankfurter Allgemeine*, February 14, 2020. https://www.faz.net/aktuell/wirtschaft/parship-chef-ueber-das-flirten-menschen-sollten-sich-mehr-trauen-16632496.html.

Thomas, E. "Why Oakland Police Turned Down Predictive Policing." *Vice*, December 28, 2016. https://www.vice.com/en/article/ezp8zp/minority-retort-why-oakland-police-turned-down-predictive-policing.

Thomas, R. J. "Online Exogamy Reconsidered: Estimating the Internet's Effects on Racial, Educational, Religious, Political and Age Assortative Mating." *Social Forces* 98 (2020): 1257–1286.

Titz, S. "Deep Neural Networks: Researchers Outsmart Algorithms in Order to Understand Them Better." *Horizons*, August 3, 2018. https://www.horizons-mag.ch/2018/03/08/gamers-can-solve-science-problems/.

Todd, P. M., L. Penke, B. Fasolo, and A. P. Lenton. "Different Cognitive Processes Underlie Human Mate Choices and Mate Preferences." *Proceedings of the National Academy of Sciences* 104 (2007): 15011–15016.

Tolentino, J. "What It Takes to Put Your Phone Away." *New Yorker*, April 22, 2019. https://www.newyorker.com/magazine/2019/04/29/what-it-takes-to-put-your-phone-away.

Tomasello, M. *Becoming Human*. Cambridge, MA: Belknap Press of Harvard University Press, 2019.

Tombu, M., and P. Jolicoeur. "Virtually No Evidence for Virtually Perfect Time-Sharing." *Journal of Experimental Psychology: Human Perception & Performance* 30 (2004): 795–810.

Topol, E. *Deep Medicine: How Artificial Intelligence Can Make Healthcare Human Again.* New York: Basic Books, 2019.

Topsell, E. *The History of Four-Footed Beasts and Serpents.* London: E. Cotes, 1658. Reprint, New York: Da Capo Press, 1967.

Tramer, F., et al. "Ensemble Adversarial Training: Attacks and Defenses." *ICLR 6th International Conference on Learning Representations*, 2018. https://arxiv.org/abs/1705 .07204.

Tsvetkova, M., R. García-Gavilanes, L. Floridi, and T. Yasseri. "Even Good Bots Fight: The Case of Wikipedia." *PLoS ONE* 12, no. 2 (2017): e0171774.

Turek, M. *Explainable Artificial Intelligence (XAI).* Defense Advanced Research Projects Agency (DARPA). https://www.darpa.mil/program/explainable-artificial-intelligence.

Turing, A. "Computing Machinery and Intelligence." *Mind* 54 (1950): 433–460.

Turkle, S. *Reclaiming Conversation.* New York: Penguin Books, 2016.

Twenge, J. M. *iGen.* New York: Atria Books, 2017.

Tzezana, R. "Scenarios for Crime and Terrorist Attacks Using the Internet of Things." *European Journal of Futures Research* 4 (2016): 18.

University of Michigan. "Hacking into Home: 'Smart Home' Security Flaws Found in Popular System." May 2, 2016. https://news.umich.edu/hacking-into-homes-smart -home-security-flaws-found-in-popular-system/.

Vigen, T. *Spurious Correlations.* 2015. https://tylervigen.com/spurious-correlations.

Vodafone Institut für Gesellschaft und Kommunikation. "Big Data: Wann Menschen Bereit Sind, Ihre Daten zu Teilen" [Big Data: When Are People Willing to Share Their Data]. January 2016. https://www.vodafone-institut.de/wp-content/uploads/2016/01 /VodafoneInstitute-Survey-BigData-Highlights-de.pdf.

von Neumann, J. *The Computer and the Brain.* New Haven, CT: Yale University Press, 1958.

Wachter, R. *The Digital Doctor.* New York: McGraw-Hill, 2017.

Wang, A. B. "No, the Government is Not Spying on You Through Your Microwave, Ex-CIA Chef Tells Colbert." *Washington Post*, March 18, 2017. https://www.washing tonpost.com/news/the-switch/wp/2017/03/08/ex-cia-chief-to-stephen-colbert-no -the-government-is-not-spying-on-you-through-your-microwave/

Wang, W., B. Tang, R. Wang, L. Wang, and A. Ye. "Towards a Robust Deep Neural Network in Texts: A Survey." *ArXiv*, 2019. https://arxiv.org/abs/1902.07285.

Ward, A. F., K. Duke, A. Gneezy, and M. W. Bos. "Brain Drain: The Mere Presence of One's Own Smartphone Reduces Available Cognitive Capacity." *Journal of the Association for Computer Research* 2 (2017): 140–154.

Watson, J. M., and D. L. Strayer. "Supertaskers: Profiles in Extraordinary Multitasking Ability." *Psychonomic Bulletin & Review* 17(2010): 479–485.

Watson, L. "Humans Have Shorter Attention Span Than Goldfish, Thanks to Smartphones." *Telegraph*, May 15, 2015. https://www.telegraph.co.uk/science/2016/03/12/humans-have-shorter-attention-span-than-goldfish-thanks-to-smart/.

Webb, A. *The Big Nine*. New York: Public Affairs, 2019.

Wegwarth, O., W. Gaissmaier, and G. Gigerenzer. "Smart Strategies for Doctors and Doctors-in-Training: Heuristics in Medicine." *Medical Education* 43 (2009): 721–728.

Weinshall-Margel, K., and J. Shapard. "Overlooked Factors in the Analysis of Parole Decisions." *PNAS* 108, no. 42 (2011): E833.

Weiser, M. "The Computer for the Twenty-First Century." *Scientific American* (September 1991): 94–104.

Weltecke, D. "Gab es 'Vertrauen' im Mittelalter?" [Did "Trust" Exist in the Middle Ages?]. In *Vertrauen: Historische Annäherungen*, edited by U. Frevert, 67–89. Göttingen: Vandenhoeck & Ruprecht, 2003.

"What to Make of Mark Zuckerberg's Testimony." *Economist*, April 14, 2018. https://www.economist.com/leaders/2018/04/14/what-to-make-of-mark-zuckerbergs-testimony.

Whitty, M. T., and T. Buchanan. "The Online Dating Romance Scam: The Psychological Impact on Victims—Both Financial and Non-Financial." *Criminology and Criminal Justice* (2015): 1–9.

Wineburg, S., and S. McGrew. "Lateral Reading and the Nature of Expertise: Reading Less and Learning More when Evaluating Digital Information." *Teachers College Record* 121, no. 11 (2019): 1–40.

"Women in Computer Science: Getting Involved in STEM." *Computer Science*, September 19, 2021. https://www.computerscience.org/resources/women-in-computer-science/.

Woollett, K., and E. A. Maguire. "Acquiring 'the Knowledge' of London's Layout Drives Structural Brain Changes." *Current Biology* 21, No. 24 (2011): 2109–2114.

Wood, J. "He Made the Mini—and Broke the Mould." *Independent*, July 20, 2005. https://www.independent.co.uk/life-style/motoring/features/he-made-the-mini-and-broke-the-mould-301594.html.

Wu, T. *The Attention Merchants*. London: Atlantic Books, 2016.

Wübben, M., and F. v. Wangenheim. "Instant Customer Base Analysis: Managerial Heuristics Often 'Get It Right.'" *Journal of Marketing*, 72 (2008): 82–93.

Young, R. A., S. K. Burge, K. A. Kumar, J. M. Wilson, and D. F. Ortiz. "A Time-Motion Study of Primary Care Physician's Work in the Electronic Health Record Era." *Family Medicine* 50 (2018): 91–99.

Youyou, W., M. Kosinski, and D. Stillwell. "Computer-Based Personality Judgments Are More Accurate Than Those Made by Humans." *Proceedings of the National Academy of Sciences* 112 (2015): 1036–1040.

Zech, J. R., M. A. Badgeley, M. Liu, A. B. Costa, J. J. Titano, and E. K. Oermann. "Variable Generalization Performance of a Deep Learning Model to Detect Pneumonia in Chest Radiographs: A Cross-Sectional Study." *PLOS Medicine* 15, no. 11 (2018): e1002683.

Zendle D, and P. Cairns. "Video Game Loot Boxes Are Linked to Problem Gambling: Results of a Large-Scale Survey." *PLOS ONE* 13, no. 11 (2018): e0206767.

Zhao, J., T. Wang, M. Yatskar, V. Ordonez, K.-W. Chang. "Men Also Like Shopping: Reducing Gender Bias Amplification Using Corpus-Level Constraints." *Proceedings of the 2017 Conference on Empirical Methods in Language Processing* (2017): 2979–2989. https://www.aclweb.org/anthology/D17–1323.pdf.

Zimmerman, F. J., D. A. Christakis, and A. N. Meltzoff. "Associations Between Media Viewing and Language Development in Children Under Age 2 Years." *Journal of Pediatrics* 151 (2007): 364–368.

Zuboff, S. *The Age of Surveillance Capitalism*. London: Profile Books, 2019.

Zuboff, S. "Surveillance Capitalism and the Challenge of Collective Action." *New Labor Forum* 28 (2019): 10–29.

Zuboff, S. "You Are Now Remotely Controlled." *New York Times*, January 24, 2020. https://www.nytimes.com/2020/01/24/opinion/sunday/surveillance-capitalism.html.

Zuckerberg, M. "We Need to Rely on and Build More AI Tools to Help Flag Certain Content." *CNBC*, April 12, 2018. https://www.youtube.com/watch?v=riFuznlZvyY.

Zuckerman, E. "The Internet's Original Sin." *Atlantic*, August 14, 2014. https://www.theatlantic.com/technology/archive/2014/08/advertising-is-the-internets-original-sin/376041/.

Zweig, K. A. "Watching the Watchers: Epstein and Robertson's 'Search Engine Manipulation Effect.'" *Algorithm Watch*, April 7, 2017. https://algorithmwatch.org/en/watching-the-watchers-epstein-and-robertsons-search-engine-manipulation-effect/.